U0221316

湖北万朝山自然保护区
生物多样性及其保护研究

汪正祥　雷　耘　李亭亭　杨其仁　江建国　朱远军　著

环保部"生物多样性保护专项——湖北兴山县野生高等植物物种多样性本底调查与评估"、国家自然科学基金项目（41471041）、区域开发与环境响应湖北省重点实验室开放基金项目（2017A001）资助

科学出版社

北　京

内 容 简 介

本书在综合科学考察的基础上，详细论述了湖北万朝山自然保护区的生物多样性资源及其保护工作。内容包括万朝山自然保护区的自然地理环境特征(地质、地貌、气候、水文、土壤等)、植物资源(植物区系、自然植被、国家珍稀濒危及重点保护野生植物)、动物资源(鱼类、两栖类、爬行类、鸟类、兽类、昆虫等)、旅游资源(自然景观、人文景观、民俗风情、旅游规划)、保护区社会经济发展及管理状况(历史沿革、社会经济发展状况、管理状况)、保护区综合评价(自然环境及生物多样性评价、保护区管理水平评价)等。

本书可供林业工作者及有关研究人员、自然保护区管理人员、环境保护工作者以及大中专院校地理学、环境科学、生态学专业的学生阅读参考。

图书在版编目(CIP)数据

湖北万朝山自然保护区生物多样性及其保护研究 / 汪正祥等著. —北京：科学出版社，2018.11
  ISBN 978-7-03-059397-9

  I. ①湖…   II. ①汪…   III. ①自然保护区-生物多样性-研究-兴山县 IV. ①S759.992.634 ②Q16

中国版本图书馆 CIP 数据核字(2018)第 252602 号

责任编辑：刘 畅/责任校对：董艳辉
责任印制：彭 超/封面设计：苏 波

科 学 出 版 社 出版
北京东黄城根北街 16 号
邮政编码：100717
http://www.sciencep.com

北京虎彩文化传播有限公司 印刷
科学出版社发行 各地新华书店经销

*

开本：787×1092 1/16
2018 年 11 月第 一 版 印张：17 3/4 插图：8
2018 年 11 月第一次印刷 字数：388000

定价：188.00 元

(如有印装质量问题，我社负责调换)

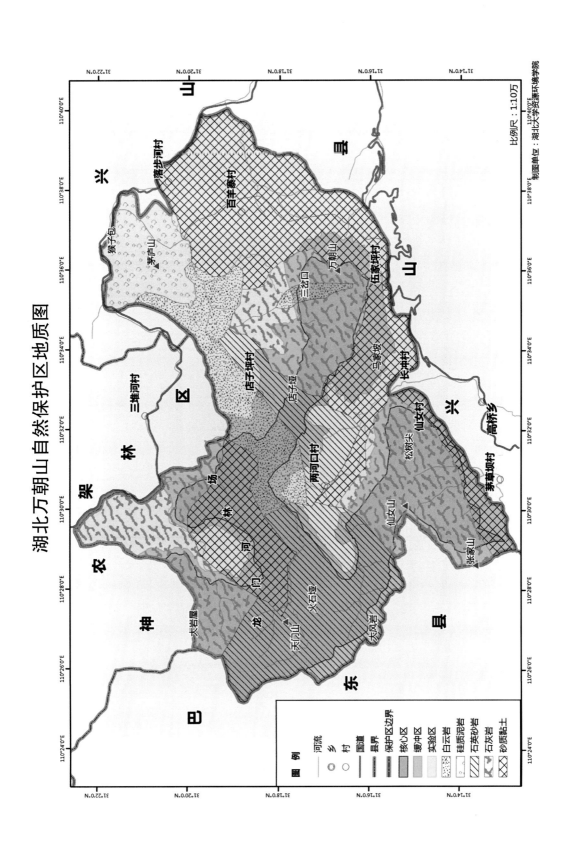

湖北万朝山自然保护区地质图

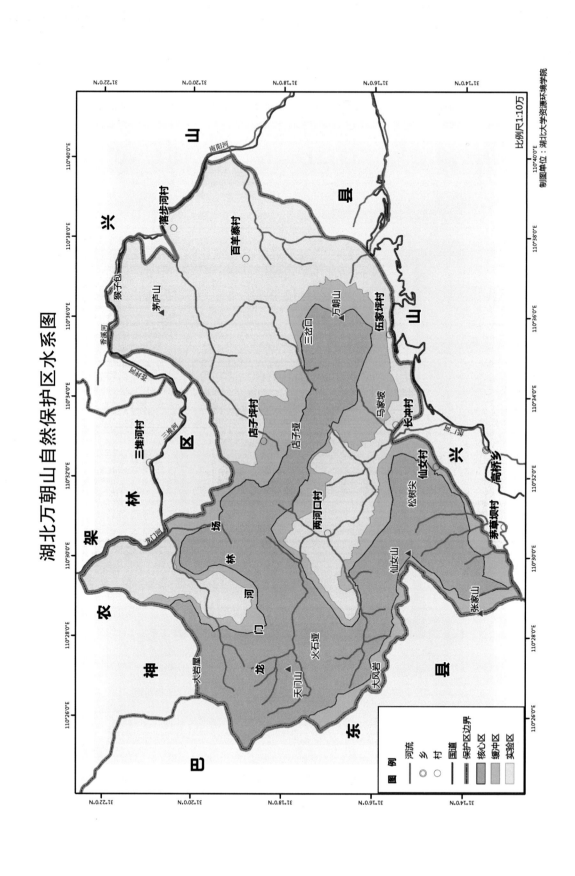

湖北万朝山自然保护区水系图

比例尺1:10万

制图单位：湖北大学资源环境学院

图 例
河流
乡
村
国道
保护区边界
核心区
缓冲区
实验区

湖北万朝山自然保护区濒危保护植物分布图

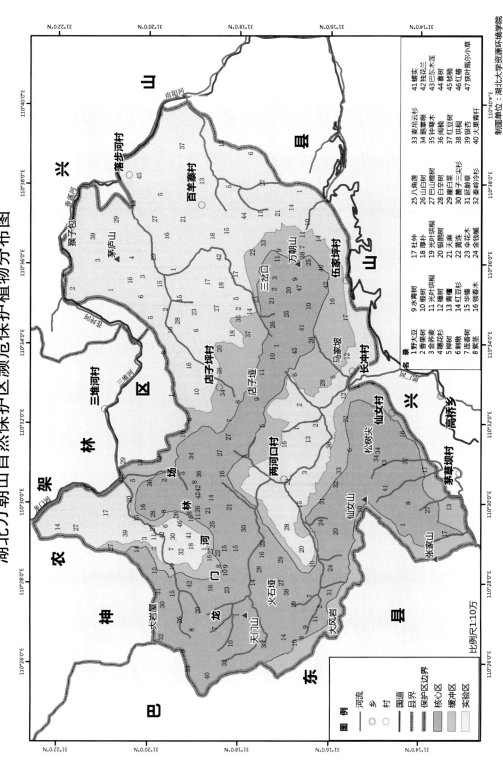

制图单位：湖北大学资源环境学院

图 例

景
1 野大豆	9 水青树	17 杜仲	25 八角莲	33 麦吊云杉	41 蜡实
2 香果树	10 椴树	18 厚朴	26 山白树	34 鹅掌楸	42 独花兰
3 金荞麦	11 光叶珙桐	19 光叶水青树	27 巴山榧树	35 钟萼木	43 巴东木莲
4 穗花衫	12 楠树	20 银鹊树	28 白辛树	36 闽楠	44 喜树
5 榉树	13 青檀	21 天麻	29 崖白菜	37 红豆树	45 倾楠
6 刺楸	14 红豆杉	22 黄连	30 篦子三尖杉	38 珙桐	46 红椿
7 连香树	15 半糠	23 伞花木	31 延龄草	39 银杏	47 矮叶瓶尔小草
8 楼梯	16 领春木	24 金钱戚	32 秦岭冷杉	40 大果青杄	

图 例

	河流
	乡
	村
	国道
	县界
	保护区边界
	核心区
	缓冲区
	实验区

比例尺 1:10万

湖北万朝山自然保护区植被分布图

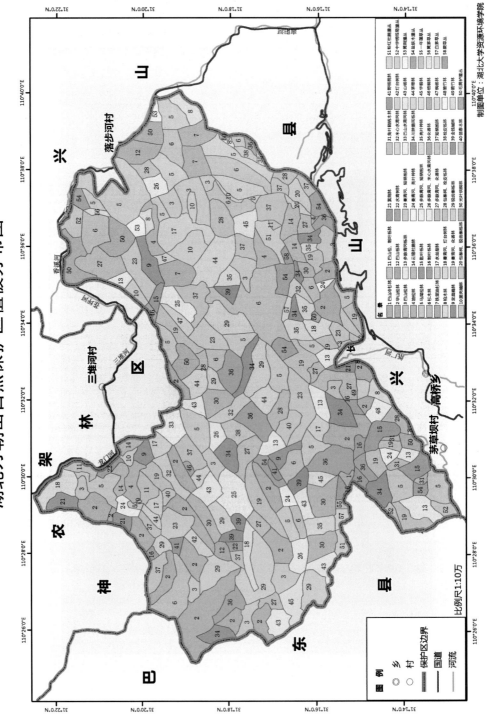

比例尺 1:10万

制图单位：湖北大学资源环境学院

湖北万朝山自然保护区国家重点保护动物分布图

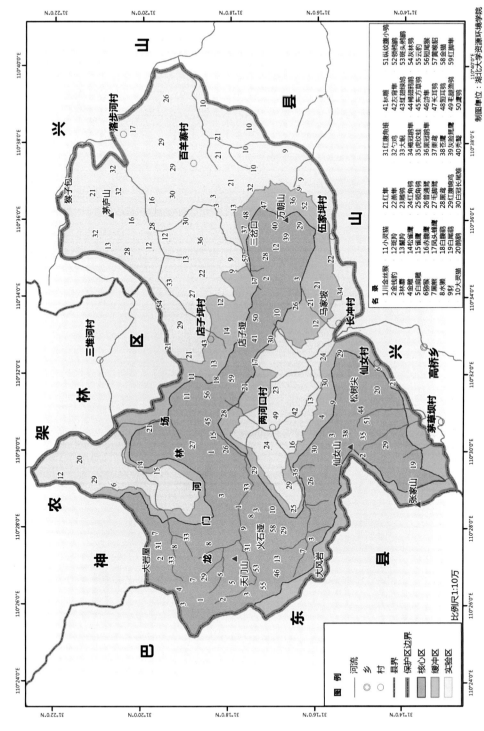

制图单位：湖北大学资源环境学院

比例尺1:10万

幽泉

蜂巢

铺地柏

万朝山

雾涌

云海

古栎

奇松

连香树

黄连

八角莲

红豆杉

银鹊树

紫茎

天麻

刺楸

青檀

光叶珙桐

穗花杉

金荞麦

斑叶杓兰　　　　　　　　　　　　扇脉杓兰

叉叶蓝　　　　　　　　　　　　　香果树

独花兰　　　　　　　　　　　　　水青树

领春木　　　　　　　　　　　　　蝟实

栓皮栎林

宜昌楠木

水丝梨林

梧桐林

米心水青冈林

金钱槭林

刺叶栎林

云锦杜鹃林

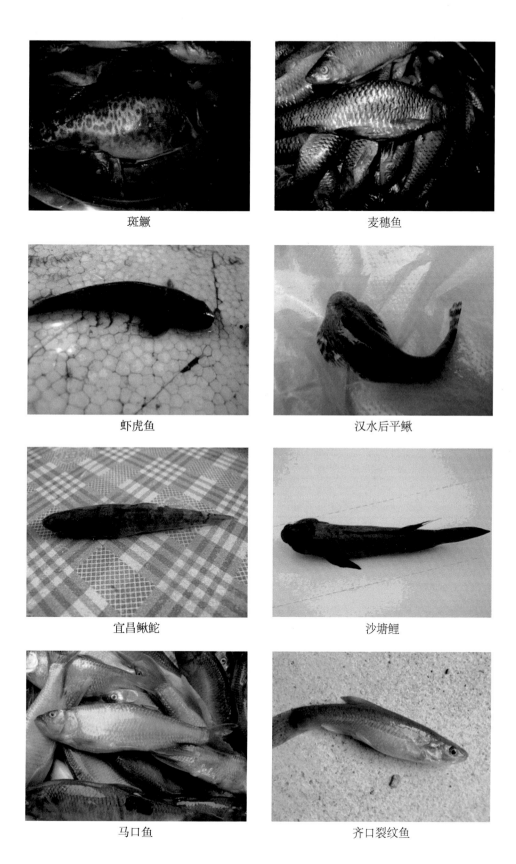

斑鳜

麦穗鱼

虾虎鱼

汉水后平鳅

宜昌鳅鮀

沙塘鳢

马口鱼

齐口裂纹鱼

大鲵

巫山北鲵

花臭蛙

隆肛蛙

绿臭蛙

突肛角蟾

巫山角蟾

中华蟾蜍

黑脊蛇　　　　　　　　　　　　黑眉锦蛇

白条草蜥　　　　　　　　　　　　北草蜥

北红尾鸲　　　　　　　　　　　　戴胜

红腹锦鸡　　　　　　　　　　　　红嘴蓝鹊

环颈雉

棕背伯劳

蓝喉太阳鸟

绿背山雀

山斑鸠

黑熊

猕猴

复齿鼯鼠

中科院神农架生物多样性研究站

固定样地

汪正祥教授带领的植物资源调查组

杨其仁教授在动物调查中

保护区管理站

森林抚育

常绿阔叶林恢复工程实施

灯台树林

亮叶桦林

化香树林

光叶珙桐林

锐齿槲栎林

短柄枹栎林

前　言

　　湖北万朝山自然保护区位于兴山县西部,其北与神农架林区相邻,西与巴东县相连。它的地理坐标为东经 110°25′16″～110°39′58″,北纬 31°12′44″～31°22′28″。保护区地处我国地势第二阶梯向第三阶梯过渡的区域,位于巫山—大巴山东延余脉—神农架的南坡,属大巴山系。保护区的总面积为 20 986 hm^2。

　　湖北万朝山自然保护区地处我国北亚热带地区,位于大巴山系最东缘,地理区位十分关键。该地域的生物多样性融合了巫山山脉与大巴山脉两个地理单元的区系特征,显示出地理交错区丰富的生物多样性。湖北万朝山自然保护区北与湖北神农架国家级自然保护区相连,西与湖北巴东金丝猴国家级自然保护区相接,三者形成一个保护区群,万朝山自然保护区的建立对于神农架区域乃至大巴山区域的生物多样性保护具有深远的意义。另外,湖北万朝山自然保护区河网密布,是香溪河水系、凉台河水系、沿渡河水系的主要发源地之一。三大水系的水资源均汇入长江三峡。湖北万朝山自然保护区的建立对于长江三峡水生态安全也具有深远的影响。

　　2014～2015 年,兴山县政府决定湖北万朝山自然保护区申请晋升国家级自然保护区。受湖北万朝山自然保护区管理局及兴山县林业局的委托,国家林业局调查规划设计院、湖北大学主持,组织华中师范大学、湖北生态工程职业技术学院等单位的专家组成科学考察队,对万朝山自然保护区的自然地理、植物资源、动物资源进行了科学考察。考察队跋山涉水、历尽艰辛,获得了大量的第一手调查数据。本书主要依据本次考察结果,结合以往考察及研究成果撰写而成。

　　本书第 1～2 章由汪正祥、雷耘著述,第 3 章由汪正祥、李亭亭著述,第 4 章由杨其仁、江建国著述,第 5～6 章由汪正祥、朱远军著述,第 7 章由汪正祥、李亭亭著述。图件由林丽群制作,照片由汪正祥摄影提供。全书由汪正祥统稿。湖北大学资源环境学院研究生田凯、龚苗、李泽、张娥、王伟、易亚凤、熊一博、梁熙键,兴山县林业局及湖北万朝山自然保护区管理局的谭勇、钟家军、邓少兵、王长斌、余运模、彭发民、李纯琼、夏昌东、王祥明、舒化伟、陈明、李军堂、杨五一、夏昌东等参加了科学考察,为科学考察的成功提供了有力的保障。本书的出版得到环保部"生物多样性保护专项——湖北兴山县野生高等植物物种多样性本底调查与评估"、国家自然科学基金(编号 41471041)及区域开发与环境响应湖北省重点实验室开放基金(2017A001)的资助,特此致谢!

　　由于水平所限,书中难免有疏漏与不妥之处,恳望读者批评指正。

湖北大学资源环境学院　汪正祥

2017 年 12 月

目　　录

1 湖北万朝山自然保护区综述

1.1　自　然　环　境

1.1.1　地理位置

湖北万朝山自然保护区地处鄂西北兴山县西部，其北与神农架林区相邻，西与巴东县相连。其地理坐标为东经 110°25′16″～110°39′58″，北纬 31°12′44″～31°22′28″。万朝山自然保护区处于我国地势第二阶梯的秦岭高原向第三阶梯的江汉平原过渡带上，位于巫山—大巴山东延余脉—神农架的南坡，属大巴山系。保护区的总面积 20 986 hm²，其中核心区面积 7 671.63 hm²、缓冲区面积 3 997.93 hm²、实验区面积 9 316.44 hm²，分别占保护区总面积的 36.56%、19.05%和 44.39%。其行政区域涉及 2 个镇、1 个乡的 9 个村，即南阳镇的百羊寨村、两河口村、店子坪村、落步河村、石门村，昭君镇的滩坪村，高桥乡的龚家桥村、伍家坪村、洛坪村，以及龙门河林场。

1.1.2　地质与地貌

湖北万朝山自然保护区地质构造上为大巴山脉褶皱带，属新生代以来大幅度上升的强烈隆起区。保护区的地层由前震旦系、古生界、中生界、新生界等构成。其地层构造，除了最古老的太古界、中生界的白垩系、新生界的古近系和新近系没有发现外，其他各系都有出露。

万朝山自然保护区内地貌复杂，地势多变。保护区内主要是构造地貌，喀斯特发达。地貌可分为两个台阶，第一台阶海拔 260～1 300 m，东西面地势陡峻，切割较深，南坡较平缓，间有台地；第二台阶海拔 1 300～2 426 m，山势由北向南倾斜，北坡平缓，南坡隆起。保护区海拔 1 000 m 以上的山峰有 75 座，最低海拔 260 m，最高海拔 2 426.4 m，垂直高差达 2 166.4 m。

1.1.3　气候

湖北万朝山自然保护区地处我国中亚热带北缘，属亚热带大陆性季风气候区，具有湿润亚热带气候的一般特征。由于保护区地形地貌复杂，海拔高低悬殊，垂直气候带谱十分明显。同时，保护区又受长江"峡谷暖流"的制约，小气候也十分显著。

据统计，湖北万朝山自然保护区年平均气温 12.8℃，最热月 7 月的日均温 24.1℃，极端高温 43.7℃（1958 年 8 月），最冷月 1 月的日均温 2.4℃，极端低温−19.2℃（1977 年 1 月）。气温随海拔的升高而降低，每上升 100 m，气温平均下降 0.65℃。≥10℃的活动积温为 5 000℃。保护区年平均降水量 1 100 mm，夏季雨水充沛，占全年降水量的 41%。保护区相对湿度历年平均为 73%。保护区太阳辐射量年平均为 99 Cal[①]/cm²，最高值 104.5 Cal/cm²（1963 年），最低值 82.6 Cal/cm²（1982 年）。全年总日照时数为 1 304～1 886 h，年平均日照时数为 1 628.9 h。全年无霜期 220 天左右。保护区内盛行西南风，平均风速 1 m/s，最大风速 34 m/s，全年静风日数 56 天左右。

1.1.4　水文

湖北万朝山自然保护区河网密布，是香溪河水系、凉台河水系、沿渡河水系的主要发源地之一。保护区及其紧邻周边有大小河流 12 条，总长度 200 km，河长超过 5 km 的有 6 条，其中保护区东北部汇集了保护区内的萝卜河、锁子沟、白沙河等支流进入香溪河水系，西南面的夜蚊子沟、小平子河和纸厂河汇入高桥河，且流入凉台河形成凉台河水系。保护区仙女山南坡的井家沟、老阴沟等汇成西流河汇入沿渡河水系。

保护区内石灰岩分布面积较广，天坑、溶洞较多，地下水资源丰富。许多地表水明流一段后进入天坑、深洞形成暗流，再形成泉水出露。

1.1.5　土壤

湖北万朝山自然保护区成土母岩主要为志留系碳酸岩类，占保护区总面积的 92% 以上。土壤以地带性特征为主，并呈现明显的垂直带谱。据统计，保护区内的土壤类型可以划分为 7 个土类、9 个亚类、14 个土属。海拔 800 m 以下分布着黄壤土类。海拔 800～1 800 m 分布着过渡性的山地黄棕壤土类，是保护区山地垂直带上的主要土壤类型，占保护区土壤总面积的 85.5%。海拔 1 800 m 以上的各山顶地带，分布着山地棕壤土类。另外，保护区还分布有紫色土、石灰岩土、潮土、水稻土等土壤类型。

1.2　资　源　现　状

1.2.1　植物资源

据调查统计，湖北万朝山自然保护区有维管束植物共 190 科，894 属，2 483 种（含

---

① 1 Cal=1000 cal=4186.8 J。

种下等级，下同，其中含部分栽培植物 27 属，27 种），其中蕨类植物 28 科，56 属，127 种；裸子植物 6 科，20 属，33 种；被子植物 156 科，818 属，2 323 种。保护区内维管束植物数分别占湖北省维管束植物总科数的 78.84%、总属数的 61.57%、总种数的 41.25%；占全国总科数的 53.82%、总属数的 28.13%、总种数的 8.92%。

湖北万朝山自然保护区的植物区系地理成分以温带性质为主，但具有由亚热带向温带的过渡性质。其中特有成分及珍稀濒危植物丰富，植物区系具有古老、原始和残遗的性质。调查统计湖北万朝山自然保护区共有国家珍稀濒危保护野生植物 47 种，其中，国家重点保护野生植物 26 种（I 级 5 种，II 级 21 种）；国家珍稀濒危植物 37 种（1 级 1 种，2 级 14 种，3 级 22 种）；国家珍贵树种 22 种（一级 5 种，二级 17 种）。此外，还广泛分布着叉叶蓝及兰科等珍稀植物。湖北万朝山自然保护区也是许多模式标本的重要采集地。

湖北万朝山自然保护区自然植被划分为 4 个植被型组、10 个植被型、58 个群系。植被型组包括针叶林、阔叶林、竹林、灌丛和草丛；植被型包括暖性针叶林、温性针叶林、温性针叶阔叶混交林、寒温性针叶林、常绿阔叶林、常绿落叶阔叶混交林、落叶阔叶林、山地竹林、灌丛、草丛。

1.2.2 动物资源

调查表明，湖北万朝山自然保护区内有野生脊椎动物 31 目 105 科 268 属 392 种，其中，鱼类有 3 目 10 科 25 属 27 种，两栖动物有 2 目 9 科 20 属 31 种，爬行动物有 3 目 10 科 25 属 37 种，鸟类 16 目 51 科 143 属 228 种，兽类 7 目 25 科 55 属 69 种。陆生野生脊椎动物占湖北省陆生野生脊椎动物总种数 687 种的 53.13%。另外，还有昆虫 27 目 268 科 2 102 种。

湖北万朝山自然保护区有国家重点保护野生动物共 59 种，其中国家 I 级保护野生动物有金丝猴、金钱豹、林麝、云豹、金雕和白肩雕共 6 种；国家 II 级保护野生动物有猕猴、短尾猴、豺、黑熊、水獭、黄喉貂、大灵猫、小灵猫、金猫、鬣羚、斑羚、褐冠鹃隼、黑冠鹃隼、凤头蜂鹰、黑鸢、栗鸢、苍鹰、赤腹鹰、雀鹰、松雀鹰、普通鵟、毛脚鵟、灰脸鵟鹰、秃鹫、林雕、白尾鹞、鹊鹞、白腹鹞、游隼、燕隼、红脚隼、红隼、灰背隼、红腹角雉、勺鸡、白冠长尾雉、红腹锦鸡、红翅绿鸠、褐翅鸦鹃、东方草鸮、红角鸮、领角鸮、雕鸮、毛腿渔鸮、鹰鸮、纵纹腹小鸮、领鸺鹠、斑头鸺鹠、灰林鸮、长耳鸮、短耳鸮、大鲵、虎纹蛙共 53 种（兽类 11 种，鸟类 40 种，两栖类 2 种）。有中国濒危动物（《中国濒危动物红皮书》记载）46 种，有中国特有动物 38 种，有湖北省重点保护野生动物（不含列于《国家重点保护野生动物名录》的）91 种，有国家保护的有益的或者有重要经济、科学研究价值的陆生野生脊椎动物 262 种。

湖北万朝山自然保护区的陆生野生脊椎动物的区系成分分析表明，两栖类、爬行类动物以东洋种占绝对优势，古北种匮缺。鸟类、兽类区系特征以东洋种占优势，并呈现东洋种和古北种相混杂的格局。

1.2.3　旅游资源

湖北万朝山自然保护区山体巨大的高差形成了明显的垂直生物气候带和多样化的生态环境类型，也形成了丰富而独特的旅游资源，主要包括自然景观、人文景观、民俗风情等。湖北万朝山自然保护区的实验区位于兴山县旅游发展规划中着力开发的南阳生态旅游区内。

自然景观主要是山地景观，包括山峰云海、石柱石笋、熔岩溶洞等；水文景观，包括河流水系、溶洞暗河、地下涌泉、清溪幽谷、山涧瀑布等；生物景观，包括保护区内丰富的野生动植物资源、珍稀动植物、多样化的植被类型与景观。人文景观主要是李来亨抗清遗址、锁子沟探险。民俗风情主要包括兴山民歌、薅草锣鼓等。

1.3　社会经济发展状况

湖北万朝山自然保护区总面积 20 986 hm^2，其中，陆地面积 20 958 hm^2，占保护区总面积 99.9%，内陆水域面积 28 hm^2，占保护区总面积 0.1%。土地利用结构以林地为主，现有林地 19 663.53 hm^2，占保护区面积的 93.7%。其中乔木林面积 14 927.88 hm^2，灌木林地面积 4 684.75 hm^2，疏林地面积 8.57 hm^2，经济林地面积 42.33 hm^2。非林地面积共 1 322.47 hm^2，其中有耕地 1 137.51 hm^2。

保护区社区建制包括国有龙门河林场，南阳镇的 5 个村，高桥乡的 3 个村，昭君镇的 1 个村。保护区内现有村民住户 948 户，人口 2 919 人，其中缓冲区 169 人，实验区 2 750 人。

保护区内无工业生产。农业是其主要经济来源，以种植业、养殖业、林业、畜牧业等为主。保护区内社会事业发展较快，交通条件基础较好，主要干线有 209 国道和神农架生态旅游路。保护区周边各行政村实现了村村通电，广播、电视、移动电话基本普及。九年义务教育普及率及适龄儿童入学率均达到 100%。社区医疗事业也有较快发展，乡镇有医院，行政村有医务室。

2 湖北万朝山自然保护区的自然环境

2.1 地 质 构 造

湖北万朝山自然保护区在地质构造上为大巴山脉褶皱带，属新生代以来大幅度上升的强烈隆起区。保护区的地层由前震旦系、古生界、中生界、新生界等构成。其地层构造，除了最古老的太古界、中生界的白垩系、新生界的古近系和新近系没有发现外，其他各系都有出露。

前震旦系元古界在兴山县包括崆岭群和神农架群距今 9 亿～25 亿年前形成的地层。保护区内主要分布的神农架群是由碳酸盐岩、碎屑岩夹火山岩建造，主要分为乱石沟组与大窝坑组两组。乱石沟组分布于南阳镇苍坪河一带，出露厚度为 1 460 m。乱石沟组下部为浅灰色-深灰色泥质、硅质条带白云岩夹少量紫红色、灰绿色板岩，靠近底部有一层赤铁矿；上部为紫红色、灰色泥质条带白云岩、砂质白云岩、条带状白云质板岩及晶屑凝灰岩、砂砾岩夹层，紫红色白云岩夹含铁岩系，含有古孢子和叠层石。大窝坑组分布于猴子包一带，出露厚度为 69～258 m，与下伏乱石沟组为平行不整合接触。大窝坑组岩性为一套深灰色-灰白色厚层状硅质条带岩，具葡萄状结构，向上泥质逐渐减少，硅质含量增加，产叠层石，底部有一层较稳定的杂色硅质砾岩（俗称"宝石砾岩"），厚 3～8 m，砾石滚圆状，分选较好，胶结物为玉髓质。

古生界分为寒武系、奥陶系、志留系、泥盆系、石炭系和二叠系。

寒武系是距今 4.8 亿～5.4 亿年前形成的地层，在保护区内分布最广。其下统主要为一套灰色灰岩、白云岩、粉细砂岩、碳质页岩，底部含胶磷矿及黄铁矿结核，厚度为 280～1 506 m；中统为灰色薄层泥质白云岩、白云岩及粉砂岩夹钙质页岩，厚度为 191～257 m；上统为浅灰色厚层白云岩，含硅质结核。

奥陶系是奥陶纪（距今 4.4 亿～4.8 亿年前）形成的地层，分布在保护区北部、西北部，分 3 个统、9 个组。

志留系是距今 4.1 亿～4.4 亿年前形成的地层，主要分布于万朝山东南坡的庙垭及相邻的百羊寨、伍家坪一带，是保护区内主要地质构造带。下统为粉-细砂岩及黑色页岩，厚 886 m；中统由海相黏土面岩、细晶白云岩、石英砂岩、含磷石英砂岩、粉砂岩、粉砂质页岩及生物灰岩、中晶大理岩等组成，厚度 228 m。

泥盆系是泥盆纪（距今 3.5 亿～4.1 亿年前）形成的地层。其分布于龙门桥、小溪沟和纸厂河至两河口一带。其下统缺失，中统厚 7～50 m，为中厚层石英岩状砂岩，下部为紫红色，上部为灰白色；上统分别为黄家磴组和写经寺组，为黄灰色、灰色薄层-中厚层细粒石英砂岩及砂质页岩。

石炭系是石炭纪(距今 2.9 亿~3.5 亿年前)形成的地层,其分布于三岔口、长岭一带。其仅有中统黄龙群出露,厚度在 48 m 以下,下部为黄白色白云岩及带状灰岩,上部为黄色、浅灰色、粉红色厚层。

二叠系是二叠纪(距今 2.5 亿~2.9 亿年前)形成的地层,主要分布于仙女山东坡和南坡一带。分上下两统、5 个组,下统分别是细粒石英砂岩、粉砂岩、砂质页岩、硅质页岩、灰色石灰岩。

中生界的三叠系和侏罗系在保护区内有出露。三叠系是形成于距今 2.0 亿~2.5 亿年前的地层,在仙女山南坡外延地带出露,有大冶群中统巴东组。侏罗系是形成于距今 1.4 亿~2.0 亿年前的地层,在苍房岭有片段出露,主要分布在保护区以外的南部地区。

新生界的第四系是第四纪(距今 260 万年前)形成的地层。第四纪是地球历史上最后的一个地质时代。第四系主要分布在保护区内的河谷中,紧邻保护区的湘坪河、南阳河一带,厚 0~40 m,为河床、河漫滩冲积物、砂质黏土、黏质砂土、砾石。其有丰富的建筑用砂、砖瓦黏土资源。

2.2 地 形 地 貌

湖北万朝山自然保护区内地貌因受内外力作用属构造地貌,喀斯特地貌发达。其现代地貌以中低山为主,间夹小面积的河谷盆地。保护区最低点在南阳镇锁子沟,海拔 260 m,最高点在仙女山,海拔 2 426.4 m,垂直高差 2 166.4 m。保护区的地形地貌大体上分为两个台阶,第一个台阶为海拔 260~1 300 m,东西两面是区内切割最深的地段,地势陡峻,坡度多在 40°以上,局部达 60°~70°,南坡相对平缓,间有台地;第二台阶为海拔 1 300~2 426.4m,北坡坡度相对平缓,山势由北向南倾斜,南坡地形隆起,山势陡峭,坡度达 40°以上。

湖北万朝山自然保护区内层峦叠嶂,沟谷纵横,地势多变。保护区内有海拔 1 000 m 以上的山峰 75 座,尚有 43 座山峰没有命名。已具名的山峰见表 2-1。

表 2-1 保护区内海拔 1 000 m 以上的山峰(具名)

编号	山名	海拔/m	编号	山名	海拔/m
1	仙女山	2 426	7	黄柏坪	1 980
2	一碗水	2 241	8	松树尖	1 943
3	万朝山	2 212	9	林口	1 942
4	大岩屋	2 201	10	火石垭	1 919
5	密灌	2 141	11	大风岩	1 860
6	寨包	2 069	12	陈家坡	1 840

续表

编号	山名	海拔/m	编号	山名	海拔/m
13	大老林	1 821	23	朝北坡	1 409
14	店子垭	1 812	24	三岔口	1 396
15	土地垭	1 794	25	朱家垭	1 367
16	半桑坪	1 766	26	白岩头	1 362
17	天门山	1 733	27	石门鞍	1 281
18	常家老岭	1 700	28	垭上	1 242
19	吴家包	1 661	29	稠树垭	1 235
20	茅庐山	1 608	30	范家垭	1 145
21	锅厂	1 600	31	平头山	1 104
22	黄龙山	1 467	32	赵家垭	1 068

2.3 气　候

湖北万朝山自然保护区地处我国中亚热带北缘，属亚热带大陆性季风气候区，具有湿润亚热带气候的一般特征。由于保护区内地形地貌复杂，海拔高低悬殊，垂直气候带谱十分明显，素有"一山有四季，五里不同天"之称。保护区内河谷纵横，又受长江"峡谷暖流"的制约，小气候也十分明显。保护区内气候特点可概括为四季分明、雨热同季、春秋温凉、夏季炎热、冬季冰雪。

气温：湖北万朝山自然保护区年平均气温 12.8℃，最热月 7 月的日均温 24.1℃，极端高温可达 43.7℃（1958 年 8 月），低山最高温度是 39.4～43.7℃，半高山最高温度是 35.1～39.3℃，高山最高温度≤35.0℃。最冷月 1 月的日均温 2.4℃，极端低温为−19.2℃（1977 年 1 月），低山最低温度是−12.5～8.8℃，半高山最低温度是−16.8～12.6℃，高山最低温度≤−16.4℃。因境内高低悬殊，气温随海拔的增高而降低，每上升 100 m，气温平均下降 0.65℃，全年海拔每升高 100 m 气温下降 0.56（2 月）～0.75℃（8 月）。≥10℃活动积温为越冬作物积极生长、春播作物开始生长的界限温度，保护区≥10℃的活动积温为 5 000℃，海拔每升高 100 m，活动积温减少 220℃左右。

降水：总体上，兴山县各地年平均降水量为 900～1 200 mm。降水量的分布，北部和东部的大部分区域为高山地区，也是多雨区，降水量高于南部区域，年降水量在 1 000～1 200 mm。湖北万朝山自然保护区位于兴山西北部，属于高山区，年平均降水量 1 100mm，南部和西南部大部分属低山和半高山地区，年降水量在 1 100 mm 以下，为少雨易旱区。从全年降水量的分布来看，夏季雨水充沛，占全年降水量的 41%，秋季、冬季、春季分别占 26%、5%和 28%。降水日数历年平均 134 天，最多的是 1964 年 166 天，最少的是 1979 年 110 天，全年以 5 月最多，为 15 天，1 月最少，为 6 天，汛期（5～9 月）平均降水日数 68 天，占全年降水日数的 51.5%。相对湿度历年平均为 73%，以 10 月、11 月最大，为 76%，以 2 月最小，为 69%。蒸发量历年平均为 1 504 mm，但各地很不平衡。

日照：保护区日照太阳辐射量平均为 99 Cal/cm²，最高值是 1963 年的 104.5 Cal/cm²，最低值是 1982 年的 82.6 Cal/cm²。保护区内太阳辐射量夏多冬少，北部多于南部，东部多于西部。月平均辐射量分别为：1 月 4.9 Cal/cm²，2 月 5.5 Cal/cm²，3 月 7.3 Cal/cm²，4 月 9.1 Cal/cm²，5 月 10.1 Cal/cm²，6 月 11.1 Cal/cm²，7 月 12.8 Cal/cm²，8 月 12.3 Cal/cm²，9 月 8.7 Cal/cm²，10 月 7.3 Cal/cm²，11 月 5.3 Cal/cm²，12 月 4.6 Cal/cm²。日照时数及日照百分率由于境内重峦叠嶂，峡谷深切，有阴阳坡之分，所以山区日照时数的因子比平原更为复杂，分布更不均匀。保护区内全年总日照时数在 1 304～1 886 h，年平均日照时数为 1 628.9 h。

霜期：保护区全年无霜期 220 天左右。各个地域的霜期差异明显，低山区平均初日为 11 月 30 日，平均终日为 3 月 3 日，平均无霜期 272 天，活动积温 5 372℃。半高山平均初日为 11 月 2 日，平均终日为 3 月 13 日，平均无霜期 215 天，活动积温为 4 156℃。高山平均初日为 10 月 17 日，平均终日为 4 月 25 日，平均无霜期 163 天，活动积温为 3 051℃。

风：保护区内盛行西南风，平均风速 1 m/s，最大风速 34 m/s，全年静风日数约 56 天。

2.4　水　　文

湖北万朝山自然保护区内山脉呈南北走向，从一碗水主峰向东南万朝山、西南仙女山呈人字形延伸，山脊鞍部海拔都在 1 700 m 以上。保护区内万朝山与仙女山两峰对峙，周边三水系分流。保护区及其紧邻周边河网密布，大小河流 12 条，总长度 200 km，河长超过 5 km 的有 6 条。其中紧邻保护区东部、北部的野猪岛河、龙门河、三堆河、苍坪河、南阳河，与中南部白沙河汇集形成香溪河西河水系，该水系从东北部汇集了保护区内的萝卜河、锁子沟、白沙河等支流。保护区内西南面的小平子河和纸厂河汇入高桥河，流入凉台河形成凉台河水系。另有保护区仙女山南坡的井家沟、老阴沟等汇成西流河汇入沿渡河水系。

保护区东面、北面是香溪河水系的西源地。香溪河水系源于神农架山南的红河东流进入兴山县境内野猪岛河，汇龙门河后向下至三堆河，再至苍坪河，汇入湘坪河（白沟等溪流至两河口汇九冲河水）、南阳河（汇蛇鱼沟、落步河水、锁子沟来水）、西河。东、西两条河流在昭君镇响滩汇流，始称香溪河，最后流至秭归县香溪镇东侧注入长江。香溪河水系，在兴山县境内总流域面积 2 971 km²，年产水量 19.56 亿 m³，年均流量 65.5 m³/s。

保护区的西南面龙门河林场关门山西麓的夜蚊子沟是凉台河水系的发源地，由西北折向东南进入小坪子河汇喷水洞称纸厂河，经高桥河、井水口河、妯娌河、鱼儿河、车家沟河流经凉台河，流入秭归县的归州镇西屺溪注入长江。凉台河水系，位于兴山县西南部，境内流域面积 220 km²，年产水量 1.4 亿 m³，年均流量 5.02 m³/s。

保护区仙女山石灰质碳酸岩分布面积较广，天坑、溶洞较多，区内水资源丰富，许多地表水明流一段后进入天坑、深洞形成暗流，再成泉水出露。保护区南坡的井家沟、老阴沟等汇成西流河汇入沿渡河水系。

在保护区实验区范围内的小河口、黄龙洞和茅簏山已建水电站 3 座，总装机容量 2 500 kW。至 2018 年，保护区内水电站开发建设已经结束，余下水能没有开发规划。

2.5 土　　壤

湖北万朝山自然保护区成土母岩主要为志留系碳酸岩类，占保护区总面积的 92% 以上。由于长期成土过程的影响，土壤以地带性特征为主，并呈现明显的垂直带谱，在海拔 1 600 m 以上的山顶部位有少量黑色石灰土，pH 为 6.5～8.0，有机质含量丰富，结构呈团粒状。海拔 800～1 600 m 主要分布棕色石灰土。由于钙的淋溶作用强烈，剖面上部已无石灰反应，土壤肥力中等；海拔 800 m 以下为棕色石灰土，除结构外，基本无石灰土特性，已发育成垂直带谱中的黄壤和红黄壤，pH 为 4.5～8.0，有机质质量分数为 1.46～66.20 g/kg，碱解氮质量分数为 9.6～283.0 mg/kg，速效磷质量分数为 2～98 mg/kg，全钾质量分数为 2.5～200.0 mg/kg。

湖北万朝山自然保护区的土壤类型可以划分为 7 个土类、9 个亚类、14 个土属（表2-2）。在海拔 800 m 以下，分布着黄壤土类。在海拔 800～1 800 m 分布着过渡性的山地黄棕壤土类，它是黄壤土向棕壤过渡的土类，是保护区山地垂直带上的主要土壤类型，占保护区土壤总面积的 85.5%。在海拔 1 800 m 以上的各山顶地带，为山地棕壤土类。

表 2-2 保护区内的土壤分类表

土类	亚类	土属
棕壤土类	山地棕壤亚类	泥质岩山地棕壤土属 碳酸盐山地棕壤土属
黄棕壤土类	山地黄棕壤亚类	泥质岩山地黄棕壤土属 碳酸盐山地黄棕壤土属
	黄棕壤性土亚类	泥质岩黄棕壤性土属 碳酸岩黄棕壤性土属
黄壤土类	黄壤性土亚类	泥质岩黄壤性土属
紫色土土类	酸性紫色土亚类	酸性紫泥土土属 酸性紫渣土土属
	中性紫色土亚类	中性紫色土土属
石灰岩土类	棕色石灰土亚类	棕色石灰土土属
潮土土类	灰潮土亚类	砂土型灰潮土土属 壤土型灰潮土土属
水稻土土类	淹育型水稻土亚类	浅灰潮土田土属

棕壤位于地带性土壤垂直带谱中地理位置最高地段，分布在海拔 1 800 m 以上的山顶及鞍部。棕壤是暖温带生物气候条件下所形成的土壤类型。其淋溶强烈，全剖面已无石灰反应。土壤中有机质积累和淋溶淀积作用明显，黏粒下移突出。剖面特征有鲜棕色的土层，色调均匀一致，以棕色或褐色为主，层间过渡不明显，质地较轻。有机质含量大于 2%，pH 为 5～7，呈酸性至微酸性反应，分为山地棕壤 1 个亚类，2 个土属。

黄棕壤系黄壤向棕壤过渡的土类，是保护区山地垂直带上主要土壤类型，分布在海拔 800～1 800 m。其土层深厚，质地较重，心土层是黄棕色或红棕色，具亚铁锰结族或胶膜淀积物。pH 为 6.5～7.2，微酸性至中性反应。其可分为 2 个亚类，4 个土属。

黄壤分布于海拔 800 m 以下的低山地区，沿香溪河两边的坡地带状分布。其土层水源缺乏，灌溉条件差，侵蚀较强，质地轻。pH 为中性偏酸，一般为 4.5～7.0。保护区内只有 1 个亚类，1 个土属。

紫色土是由侏罗系的紫色砂页岩风化发育而成，因土呈紫色而得名，集中分布在保护区与巴东县交界的地方。紫色砂岩是矿物质成分比较复杂的母质，所含黏粒吸水能力强，物理风化作用较强，成土迅速。紫色土从岩石风化到成土的时间短，土壤腐殖质累积少，普遍缺乏有机质。保护区分酸性紫色土和中性紫色土 2 个亚类，3 个土属。

石灰岩土为石灰岩发育的岩成土。其包括泥质灰岩、白云岩等风化、半风化的坡积、残积物。其土层深厚，质地黏重，块状结构，土层薄，含砾石量大，呈不均质的石灰反应。土壤 pH 中性偏碱。保护区内只有 1 个亚类，1 个土属。

潮土为近代河流冲积母质发育而成。在河流洪水期中，被冲走的大量泥沙漫淤河床两岸，以重力作用多次沉降而成，是一种半水成的非地带性土壤，分布于冲积平原、谷沟河等阶地地形部位。潮土受地下水影响，通过毛细管作用产生夜潮现象。潮土土层深厚，在同一剖面中，常有不同的质地层次。其理化性质受母岩影响很大。保护区内只有 1 个亚类，2 个土属。

水稻土是人为长期水耕熟化，在以栽培水稻为主的生产过程中形成的具有独特性状的土类。在长期耕作、施肥灌溉条件下，土壤还原淋溶和氧化淀积，加上间歇性干湿交替等作用，形成了水稻土特有的剖面结构，具有多种发生层次，如耕作层、犁底层、潴育层等，最显著的是有有机铁络合物——锈纹斑或称"鳝血斑纹"。同时，由于长期水耕，土体承受压力，形成了紧实致密的犁底层等形态特征，保水保肥好。保护区内只有 1 个亚类，1 个土属。

3 湖北万朝山自然保护区的植物资源

3.1 植 物 区 系

3.1.1 植物区系组成

湖北万朝山自然保护区内层峦叠嶂，坡陡谷深，地形复杂，气候多变，形成多样的生境类型，孕育着丰富的生物多样性，尤其是植物多样性。

该区域一直是中外植物学家重点关注的地区之一，同时也是许多模式标本的重要采集地，对该地区植物资源的调查研究一直未间断。主要科考及研究活动记录如下。

最早到兴山一带采集植物标本的是爱尔兰医药师奥古斯丁·亨利（Augustine Henry），其于 1888 年雇佣 4 个人在建始、兴山采集，计得 500 个新种，25 个新属。

英国植物学者欧内斯特·亨利·威尔逊（Ernest Henry Wilson）于 1899～1902 年、1907～1909 年、1910～1911 年三度到中国采集物种，均是以宜昌—长阳—兴山为中心进行，采走大量的植物标本和种子，并发现众多新种。

1937 年，国立中央大学陈嵘教授在万朝山考察，发现连香树、水青树孑遗物种群落，新采集到 537 种标本，新发现兴山榆、兴山马醉木、兴山柳等地方特有物种，遂以兴山命名。

1948 年，国立中央大学森林系华敬灿教授考察万朝山森林植物。

1952 年 10 月至 1953 年，苏联育种专家贾托夫在万朝山及兴山考察研究杜仲生长及繁育技术。

1956 年，华中师范学院（现华中师范大学）谭景燊教授到万朝山考察植物，发现天然黄连等药用植物，并采集了标本。

1963 年，林业部中南林业调查规划设计院（现国家林业和草原局中南林业调查规划设计院）一行 19 人考察森林资源，为开发神农架在湘坪区进行总体设计。

1976 年 7 月，华中农学院（现华中农业大学）王灶安教授来万朝山考察珙桐生态习性，进行树干解析研究。

1979 年，华中师范学院班继德教授在万朝山、龙门河考察采集标本，鉴定原名油松树，实为巴山松。

1986 年 7 月，华中师范大学刘胜祥教授及师生在万朝山三岔口考察发现伯乐树新的分布点。

1997 年 7 月，国家林业部生态环境监测总站研究员陈瑞梅、韩景军，湖北省野生动植物保护总站研究员葛继稳在万朝山考察，新发现仙女山长槽、万朝山南沟有红豆杉、珙桐的新分布点。

1995 年开始，中国科学院植物研究所在龙门河建立神农架生物多样性定位研究站，陈伟列、金义兴、田自强、谢宗强、江明喜、李正羽、赵子恩等大批专家、学者长期对龙门河及周边地区生物生态进行深入研究，先后发现巴东木莲、独花兰、岩白菜、伞花木等大批珍稀植物新的分布区域。

2005 年 8 月，中国科学院武汉植物园、华中师范大学的相关专家学者组成万朝山自然保护区科考队深入万朝山、龙门河、仙女山腹地对其森林生态及生物多样性进行科学考察。

2014 年 8 月，武汉大学生命科学学院汪小凡教授带队在湖北万朝山自然保护区考察国家重点保护和珍稀濒危植物。

2014 年 10 月，北京林业大学张志翔教授对湖北万朝山自然保护区植物多样性进行了考察。

湖北万朝山自然保护区所在的区域被认为是华中地区生物多样性最丰富的地区，吸引着众多植物学者前来考察。2014 年 7 月，由湖北大学资源环境学院、华中师范大学生命科学学院及湖北生态工程职业技术学院专家组成的科学考察队，联合开展了湖北万朝山自然保护区第二次综合科学考察；本次考察在借鉴前人研究成果的基础上，进一步进行深入的科学研究，通过植物标本采集和对历年积累的植物区系资料的系统整理，形成了完整的植物名录并进行区系分析。

对湖北万朝山自然保护区植物区系组成的系统调查整理表明，保护区有维管束植物共 190 科，894 属，2 483 种（含种下等级，下同。其中含部分栽培植物 27 属，27 种）（表 3-1），其中蕨类植物 28 科，56 属，127 种；裸子植物 6 科，20 属，33 种；被子植物 156 科，818 属，2 323 种。保护区维管束植物分别占湖北省总科数的 78.84%、总属数的 61.57%、总种数的 41.25%；占全国总科数的 53.82%、总属数的 28.13%、总种数的 8.92%。由此可见，湖北万朝山自然保护区的植物区系在湖北省乃至全国的植物区系中都占有重要的地位。

表 3-1　湖北万朝山自然保护区维管束植物统计表

地域范围	蕨类植物			种子植物						合计		
				裸子植物			被子植物					
	科	属	种	科	属	种	科	属	种	科	属	种
保护区	28	56	127	6	20	33	156	818	2 323	190	894	2 483
湖北省	41	97	370	9	31	100	191	1 324	5 550	241	1 452	6 020
全国	52	204	2 600	10	34	238	291	2 940	25 000	353	3 178	27 838
保护区占湖北省/%	68.29	57.73	34.32	66.67	64.52	33.00	81.68	61.78	41.86	78.84	61.57	41.25
保护区占全国/%	53.85	27.45	4.88	60.00	58.82	13.87	53.61	27.82	9.29	53.82	28.13	8.92

3.1.2　植物区系地理成分分析

通过对一个区域的植物区系的科、属、种数与分布区类型的统计分析，可以了解到该区域植物区系的一般特征和性质。

1. 蕨类植物的地理成分分析

《中国植物志》（第一卷）将中国的蕨类植物分为 13 种分布类型，根据该文献，湖北万朝山自然保护区蕨类植物属的分布区类型统计状况见表 3-2。

表 3-2　湖北万朝山自然保护区蕨类植物属的分布区类型统计

分布区类型	属数	占保护区总属数的比例/%
1. 世界分布	17	30.36
2. 泛热带分布	13	23.21
3. 旧大陆热带分布	3	5.36
4. 热带亚洲和热带美洲间断分布	0	0.00
5. 热带亚洲至热带大洋洲分布	2	3.57
6. 热带亚洲至热带非洲分布	4	7.14
7. 热带亚洲分布	1	1.79
8. 北温带分布	7	12.50
9. 东亚和北美间断分布	1	1.79
10. 旧大陆温带分布	0	0.00
11. 温带亚洲分布	0	0.00
12. 东亚（喜马拉雅—中国—日本）分布	4	7.14
12-1. 中国—喜马拉雅分布	1	1.79
12-2. 中国—日本分布	3	5.36
13. 中国特有分布	0	0.00
合计	56	100.01

注：由于计算四舍五入，比例合计不为 100%

（1）世界分布

湖北万朝山自然保护区蕨类植物为世界分布类型的共 17 属，占保护总属数的 30.36%，隶属于 14 科。它们是石松属（*Lycopodium*）、卷柏属（*Selaginella*）、瓶儿小草属（*Ophioglossum*）、假阴地蕨属（*Botrypus*）、蕨属（*Pteridium*）、粉背蕨属（*Aleuritopteris*）、铁线蕨属（*Adiantum*）、蹄盖蕨属（*Athyrium*）、铁角蕨属（*Asplenium*）、荚囊蕨属（*Struthiopteris*）、狗脊蕨属（*Woodwardia*）、鳞毛蕨属（*Dryopteris*）、耳蕨属（*Polystichum*）、石韦属（*Pyrrosia*）、剑蕨属（*Loxogramme*）、旱蕨属（*Pellaea*）、苹属（*Marsilea*）。湖北万朝山自然保护区蕨类植物中属于世界分布的种有 58 种：蛇足石松（*Lycopodium serratum*）、多穗石松（*L. annotinum*）、石松（*L. clavatum*）、玉柏（*L. obscurum*）、

笔直石松（*L. obscurum* sp. *strictum*）、薄叶卷柏（*Selaginella delicatula*）、兖州卷柏（*S. involvens*）、布朗卷柏（*S. braunii*）、江南卷柏（*S. moellendorfii*）、疏叶卷柏（*S. remotifolia*）、翠云草（*S. uncinata*）、狭叶瓶尔小草（*Ophioglossum thermale*）、劲直阴地蕨（*Botrychium strictum*）、蕨萁（*B. virginianum*）、蕨（*Pteridium aquilinum* var. *latiusculum*）、毛轴蕨（*P. revolutum*）、粉背蕨（*Aleuritopteris farinosa*）、团羽铁线蕨（*Adiantum capillus-junonis*）、铁线蕨（*A. capillus-veneris*）、月芽铁线蕨（*A. edentulum*）、白背铁线蕨（*A. davidii*）、扇叶铁线蕨（*A. flabellulatum*）、假鞭叶铁线蕨（*A. malesianum*）、小铁线蕨（*A. mariesii*）、灰背铁线蕨（*A. myriosorum*）、掌叶铁线蕨（*A. pedatum*）、神农架蹄盖蕨（*Athyrium amplissimum*）、华东蹄盖蕨（*A. nipponicum*）、华南铁角蕨（*Asplenium austrochinense*）、虎尾铁角蕨（*A. incisum*）、半边铁角蕨（*A. unilaterale*）、铁角蕨（*A. trichomanes*）、三翅铁角蕨（*A. tripteropus*）、荚囊蕨（*Struthiopteris eburnea*）、狗脊（*Woodwardia japonica*）、单芽狗脊蕨（*W. unigemmata*）、两色鳞毛蕨（*Dryopteris setosa*）、假异鳞毛蕨（*D. immixta*）、半岛鳞毛蕨（*D. neolacera*）、同形鳞毛蕨（*D. uniformis*）、尖齿耳蕨（*Polystichum acutidens*）、鞭叶耳蕨（*P. craspedosorum*）、黑鳞耳蕨（*P. makinoi*）、革叶耳蕨（*P. neolobatum*）、戟叶耳蕨（*P. tripteron*）、对马耳蕨（*P. tsus-simense*）、对生耳蕨（*P. deltodon*）、相似石韦（*Pyrrosia similis*）、光石韦（*P. calvata*）、华北石韦（*P. davidii*）、毡毛石韦（*P. drakeana*）、矩圆石韦（*P. martinii*）、有柄石韦（*P. petiolosa*）、庐山石韦（*P. sheareri*）、尾叶石韦（*P. caudifrons*）、柳叶剑蕨（*Loxogramme salicifolia*）、旱蕨（*Pellaea nitidula*）、蘋（*Marsilea quadrifolia*）。

（2）泛热带分布

湖北万朝山自然保护区蕨类植物为泛热带分布类型的共 13 属，占保护区总属数的 23.21%，隶属于 11 科。它们是瘤足蕨属（*Plagiogyria*）、海金沙属（*Lygodium*）、里白属（*Hicriopteris*）、蔗蕨属（*Mecodium*）、碗蕨属（*Dennstaedtia*）、乌蕨属（*Stenoloma*）、凤尾蕨属（*Pteris*）、碎米蕨属（*Cheilosoria*）、金粉蕨属（*Onychium*）、凤丫蕨属（*Coniogramme*）、金星蕨属（*Parathelypteris*）、复叶耳蕨属（*Arachniodes*）、假毛蕨属（*Pseudocyclosorus*）。湖北万朝山自然保护区泛热带分布的种有 28 种：镰叶瘤足蕨（*Plagiogyria distinctissima*）、海金沙（*Lygodium japonicum*）、里白（*Hicriopteris glauca*）、蔗蕨（*Mecodium badium*）、溪洞碗蕨（*Dennstaedtia wilfordii*）、乌蕨（*Stenoloma chusanum*）、猪鬣凤尾蕨（*Pteris actiniopteroides*）、粗糙凤尾蕨（*P. cretica* var. *laeta*）、溪边凤尾蕨（*P. excelsa*）、狭叶凤尾蕨（*P. henryi*）、井栏边草（*P. multifida*）、凤尾蕨（*P. nervosa*）、半边旗（*P. semipinnata*）、蜈蚣草（*P. vittata*）、毛轴碎米蕨（*Cheilosoria chusana*）、野雉金粉蕨（*Onychium japonicum*）、木坪金粉蕨（*O. moupinense*）、普通凤丫蕨（*Coniogramme intermedia*）、凤丫蕨（*C. japonica*）、长羽凤丫蕨（*C. longissima*）、乳头凤丫蕨（*C. rosthornii*）、金星蕨（*Parathelypteris glanduligera*）、光叶金星蕨（*P. japonica* var. *glabrata*）、中日金星蕨（*P. nipponica*）、中华复叶耳蕨（*Arachniodes chinensis*）、异羽复叶耳蕨（*A. simplicior*）、多羽复叶耳蕨（*A. amoena*）、普通假毛蕨（*Pseudocyclosorus subochthodes*）。

（3）旧大陆热带分布

湖北万朝山自然保护区蕨类植物为旧大陆热带分布类型的有 3 属，占保护区总属数的 5.36%，隶属于 3 科。它们为芒萁属（*Dicranopteris*）、介蕨属（*Dryoathyrium*）、鳞盖蕨属（*Microlepia*）。属于该分布类型的种有 4 种，即芒萁（*Dicranopteris dichotoma*）、华中介蕨（*Dryoathyrium okuboanum*）、边缘鳞盖蕨（*Microlepia marginata*）、中华鳞盖蕨（*M. sinostrigosa*）。

（4）热带亚洲和热带美洲间断分布

湖北万朝山自然保护区蕨类植物没有热带亚洲和热带美洲间断分布类型的属。

（5）热带亚洲至热带大洋洲分布

湖北万朝山自然保护区蕨类植物为热带亚洲至热带大洋洲分布类型的只有 2 科 2 属，占总属数的 3.57%。它们为针毛蕨属（*Macrothelypteris*）、槲蕨属（*Drynaria*）。属于该分布类型的种只有 2 种：普通针毛蕨（*Macrothelypteris toressiana*）、槲蕨（*Drynaria roosii*）。

（6）热带亚洲至热带非洲分布

湖北万朝山自然保护区蕨类植物为热带亚洲至热带非洲分布类型的共 4 属，占保护区总属数的 7.14%，隶属于 2 科。它们是贯众属（*Cyrtomium*）、瓦韦属（*Lepisorus*）、星蕨属（*Microsorium*）、盾蕨属（*Neolepisorus*）。属于该分布类型的种有 12 种：刺齿贯众（*Cyrtomium caryotideum*）、贯众（*C. fortunei*）、多羽贯众（*C. polypterum*）、大叶贯众（*C. macrophyllum*）、二色瓦韦（*Lepisorus bicolor*）、扭瓦韦（*L. contortus*）、瓦韦（*L. thunbergianus*）、阔叶瓦韦（*L. tosaensis*）、云南瓦韦（*L. xiphiopteris*）、攀援星蕨（*Microsorum buergerianum*）、江南星蕨（*M. fortunei*）、盾蕨（*Neolepisorus ovatus*）。

（7）热带亚洲分布

湖北万朝山自然保护区蕨类植物为热带亚洲分布类型的只有 1 属，占保护区总属数的 1.79%，隶属于 1 科。其为新月蕨属（*Pronephrium*）。该分布类型只有 1 个种，即披针新月蕨（*Pronephrium penangianum*）。

（8）北温带分布

湖北万朝山自然保护区蕨类植物为北温带分布类型的共有 7 属，占保护区总属数的 12.50%，隶属于 6 科。它们是问荆属（*Equisetum*）、木贼属（*Hippochaete*）、阴地蕨属（*Botrychium*）、紫萁属（*Osmunda*）、卵果蕨属（*Phegopteris*）、荚果蕨属（*Matteuccia*）、岩蕨属（*Woodsia*）。属于该分布类型的种有 11 种：问荆（*Equisetum arvense*）、笔管草（*E. ramosissimum* ssp. *debile*）、木贼（*E. hyemale*）、节节草（*E. ramosissimum* ssp. *ramosissimun*）、阴地蕨（*Botrychium ternatum*）、紫萁（*Osmunda japonica*）、延羽卵果蕨（*Phegopteris decursive-pinnata*）、中华荚果蕨（*Matteuccia intermedia*）、东方荚果蕨（*M. orientalis*）、荚果蕨（*M. struthiopteris*）、耳羽岩蕨（*Woodsia polystichoides*）。

（9）东亚和北美间断分布

湖北万朝山自然保护区蕨类植物为东亚和北美间断分布类型的只有 1 属，占保护区总属数的 1.79%，即蛾眉蕨属（*Lunathyrium*），该分布类型只有 1 种，即陕西蛾眉蕨（*Lunathyrium giraldii*）。

（10）旧大陆温带分布

湖北万朝山自然保护区蕨类植物没有旧大陆温带分布类型的属。

（11）温带亚洲分布

湖北万朝山自然保护区蕨类植物没有温带亚洲分布类型的属。

（12）东亚（喜马拉雅—中国—日本）分布

湖北万朝山自然保护区蕨类植物为东亚（喜马拉雅—中国—日本）分布类型的共有4属，占保护区总属数的7.14%，隶属于2科。它们是假蹄盖蕨属（*Athyriopsis*）、水龙骨属（*Polypodiodes*）、假密网蕨属（*Phymatopsis*）、假瘤蕨属（*Phymatopteris*）。该分布类型共有5种：假蹄盖蕨（*Athyriopsis japonica*）、友水龙骨（*Polypodiodes amoenum*）、尖齿水龙骨（*P. argutum*）、金鸡脚假瘤蕨（*Phymatopteris hastata*）、斜下假瘤蕨（*P. stracheyi*）。

（13）中国—喜马拉雅分布

湖北万朝山自然保护区蕨类植物为中国—喜马拉雅分布类型的共有1属1种，占保护区总属数的1.79%。即骨牌蕨属（*Lepidogrammitis*），该分布类型共有2种：披针骨牌蕨（*Lepidogrammitis diversa*）、抱石莲（*L. drymoglossoides*）。

（14）中国—日本分布

湖北万朝山自然保护区蕨类植物为中国—日本分布类型的共有3属，即石蕨属（*Saxiglossum*）、鳞果星蕨属（*Lepidomicrosorium*）、毛枝蕨属（*Leptorumohra*），占保护区总属数的5.36%，隶属于2科。该分布类型共有3个种：石蕨（*Saxiglossum angustissimum*）、常春藤鳞果星蕨（*Lepidomicrosorium hederaceum*）、毛枝蕨（*Leptorumohra migueliana*）。

（15）中国特有分布

湖北万朝山自然保护区蕨类植物没有中国特有分布类型的属。

统计湖北万朝山自然保护区蕨类植物的地理分布类型发现，属于世界分布的占30.36%，属于热带分布的占41.07%，属于温带分布类型的占28.58%，没有中国特有分布的属。相对温带分布属，热带分布属略占优势，反映了湖北万朝山自然保护区植物区系的过渡性质。

蕨类植物对水、热条件较为敏感，其大多生长在温暖湿润的环境。蕨类植物地理分布与森林植被类型密切相关。由于生境复杂多变，湖北万朝山自然保护区分布的蕨类植物种类丰富，其分布的蕨类植物占湖北省蕨类植物总科数的68.29%、总属数的57.73%、总种数的34.32%。湖北万朝山自然保护区蕨类植物生态类型也丰富多样，既有旱生蕨类植物，如蜈蚣草、井栏边草，也有中生蕨类植物，如中日金星蕨、荚果蕨；既有土生蕨类植物，如各种鳞毛蕨和耳蕨等，也有石生蕨类，如抱石莲等，构成了湖北万朝山自然保护区丰富的蕨类区系。有些蕨类植物甚至成为湖北万朝山自然保护区主要的植被群系，如中日金星蕨等。

2. 种子植物的地理成分分析

（1）科的种数统计分析

保护区共有种子植物162科，根据其所含种数的多少可划分为5个级别，顺序依次为：大型科、较大科、中等科、寡种科、单种科，见表3-3和表3-4。表3-4显示了该区系各级别占湖北万朝山自然保护区种子植物科总数的多少。其中，大于 50 种的大型科有 10 科，包括菊科、蔷薇科、禾本科、唇形科 Labiatae、毛茛科 Ranunculaceae、百合科 Liliaceae、蝶形花科 Papilionaceae、兰科 Orchidaceae、忍冬科 Caprifoliaceae、樟科 Lauraceae。含 21～50 种的较大科有 21 科，包括伞形科 Umbelliferae、蓼科 Polygonaceae、荨麻科 Urticaceae、莎草科 Cyperaceae、小檗科 Berberidaceae、玄参科 Scrophulariaceae、卫矛科 Celastraceae、大戟科 Euphorbiaceae、壳斗科 Fagaceae 等。含 11～20 种的中等科有 33 科，包括十字花科 Cruciferae、桑科 Moraceae、报春花科 Primulaceae、菝葜科 Smilacaceae、五加科 Araliaceae、马鞭草科 Verbenaceae、杨柳科 Salicaceae、茄科 Solanaceae、堇菜科 Violaceae、景天科 Crassulaceae、萝藦科 Asclepiadaceae、松科 Pinaceae、葫芦科 Cucurbitaceae 等。含 2～10 种的寡种科有 66 科，包括凤仙花科 Balsaminaceae、桑寄生科 Loranthaceae、胡颓子科 Elaeagnaceae、木通科 Lardizabalaceae、苋科 Amaranthaceae、牻牛儿苗科 Geraniaceae、瑞香科 Thymelaea- ceae、漆树科 Anacardiaceae、胡桃科 Juglandaceae、紫金牛科 Myrsinaceae、木兰科 Magnoliaceae、防己科 Menrispermaceae 等。含 1 种的单种科共 32 科，其中有不少是古老子遗类型，为本区系原始和古老性的重要标志，如领春木科 Eupteleaceae、水青树科 Tetracentraceae、银杏科 Ginkgoaceae、杜仲科 Eucommiaceae、大血藤科 Sargentodoxaceae、透骨草科 Phrymaceae、连香树科 Cercidiphyllaceae、七叶树科 Aesculiaceae 等。在所有的 162 科种子植物中，寡种科达 66 科，占保护区总科数的 40.74%，表明该地区植物区系主要由寡种科的植物组成。

表3-3　湖北万朝山自然保护区种子植物科所含属和种数统计（属：种）

分类	属和种数统计（属：种）	
大型科（>50 种）（10 科 314 属 865 种）	菊科（Compositae）62:151	蔷薇科（Rosaceae）34:146
	禾本科（Gramineae）59:104	唇形科（Labiatae）34:75
	毛茛科（Ranunculaceae）18:74	百合科（Liliaceae）27:74
	蝶形花科（Papilionaceae）33:71	兰科（Orchidaceae）29:65
	忍冬科（Caprifoliaceae）9:54	樟科（Lauraceae）9:51
较大科（21～50 种）（21 科 186 属 643 种）	伞形科（Umbelliforae）24:49	蓼科（Polygonaceae）5:45
	荨麻科（Urticaceae）12:43	莎草科（Cyperaceae）10:40
	小檗科（Berberidaceae）7:39	玄参科（Scrophulariaceae）19:39
	卫矛科（Celastraceae）4:32	大戟科（Euphorbiaceae）13:30
	壳斗科（Fagaceae）6:30	葡萄科（Vitaceae）5:30
	绣球科（Hydrangeaceae）8:27	槭树科（Aceraceae）2:27
	木犀科（Oleaceae）7:26	龙胆科（Gentianaceae）7:26
	芸香科（Rutaceae）9:25	山茱萸科（Cornaceae）5:24
	茜草科（Rubiaceae）13:24	鼠李科（Rhamnaceae）7:23
	虎耳草科（Saxifragaceae）8:22	石竹科（Caryophyllaceae）11:21
	杜鹃花科（Ericaceae）4:21	

分类	属和种数统计（属：种）	
中等科（11～20 种）（33 科 151 属 492 种）	十字花科（Cruciferae）　9:20	桑科（Moraceae）　5:20
	报春花科（Primulaceae）　3:20	菝葜科（Smilacaceae）　2:20
	五加科（Araliaceae）　8:19	马鞭草科（Verbenaceae）　8:19
	杨柳科（Salicaceae）　2:18	茄科（Solanaceae）　8:18
	堇菜科（Violaceae）　1:17	景天科（Crassulaceae）　4:17
	萝藦科（Asclepiadaceae）　8:17	松科（Pinaceae）　8:16
	葫芦科（Cucurbitacea）　8:16	榛科（Corylaceae）　3:16
	桔梗科（Campanulaceae）　6:15	马兜铃科（Aristolochiaceae）　3:14
	山茶科（Theaceae）　4:14	紫草科（Boraginaceae）　7:14
	柳叶菜科（Onagraceae）　3:13	猕猴桃科（Actinidiaceae）　2:13
	金缕梅科（Hamamelidaceae）　8:13	榆科（Ulmaceae）　5:13
	冬青科（Aquifoliaceae）　1:13	苦苣苔科（Gesneriaceae）　8:13
	延龄草科（Trilliaceae）　2:13	天南星科（Araceae）　7:13
	薯蓣科（Dioscoreaceae）　1:12	海桐科（Pittosporum）　1:11
	椴树科（Tiliaceae）　4:11	清风藤科（Sabiaceae）　2:11
	山矾科（Symplocaceae）　1:11	败酱科（Valerianaceae）　2:11
	爵床科（Acanthaceae）　7:11	
寡种科（2～10 种）（66 科 155 属 324 种）	凤仙花科（Balsaminaceae）　1:10	桑寄生科（Loranthaceae）　4:10
	胡颓子科（Elaeagnaceae）　1:10	木通科（Lardizabalaceae）　5:9
	苋科（Amaranthaceae）　4:9	牻牛儿苗科（Geraniaceae）　2:9
	瑞香科（Thymelaeaceae）　3:9	漆树科（Anacardiaceae）　5:9
	胡桃科（Juglandaceae）　6:9	紫金牛科（Myrsinaceae）　3:9
	木兰科（Magnoliaceae）　4:8	防己科（Menispermaceae）　6:8
	金丝桃科（Hypericeceae）　1:8	茶藨子科（Grossulariaceae）　1:8
	安息香科（Styracaceae）　2:8	旋花科（Convolvulaceae）　5:8
	苏木科（Caesalpiniaceae）　5:7	柏科（Cupressaceae）　4:7
	五味子科（Schisaandraceae）　2:7	紫堇科（Fumariaceae）　2:7
	黄杨科（Buxaceae）　3:7	远志科（Polygalaceae）　1:6
	锦葵科（Malvaceae）　5:6	罂粟科（Papaveraceae）　4:5
	省沽油科（Staphyleaceae）　3:5	越橘科（Vacciniceae）　1:5
	夹竹桃科（Apocynaceae）　1:5	鸢尾科（Iridaceae）　3:5
	灯心草科（Juncaceae）　2:5	金粟兰科（Chloranthaceae）　1:4
	大风子科（Flacourtiaceae）　4:4	秋海棠科（Begoniaceae）　1:4

续表

分类	属和种数统计（属：种）	
寡种科（2～10种）（66科155属324种）	旌节花科（Stachyuruaceae）1:4 蛇菰科（Balanophoraceae）1:4 列当科（Orobanchaceae）3:4 杉科（Taxodiaceae）3:3 红豆杉科（Taxaceae）3:3 藜科（Chenopodiaceae）3:3 无患子科（Sapindaceae）3:3 鞘柄木科（Torricelliaceae）1:3 川续断科（Dipsacaceae）2:3 紫葳科（Bignoniaceae）2:3 酢浆草科（Oxalidaceae）1:2 蜡梅科（Calycanthaceae）1:2 大麻科（Cannabidaceae）2:2 苦木科（Simarubaceae）2:2 八角枫科（Alangiaceae）1:2 水晶兰科（Monotropaceae）2:2 车前草科（Plantaginaceae）1:2	桦木科（Betulaceae）1:4 马钱科（Loganiaceae）2:4 鸭跖草科（Commelinaceae）4:4 三尖杉科（Cephalotaxaceae）1:3 三白草科（Saururaceae）3:3 千屈菜科（Lythraceae）2:3 珙桐科（Nyssaceae）2:3 鹿蹄草科（Pyrolaceae）2:3 半边莲科（Lobeliaceae）2:3 石蒜科（Amaryllidaceae）1:3 虎皮楠科（Daphniphyllaceae）1:2 含羞草科（Mimosaceae）1:2 茶茱萸科（Icacinaceae）2:2 楝科（Meliaceae）1:2 山柳科（Clethraceae）1:2 柿科（Ebenaceae）1:2 香蒲科（Typhaceae）1:2
单种科（1种）（32科32属32种）	银杏科（Ginkgoaceae）1:1 水青树科（Tetracentraceae）1:1 连香树科（Cercidiphyllaceae）1:1 胡椒科（Piperaceae）1:1 粟米草（Molluginacdac）1:1 商陆科（Phytolaccaceae）1:1 蒺藜科（Zygophyllaceae）1:1 马桑科（Coriariaceae）1:1 梧桐科（Sterculiaceae）1:1 杜仲科（Eucommiaceae）1:1 铁青树科（Olacaceae）1:1 七叶树科（Aesculiaceae）1:1 狸藻科（Lentibulariaceae）1:1 谷精草科（Eriocaulaceae）1:1 美人蕉科（Cannaceae）1:1 棕榈科（Palmaceae）1:1	八角科（Illiciaceae）1:1 领春木科（Eupteleaceae）1:1 大血藤科（Sargentodoxaceae）1:1 白花菜科（Capparidaceae）1:1 马齿苋科（Portulacaceae）1:1 假繁缕科（Theligonaceae）1:1 石榴科（Punicaceae）1:1 杜英科（Elaeocarpaceae）1:1 鼠刺科（Escalloniaceae）1:1 悬铃木科（Platanaceae）1:1 檀香科（Santalaceae）1:1 伯乐树科（Bretschneideraceae）1:1 透骨草科（Phrymaceae）1:1 姜科（Zingiberaceae）1:1 百部科（Stemonaceae）1:1 仙茅科（Hypoxidaceae）1:1

表3-4 湖北万朝山自然保护区种子植物科的分组统计

分类群	单种科 （含1种）	寡种科 （2~10种）	中等科 （11~20种）	较大科 （21~50种）	大型科 （>50种）
裸子植物/科	1	4	1	0	0
被子植物/科	31	62	32	21	10
总和/科	32	66	33	21	10
占保护区种子植物总科数的比例/%	19.75	40.74	20.37	12.96	6.17

注：由于计算四舍五入，比例合计不为100%

（2）科的分布型统计

植物分布区的类型称为分布型。对植物种、属、科的地理分布型的分析是进行植物区系分析的重要手段。2003年，吴征镒等（2003）发表《世界种子植物科的分布区类型系统》，为种子植物的科的分布型分析提供了依据。据此，湖北万朝山自然保护区种子植物科的分布型统计见表3-5（除去3个栽培科）。

表3-5 湖北万朝山自然保护区种子植物科的分布型统计表

分布型	科数/科	占保护区种子植物总科数的比例/%
1. 世界广布	43	27.04
2. 泛热带	49	30.82
3. 东亚（热带、亚热带）及热带南美间断	10	6.29
4. 旧世界热带	2	1.26
5. 热带亚洲至热带大洋洲	3	1.89
6. 热带亚洲至热带非洲	0	0.00
7. 热带亚洲	3	1.89
8. 北温带	29	18.24
9. 东亚及北美间断	7	4.40
10. 旧世界温带	2	1.26
11. 温带亚洲	0	0.00
12. 地中海区、西亚至中亚	1	0.62
13. 中亚	0	0.00
14. 东亚	7	4.40
15. 中国特有	3	1.89
16. 其他	0	0.00
合计	159	100.00

1）世界广布分布型共有43科，占总科数的27.04%。它们是苋科、紫草科（Boraginaceae）、桔梗科（Campanulaceae）、石竹科（Caryophyllaceae）、藜科（Chenopodiaceae）、菊科（Compositae）、旋花科（Convolvulaceae）、景天科（Crassulaceae）、十字花科（Cruciferae）、莎草科（Cyperaceae）、杜鹃花科（Rhododendro）、龙胆科

（Gentianaceae）、禾本科（Gramineae）、唇形科（Labiatae）、蝶形花科（Leguminosae）、狸藻科（Lentibulariaceae）、半边莲科（Lobelia）、千屈菜科（Lythraceae）、桑科（Moraceae）、紫金牛科（Myrsinaceae）、木犀科（Oleaceae）、柳叶菜科（Onagraceae）、兰科（Orchidaceae）、酢浆草科（Oxalidaceae）、车前科（Plantaginaceae）、远志科（Polygalaceae）、蓼科（Polygonaceae）、马齿苋科（Portulacaceae）、报春花科（Primulaceae）、毛茛科（Ranunculaceae）、鼠李科（Rhamnaceae）、茶藨子科（Grossulariae）、蔷薇科（Rosaceae）、茜草科（Rubiaceae）、虎耳草科（Saxifragaceae）、玄参科（Scrophulariaceae）、茄科（Solanaceae）、瑞香科（Thymelaeaceae）、香蒲科（Typhaceae）、榆科（Ulmaceae）、伞形科（Umbelliferae）、败酱科（Valerianaceae）、堇菜科（Violaceae）。

2）泛热带分布型共有 49 科，占总科数的 30.82%。它们是爵床科（Acanthaceae）、天南星科（Araceae）、马兜铃科（Aristolochiaceae）、萝藦科（Asclepiadaceae）、秋海棠科（Begoniaceae）、紫葳科（Bignoniaceae）、金粟兰科（Chloranthaceae）、鸭跖草科（Commelinaceae）、葫芦科（Cucurbitaceae）、樟科（Lauraceae）、菝葜科（Smilacaceae）、番杏科（Aizoaceae）、石蒜科（Amaryllidaceae）、漆树科（Anacardiaceae）、夹竹桃科（Apocynaceae）、蛇菰科（Balanophoraceae）、凤仙花科（Balsaminaceae）、苏木科（Caesalpinioideael）、白花菜科（Capparidaceae）、卫矛科（Celastraceae）、榛科（Coryiaceae）、薯蓣科（Dioscoreaceae）、柿树科（Ebenaceae）、谷精草科（Eriocaulaceae）、大戟科（Euphorbiaceae）、大风子科（Flacourtiaceae）、茶茱萸科（Icacinaceae）、鸢尾科（Iridaceae）、桑寄生科（Loranthaceae）、锦葵科（Malvaceae）、防己科（Menispermaceae）、含羞草科（Mjmosaceae）、楝科（Meliaceae）、粟米草科（Molluginaceae）、铁青树科（Olacaceae）、棕榈科（Palmae）、商陆科（Phytolaccaceae）、胡椒科（Piperaceae）、芸香科（Rutaceae）、无患子科（Sapindaceae）、檀香科（Santalaceae）、苦木科（Simarubaceae）、梧桐科（Sterculiaceae）、山矾科（Symplocaceae）、茶科（Theaceae）、椴树科（Tiliaceae）、荨麻科（Urticaceae）、葡萄科（Viticaceae）、蒺藜科（Zygophyllaceae）。

3）东亚（热带、亚热带）及热带南美间断分布型共有 10 科，占总科数的 6.29%。它们是七叶树科（Hlppocastanceae）、冬青科（Aquifoliaceae）、五加科（Araliaceae）、山柳科（Clethraceae）、杜英科（Elaeocarpaceae）、苦苣苔科（Gesneriaceae）、木通科（Lardizabalaceae）、省沽油科（Staphyleaceae）、安息香科（Styracaceae）、马鞭草科（Verbenaceae）。

4）旧世界热带分布型共有 2 科，占总科数的 1.26%。它们是八角枫科（Alangiaceae）、海桐花科（Pittosporaceae）。

5）热带亚洲至热带大洋洲分布型共有 3 科，占总科数的 1.89%。它们是百部科（Stemonaceae）、交让木科（Daphniphyllaceae）、马钱科（Loganiaceae）。

6）热带亚洲至热带非洲分布型缺乏。

7）热带亚洲分布型共有 3 科，占总科数的 1.89%。它们是清风藤科（Sabiaceae）、伯乐树科（Bretschnederaceae）、大血藤科（Sargentodoxa）。

8）北温带分布型共有 29 科，占总科数的 18.24%。它们是槭树科（Aceraceae）、桦木科（Betulaceae）、黄杨科（Buxaceae）、大麻科（cannabidaceae）、忍冬科（Caprifoliaceae）、

马桑科（Coriariaceae）、四照花科（Dendrobenthami）、柏科（Cupressaceae）、胡颓子科（Elaeagnaceae）、壳斗科（Fagaceae）、牻牛儿苗科（Geraniaceae）、金缕梅科（Hamamelidaceae）、绣球科（Hydrangea）、金丝桃科（Hypericaceae）、胡桃科（Juglandaceae）、灯心草科（Juncaceae）、百合科（Liliaceae）、水晶兰科（Monotropaceae）、列当科（Orobanchaceae）、罂粟科（Papaveraceae）、悬铃木科（Piatanaceae）、松科（Pinaceae）、鹿蹄草科（Pyrolaceae）、杨柳科（Salicaceae）、红豆杉科（Taxaceae）、延龄草科（Trilliuml）、越桔科（Vacciniaceae）、鬼臼科（Podophyll）、紫堇科（Fumariacaeae）。

9）东亚和北美间断分布型共有 7 科，占总科数的 4.40%。它们是三白草科（Saururaceae）、五味子科（Schisandrceae）、蜡梅科（Calycanthaceae）、鼠刺科（Lteaaceae）、八角科（Illiciaceae）、木兰科（Magnoliaceae）、透骨草科（Phrymaceae）。

10）旧世界温带分布型共有 2 科，占总科数的 1.26%，即川续断科（Dipsacaceae）、假繁缕科（Theligonaceae）。

11）温带亚洲分布型缺乏。

12）地中海区、西亚及中亚分布型只有 1 科，占总科数的 0.62%，即石榴科（Puniaceae）。

13）中亚分布型缺乏。

14）东亚分布型共有 7 科，占总科数的 4.40%。它们是猕猴桃科（Actinidiaceae）、三尖杉科（Cephalotaxaceae）、连香树科（Cercidiphyllaceae）、领春木科（Eupteleaceae）、旌节花科（Stachyuruaceae）、水青树科（Tetracendraceae）、鞘柄木科（Toricelliaceae）。

15）中国特有分布型共有 3 科，占总科数的 1.89%。它们是银杏科（Ginkgoaceae）、珙桐科（Nyssaceae）、杜仲科（Eucommiaceae）。

上述统计表明，在湖北万朝山自然保护区，除去世界分布的科外，热带性分布型的科有 67 科，占总科数的 42.14%，温带性分布型的科只有 49 科，占总科数的 30.82%，热带性分布型的科与温带性分布型的科的比例为 1∶0.73。但热带性分布型的这些科所含的属种数则较少，在世界性分布的科中，有许多科是主产温带地区的科，从而使温带性分布的属种数在数量上占有优势，这说明该地区植物区系性质兼具有温带性质和热带亲缘性，同时也说明，该地区各类区系成分并存，表现了区系成分的复杂性。

亚洲特有科在该区系中占十分重要的地位，特别是珙桐科、杜仲科、银杏科、领春木科、连香树科、水青树科等，这些科多为古老子遗类型，表现出万朝山植物区系具有较强的原始性质。亚洲特有科见表 3-6。

表 3-6　湖北万朝山自然保护区亚洲特有科统计表

科名	拉丁名	种属数	分布
杜仲科	Eucommiaceae	1/1∶1/1∶1/1	华西南—华中
银杏科	Ginkgoaceae	1/1∶1/1∶1/1	中国
大血藤科	Sargentodoxaceae	1/1∶1/1∶1/1	西南—华中
领春木科	Eupteleaceae	1/1∶1/1∶1/2	东亚
鞘柄木科	Toricelliaceae	1/1∶1/3∶1/3	中国—喜马拉雅

续表

科名	拉丁名	种属数	分布
猕猴桃科	Actinidiaceae	2/7：2/53：2/55	东亚
旌节花科	Stachyuraceae	1/3：1/8：1/10	东亚、西亚
三尖杉科	Cephalotaxaceae	1/3：1/7：1/9	东亚
连香树科	Cercidiphyllaceae	1/1：1/1：1/1	中国—日本
水青树科	Tetracentraceae	1/1：1/1：1/1	中国—喜马拉雅

注：种属数表示万朝山属数/万朝山种数：中国属数/中国种数：全科属数/全科种数

（3）属的分布型统计

在分类学研究中，属这一分类学等级具有较强的稳定性。与科的分布型相比，属的分布型更能体现一个地区植物区系的基本特征，因而属的分布型特征成为划分植物区系地区的重要标志和依据。目前，中国种子植物分布型的划分多依据吴征镒（1991）的《中国种子植物属的分布区类型》的划分原则进行。将湖北万朝山自然保护区种子植物 815属（除去 23 个栽培属）划分为 15 个分布区类型，属的分布型统计见表 3-7。

表 3-7 湖北万朝山自然保护区种子植物属的分布型统计表

分布型	属数/属	占保护区种子植物总属数的比例/%
1. 世界分布	53	6.50
2. 泛热带分布及其变型	117	14.36
2-1. 热带亚洲、大洋洲、南美洲间断	（4）	
2-2. 热带亚洲、非洲、南美洲间断	（15）	
3. 热带亚洲和热带美洲间断分布	12	1.47
4. 旧世界热带分布及其变型	34	4.17
4-1. 热带亚洲、非洲、大洋洲间断	（10）	
5. 热带亚洲至热带大洋洲分布及其变型	24	2.94
5-1. 中国（西南）亚热带和新西兰间断	（1）	
6. 热带亚洲至热带非洲分布及其变型	23	2.82
6-1. 热带亚洲和东非或马达斯加间断	（1）	
7. 热带亚洲（印度—马来西亚）分布及其变型	57	6.99
7-1. 爪哇、喜马拉雅间断或星散分布到华南、西南	（6）	
7-2. 热带印度至华南	（1）	
7-3. 缅甸、泰国至华西南	（3）	
7-4. 越南（或中南半岛）至华南（或西南）	（5）	
8. 北温带分布及其变型	169	20.74
8-1. 北极—高山	（2）	
8-2. 北温带和南温带间断	（31）	
8-3. 欧亚和南美洲温带间断	（2）	
8-4. 地中海区、东亚、新西兰和墨西哥到智利间断	（1）	

续表

分布型	属数/属	占保护区种子植物总属数的比例/%
9. 东亚和北美间断分布及其变型	70	8.59
9-1. 东亚和墨西哥间断	（1）	
10. 旧世界温带分布及其变型	60	7.36
10-1. 地中海区、西亚和东亚间断	（12）	
10-2. 地中海区和喜马拉雅间断分布	（1）	
10-3. 欧亚、南美洲间断	（6）	
11. 温带亚洲分布	17	2.09
12. 地中海区、西亚至中亚分布及其变型	6	0.73
12-1. 地中海至中亚和南美洲、大洋洲间断	（1）	
12-2. 地中海至温带、热带亚洲，大洋洲和南美洲间断	（2）	
13. 中亚分布及其变型	3	0.37
13-1. 中亚至喜马拉雅	（1）	
14. 东亚分布及其变型	126	15.46
14-1. 中国—喜马拉雅（SH）	（34）	
14-2. 中国—日本（SJ）	（40）	
15. 中国特有分布	44	5.40
合计	815	100

1）世界分布

世界分布指遍布世界各大洲而无特殊分布中心的属。在湖北万朝山自然保护区该分布区类型共 53 属，占保护区种子植物总属数的 6.50%。它们是银莲花属（*Anemone*）、铁线莲属（*Clematis*）、毛茛属（*Ranunculus*）、碎米荠属（*Cardamine*）、蔊菜属（*Rorippa*）、堇菜属（*Viola*）、远志属（*Polygala*）、繁缕属（*Stellaria*）、蓼属（*Polygonum*）、酸模属（*Rumex*）、商陆属（*Phytolacca*）、藜属（*Chenopodium*）、苋属（*Amaranthus*）、老鹳草属（*Geranium*）、酢浆草属（*Oxalis*）、金丝桃属（*Hypericum*）、悬钩子属（*Rubus*）、黄耆属（*Astragalus*）、槐属（*Sophora*）、鼠李属（*Rhamnus*）、茴芹属（*Pimpinella*）、变豆菜属（*Sanicula*）、拉拉藤属（*Galium*）、鬼针草属（*Bidens*）、飞蓬属（*Erigeron*）、牛膝菊属（*Galinsoga*）、鼠麹草属（*Gnaphalium*）、千里光属（*Senecio*）、苍耳属（*Xanthium*）、龙胆属（*Gentiana*）、珍珠菜属（*Lysimachia*）、车前属（*Plantago*）、半边莲属（*Lobelia*）、酸浆属（*Physalis*）、茄属（*Solanum*）、沟酸浆属（*Mimulus*）、鼠尾草属（*Salvia*）、黄芩属（*Scutellaria*）、水苏属（*Stachys*）、香科科属（*Teucrium*）、香蒲属（*Typha*）、羊耳蒜属（*Liparis*）、灯心草属（*Juncus*）、地杨梅属（*Luzula*）、薹草属（*Carex*）、莎草属（*Cyperus*）、荸荠属（*Eleocharis*）、藨草属（*Scirpus*）、马唐属（*Digitaria*）、早熟禾属（*Poa*）、芹属（*Apium*）、黍属（*Panicum*）、剪股颖属（*Agrostis*）。在这一分布型中，木本植物有鼠李属、槐属等，木本、草本兼有的有铁线莲属、金丝桃属、悬

钩子属、千里光属、茄属，其余皆为草本。毛茛属、蓼属、薹草属、飞蓬属是主要的林下草本层，多阴湿类型。

2）泛热带分布及其变型

泛热带分布指分布于东、西两半球热带地区，以及在全球范围内有 1 个或数个分布中心，但其他地区也有一些种类分布的热带属；不少属尽管也分布到亚热带乃至温带，但其分布中心和原始类型仍然在热带范围之内的属也属此种类型。在湖北万朝山自然保护区该分布区类型共有 117 属，占保护区种子植物总属数的 14.36%。植物种类多以暖温带为其天然分布的北界。它们是木防己属（*Cocculus*）、马兜铃属（*Aristolochia*）、胡椒属（*Piper*）、金粟兰属（*Chloranthus*）、粟米草属（*Mollugo*）、马齿苋属（*Portulaca*）、牛膝属（*Achyranthes*）、青葙属（*Celosia*）、凤仙花属（*Impatiens*）、节节菜属（*Rotala*）、柞木属（*Xylosma*）、秋海棠属（*Begonia*）、苘麻属（*Abutilon*）、铁苋菜属（*Acalypha*）、山麻杆属（*Alchornea*）、大戟属（*Euphorbia*）、算盘子属（*Glochidion*）、叶下珠属（*Phyllanthus*）、乌桕属（*Sapium*）、羊蹄甲属（*Bauhinia*）、云实属（*Caesalpinia*）、黄檀属（*Dalbergia*）、千斤拔属（*Flemingia*）、木蓝属（*Indigofera*）、崖豆藤属（*Millettia*）、油麻藤属（*Mucuna*）、红豆属（*Ormosia*）、鹿藿属（*Rhynchosia*）、豇豆属（*Vigna*）、黄杨属（*Buxus*）、朴属（*Celtis*）、榕属（*Ficus*）、苎麻属（*Boehmeria*）、艾麻属（*Laportea*）、冷水花属（*Pilea*）、冬青属（*Ilex*）、南蛇藤属（*Celastrus*）、卫矛属（*Euonymus*）、青皮木属（*Schoepfia*）、枣属（*Ziziphus*）、花椒属（*Zanthoxylum*）、积雪草属（*Centella*）、天胡荽属（*Hydrocotyle*）、柿树属（*Diospyros*）、紫金牛属（*Ardisia*）、野茉莉属（*Styrax*）、山矾属（*Symplocos*）、醉鱼草属（*Buddleja*）、素馨属（*Jasminum*）、鹅绒藤属（*Cynanchum*）、牛奶菜属（*Marsdenia*）、钩藤属（*Uncaria*）、白酒草属（*Conyza*）、鳢肠属（*Eclipta*）、泽兰属（*Eupatorium*）、豨莶属（*Siegesbeckia*）、斑鸠菊属（*Vernonia*）、曼陀罗属（*Datura*）、红丝线属（*Lycianthes*）、打碗花属（*Calystegia*）、菟丝子属（*Cuscuta*）、牵牛属（*Pharbitis*）、母草属（*Lindernia*）、蝴蝶草属（*Torenia*）、紫珠属（*Callicarpa*）、大青属（*Clerodendrum*）、马鞭草属（*Verbena*）、牡荆属（*Vitex*）、鸭跖草属（*Commelina*）、谷精草属（*Eriocaulon*）、菝葜属（*Smilax*）、薯蓣属（*Dioscorea*）、虾脊兰属（*Calanthe*）、飘拂草属（*Fimbristylis*）、水蜈蚣属（*Kyllinga*）、砖子苗属（*Mariscus*）、扁莎属（*Pycreus*）、狗牙根属（*Cynodon*）、䅟属（*Eleusine*）、黄茅属（*Heteropogon*）、白茅属（*Imperata*）、千金子属（*Leptochloa*）、求米草属（*Oplismenus*）、雀稗属（*Paspalum*）、狼尾草属（*Pennisetum*）、棒头草属（*Polypogon*）、狗尾草属（*Setaria*）、下田菊属（*Adenostemma*）、球柱草属（*Bulbostylis*）、白花菜属（*Cleome*）、仙茅属（*Curculigo*）、美登木属（*Maytenus*）、蒺藜属（*Tribulus*）、山黄皮属（*Randia*）、鼠尾粟属（*Sporobolus*）、倒地铃属（*Cardiospermum*）、高粱属（*Sorghum*）、梵天花属（*Urena*）。此分布型还包括 2 个变型，一个变型是热带亚洲、大洋洲和南美洲间断分布，包括核子木属（*Perrottetia*）、石胡荽属（*Centipeda*）、菊芹属（*Erechtites*）、铜锤玉带属（*Pratia*）4 属；另一变型是热带亚洲、非洲、南美洲间断分布，包括糯米团属（*Gonostegia*）、蔗茅属（*Erianthus*）、桂樱属（*Laurocerasus*）、绣球防风属（*Leucas*）、刺蒴麻属（*Triumfetta*）、巴豆属（*Croton*）、决明属（*Cassia*）、山黄麻属（*Trema*）、栗寄生属（*Korthalsella*）、耳草属（*Hedyotis*）、水蓑衣属（*Hygrophila*）、

罗勒属（*Ocimum*）、石豆兰属（*Bulbophyllum*）、孔颖草属（*Bothriochloa*）、臂形草属（*Brachiaria*）15 属。该类型中的一些种类是该地区森林植被中乔木层重要种类，如桂樱属、野茉莉属、山矾属等；山麻杆属、紫金牛属等是灌木层中的重要类型。草本属中的凤仙花属、白茅属、狗尾草属等是组成林下草本层的重要种类。

3）热带亚洲和热带美洲间断分布

热带亚洲和热带美洲间断分布的属间断分布于热带美洲和亚洲温暖地区，在亚洲可能延伸到澳大利亚东北部或西南太平洋岛屿，但它们的分布中心都局限于亚洲、美洲热带。该分布类型在本保护区共 12 属，占保护区种子植物总属数的 1.47%。它们是木姜子属（*Litsea*）、楠属（*Phoebe*）、柃属（*Eurya*）、雀梅藤属（*Sageretia*）、苦树属（*Picrasma*）、泡花树属（*Meliosma*）、桤叶树属（*Clethra*）、过江藤属（*Phyla*）、猴欢喜属（*Sloanea*）、月见草属（*Oenothera*）、无患子属（*Sapindus*）、马蹄金属（*Dichondra*）。其中楠属、泡花树属、苦树属、柃属、木姜子属的许多种类是该区域森林和灌丛的重要组成成分。

4）旧世界热带分布及其变型

旧世界热带分布指分布于亚洲、非洲和大洋洲热带地区的属。该分布类型在本保护区共 34 属，占保护区种子植物总属数的 4.17%。本类型包括一个变型，即热带亚洲、非洲、大洋洲间断分布。它们是千金藤属（*Stephania*）、海桐属（*Pittosporum*）、苦瓜属（*Momordica*）、扁担杆属（*Grewia*）、野桐属（*Mallotus*）、地榆属（*Sanguisorba*）、合欢属（*Albizia*）、楼梯草属（*Elatostema*）、槲寄生属（*Viscum*）、乌蔹莓属（*Cayratia*）、吴茱萸属（*Evodia*）、八角枫属（*Alangium*）、杜茎山属（*Maesa*）、娃儿藤属（*Tylophora*）、一点红属（*Emilia*）、厚壳树属（*Ehretia*）、香茶菜属（*Rabdosia*）、水竹叶属（*Murdannia*）、天门冬属（*Asparagus*）、细柄草属（*Capillipedium*）、吊灯花属（*Ceropegia*）、马㼎儿属（*Zehneria*）、玉叶金花属（*Mussaenda*）、桑寄生属（*Loranthus*）。此外，其变型热带亚洲、非洲、大洋洲间断分布有青牛胆属（*Tinospora*）、水蛇麻属（*Fatoua*）、百蕊草属（*Thesium*）、飞蛾藤属（*Porana*）、爵床属（*Rostellularia*）、山珊瑚属（*Galeola*）、弓果藤属（*Toxocarpus*）、独脚金属（*Striga*）、杜若属（*Pollia*）、双花草属（*Dichanthium*）10 属。

虽然该类型在本区域所占的比重不大，但一些属种是本保护区各类森林植被的主要伴生种，如合欢属、八角枫属、海桐属是较常见的灌木；楼梯草属、水竹叶属的草本植物为林下及灌丛中常见成分。

5）热带亚洲至热带大洋洲分布及其变型

热带亚洲至热带大洋洲分布指分布于旧世界热带分布区的东翼，西端有时到马达加斯加但通常不及非洲大陆的属。该分布类型在本保护区共有 24 属，占保护区种子植物总属数的 2.94%。它们是樟属（*Cinnamomum*）、紫薇属（*Lagerstroemia*）、荛花属（*Wikstroemia*）、栝楼属（*Trichosanthes*）、雀儿舌头属（*Leptopus*）、柘属（*Cudrania*）、蛇菰属（*Balanophora*）、猫乳属（*Rhamnella*）、崖爬藤属（*Tetrastigma*）、臭椿属（*Ailanthus*）、香椿属（*Toona*）、通泉草属（*Mazus*）、旋蒴苣苔属（*Boea*）、白接骨属（*Asystasiella*）、百部属（*Stemona*）、隔距兰属（*Cleisostoma*）、兰属（*Cymbidium*）、天麻属（*Gastrodia*）、石仙桃属（*Pholidota*）、蜈蚣草属（*Eremochloa*）、淡竹叶属（*Lophatherum*）、阔蕊兰

属（*Peristylus*）、毛兰属（*Eria*）。此外，其变型中国（西南）亚热带和新西兰间断分布区类型仅有梁王茶属（*Nothopanax*）1 属。在该分布类型中，樟属是林中重要的常绿树种。其他属的植物一般数量稀少。有些是重要的中草药，如天麻属、蛇菰属（俗称"文王一支笔"）。

6）热带亚洲至热带非洲分布及其变型

热带亚洲至热带非洲分布指分布于旧世界热带分布区西翼的属，其分布范围一般指热带非洲至印度—马来西亚，有时也达斐济等南太平洋岛屿，但不到澳大利亚大陆。该分布类型在本保护区共有 23 属，占保护区种子植物总属数的 2.82%。它们是赤瓟属（*Thladiantha*）、山黑豆属（*Dumasia*）、大豆属（*Glycine*）、水麻属（*Debregeasia*）、钝果寄生属（*Taxillus*）、蝎子草属（*Girardinia*）、飞龙掌血属（*Toddalia*）、常春藤属（*Hedera*）、铁仔属（*Myrsine*）、杠柳属（*Periploca*）、观音草属（*Peristrophe*）、豆腐柴属（*Premna*）、荩草属（*Arthraxon*）、芒属（*Miscanthus*）、菅属（*Themeda*）、类芦属（*Neyraudia*）、菊三七属（*Gynura*）、草沙蚕属（*Tripogon*）、六棱菊属（*Laggera*）、杯苋属（*Cyathula*）、水团花属（*Adina*）、莠竹属（*Microstegium*）。此外，该类型的一变型热带亚洲和东非或马达加斯加间断分布区类型仅有马蓝属（*Strobilanthes*）1 属。木本植物中的水麻属是河岸带灌丛重要的成分；常春藤属植物攀缘于岩石及树干上，林中较为常见。草本植物中的芒属、荩草属植物是峡谷漫滩常见优势种。

7）热带亚洲（印度—马来西亚）分布及其变型

热带亚洲（印度—马来西亚）分布是指旧世界或旧大陆的中心部分的属，其范围包括印度、斯里兰卡、中南半岛、印度尼西亚、加里曼丹、菲律宾及新几内亚等，东面可达斐济等太平洋岛屿，但不到澳大利亚大陆。我国西南、华南及台湾，甚至更北地区是这一分布区类型的北部边缘。该分布类型在本保护区共有 57 属，占保护区种子植物总属数的 6.99%。该类型中许多属的种类在区域森林群落组成中具有重要作用。这一类型包括含笑属（*Michelia*）、南五味子属（*Kadsura*）、黄肉楠属（*Actinodaphne*）、山胡椒属（*Lindera*）、润楠属（*Machilus*）、新木姜子属（*Neolitsea*）、轮环藤属（*Cyclea*）、绞股蓝属（*Gynostemma*）、山茶属（*Camellia*）、虎皮楠属（*Daphniphyllum*）、常山属（*Dichroa*）、蛇莓属（*Duchesnea*）、葛属（*Pueraria*）、水丝梨属（*Sycopsis*）、野扇花属（*Sarcococca*）、青冈属（*Cyclobalanopsis*）、构属（*Broussonetia*）、紫麻属（*Oreocnide*）、赤车属（*Pellionia*）、清风藤属（*Sabia*）、蛇根草属（*Ophiorrhiza*）、鸡矢藤属（*Paederia*）、苦荬菜属（*Ixeris*）、翅果菊属（*Pterocypsela*）、蛛毛苣苔属（*Paraboea*）、肖菝葜属（*Heterosmilax*）、犁头尖属（*Typhonium*）、石斛属（*Dendrobium*）、斑叶兰属（*Goodyera*）、箬竹属（*Indocalamus*）、假柴龙树属（*Nothapodytes*）、杜根藤属（*Calophanoides*）、寒竹属（*Chimonobambusa*）、柑橘属（*Citrus*）、薏苡属（*Coix*）、秤钩风属（*Diploclisia*）、喙果藤属（*Trirostellum*）、木莲属（*Manglietia*）、蚊母树属（*Distylium*）、黄杞属（*Engelhardtia*）、雷公连属（*Amydrium*）、芋属（*Colocasia*）。此外，该类型有 4 个变型，一是爪哇、喜马拉雅间断或星散分布到华南、西南，有秋枫属（*Bischofia*）、木荷属（*Schima*）、金钱豹属（*Campanumoea*）、石椒草属（*Boenninghausenia*）、冠唇花属（*Microtoena*）、大参属（*Macropanax*）6 属；二是热带印度至华南分布，仅独蒜兰属（*Pleione*）

1属；三是缅甸、泰国至华西南分布，有穗花杉属（*Amentotaxus*）、来江藤属（*Brandisia*）、粗筒苣苔属（*Briggsia*）3属；四是越南（或中南半岛）至华南（或西南）分布，有半蒴苣苔属（*Hemiboea*）、山一笼鸡属（*Gutzlaffia*）、山羊角树属（*Carrierea*）、竹根七属（*Disporopsis*）、新樟属（*Neocinnamomum*）5属。该分布类型在保护区有较多的常绿木本，如青冈属、水丝梨属，常沿海拔1 000 m以下的沟谷分布，常成为群落的优势种或共建种；润楠属、山茶属、山胡椒属等是沟谷林中常见成分。穗花杉为自然分布的北缘，黄肉楠属、虎皮楠属是森林主要建群种。草本植物不多，主要是生于林下的斑叶兰属等兰科植物，以及林缘路边常见的菊科植物苦荬菜。石斛属为珍贵的中药材资源。本分布类型还有较多的藤本植物，如鸡矢藤属、葛属和清风藤属等。竹类的箬竹属为较高海拔林下灌木层优势种类。

8）北温带分布及其变型

北温带分布一般是指那些广泛分布于欧洲、亚洲和北美洲温带地区的属。该分布类型在本保护区共有169属，占保护区种子植物总属数的20.74%。它们是冷杉属（*Abies*）、云杉属（*Picea*）、松属（*Pinus*）、柏木属（*Cupressus*）、刺柏属（*Juniperus*）、圆柏属（*Sabina*）、红豆杉属（*Taxus*）、乌头属（*Aconitum*）、类叶升麻属（*Actaea*）、楼斗菜属（*Aquilegia*）、升麻属（*Cimicifuga*）、黄连属（*Coptis*）、翠雀属（*Delphinium*）、芍药属（*Paeonia*）、白头翁属（*Pulsatilla*）、小檗属（*Berberis*）、细辛属（*Asarum*）、紫堇属（*Corydalis*）、南芥属（*Arabis*）、荠属（*Capsella*）、八宝属（*Hylotelephium*）、虎耳草属（*Saxifraga*）、种阜草属（*Moehringia*）、漆姑草属（*Sagina*）、露珠草属（*Circaea*）、椴属（*Tilia*）、茶藨子属（*Ribes*）、山梅花属（*Philadelphus*）、龙牙草属（*Agrimonia*）、假升麻属（*Aruncus*）、樱属（*Cerasus*）、枸子属（*Cotoneaster*）、山楂属（*Crataegus*）、草莓属（*Fragaria*）、苹果属（*Malus*）、委陵菜属（*Potentilla*）、李属（*Prunus*）、蔷薇属（*Rosa*）、花楸属（*Sorbus*）、绣线菊属（*Spiraea*）、紫荆属（*Cercis*）、车轴草属（*Trifolium*）、杨属（*Populus*）、柳属（*Salix*）、桦木属（*Betula*）、鹅耳枥属（*Carpinus*）、榛属（*Corylus*）、铁木属（*Ostrya*）、栗属（*Castanea*）、水青冈属（*Fagus*）、栎属（*Quercus*）、榆属（*Ulmus*）、桑属（*Morus*）、葎草属（*Humulus*）、胡颓子属（*Elaeagnus*）、葡萄属（*Vitis*）、七叶树属（*Aesculus*）、槭属（*Acer*）、省沽油属（*Staphylea*）、黄栌属（*Cotinus*）、盐麸木属（*Rhus*）、胡桃属（*Juglans*）、楝木属（*Cornus*）、山茱萸属（*Macrocarpium*）、鸭儿芹属（*Cryptotaenia*）、胡萝卜属（*Daucus*）、独活属（*Heracleum*）、藁本属（*Ligusticum*）、杜鹃花属（*Rhododendron*）、喜冬草属（*Chimaphila*）、鹿蹄草属（*Pyrola*）、水晶兰属（*Monotropa*）、梣属（*Fraxinus*）、忍冬属（*Lonicera*）、荚蒾属（*Viburnum*）、香青属（*Anaphalis*）、蒿属（*Artemisia*）、紫菀属（*Aster*）、蓟属（*Cirsium*）、蜂斗菜属（*Petasites*）、风毛菊属（*Saussurea*）、苦苣菜属（*Sonchus*）、蒲公英属（*Taraxacum*）、点地梅属（*Androsace*）、报春花属（*Primula*）、风铃草属（*Campanula*）、琉璃草属（*Cynoglossum*）、紫草属（*Lithospermum*）、小米草属（*Euphrasia*）、山罗花属（*Melampyrum*）、马先蒿属（*Pedicularis*）、玄参属（*Scrophularia*）、列当属（*Orobanche*）、风轮菜属（*Clinopodium*）、活血丹属（*Glechoma*）、地笋属（*Lycopus*）、薄荷属（*Mentha*）、夏枯草属（*Prunella*）、葱属（*Allium*）、百合属（*Lilium*）、舞鹤草属（*Maianthemum*）、黄精属（*Polygonatum*）、

藜芦属（*Veratrum*）、天南星属（*Arisaema*）、鸢尾属（*Iris*）、头蕊兰属（*Cephalanthera*）、杓兰属（*Cypripedium*）、火烧兰属（*Epipactis*）、舌唇兰属（*Platanthera*）、绶草属（*Spiranthes*）、野古草属（*Arundinella*）、拂子茅属（*Calamagrostis*）、鸭茅属（*Dactylis*）、野青茅属（*Deyeuxia*）、稗属（*Echinochloa*）、画眉草属（*Eragrostis*）、羊茅属（*Festuca*）、披碱草属（*Elymus*）、扁蕾属（*Gentianopsis*）、捕虫堇属（*Pinguicula*）、悬铃木属（*Platanus*）、一枝黄花属（*Solidago*）、岩菖蒲属（*Tofieldia*）、落芒草属（*Oryzopsis*）、墙草属（*Parietaria*）、葶苈属（*Draba*）、梅花草属（*Parnassia*）、岩黄芪属（*Hedysarum*）、肋柱花属（*Lomatogonium*）、贝母属（*Fritillaria*）、洼瓣花属（*Lloydia*）、对叶兰属（*Listera*）、玉凤花属（*Habenaria*）。此外，该类型有4个变型，一是北极—高山变型，包括红景天属（*Rhodiola*）、山嵛菜属（*Eutrema*）2 属；二是北温带和南温带间断分布，有唐松草属（*Thalictrum*）、景天属（*Sedum*）、金腰属（*Chrysosplenium*）、无心菜属（*Arenaria*）、卷耳属（*Cerastium*）、女娄菜属（*Melandrium*）、蝇子草属（*Silene*）、柳叶菜属（*Epilobium*）、路边青属（*Geum*）、稠李属（*Padus*）、野豌豆属（*Vicia*）、荨麻属（*Urtica*）、当归属（*Angelica*）、柴胡属（*Bupleurum*）、茜草属（*Rubia*）、接骨木属（*Sambucus*）、缬草属（*Valeriana*）、和尚菜属（*Adenocaulon*）、花锚属（*Halenia*）、獐牙菜属（*Swertia*）、枸杞属（*Lycium*）、婆婆纳属（*Veronica*）、羊胡子草属（*Eriophorum*）、雀麦属（*Bromus*）、臭草属（*Melica*）、地肤属（*Kochia*）、三毛草属（*Trisetum*）、山柳菊属（*Hieracium*）、越橘属（*Vaccinium*）、蔄草属（*Phalaris*）、山黧豆属（*Lathyrus*）31 属；三是欧亚和南美洲温带间断分布，有火绒草属（*Leontopodium*）、看麦娘属（*Alopecurus*）2 属；四是地中海区、东亚、新西兰和墨西哥到智利间断分布，仅马桑属（*Coriaria*）1 属。在 169 属中，木本植物属多为落叶树木，其中的大部分是地带性森林植被的优势种或建群种，如栗属、水青冈属、鹅耳枥属、桦木属、栎属、杨属、紫荆属、榆属、胡桃属、榛属、花楸属、杜鹃花属、梾木属、稠李属等，并构成了群落的乔木层。有些针叶树在部分地域形成优势群落，如云杉属、松属、红豆杉属。灌木层主要由荚蒾属、蔷薇属、黄栌属、胡颓子属、盐肤木属、山梅花属、山楂属、李属等种类构成。木质藤本中葡萄属十分常见。本分布型中草本植物较为丰富，菊科的蒿属在本分布类型中种类多、分布普遍。本保护区植物群落组成上具有较大意义的还有乌头属、紫菀属、茜草属、金腰属、龙牙草属、百合属、野青茅属、柳叶菜属、翠雀属、花锚属、鸢尾属、马先蒿属等，它们分别在本保护区各种植被类型中具有不同的作用。

9）东亚和北美间断分布及其类型

东亚和北美间断分布指间断分布于东亚和北美洲温带及亚热带地区的属。该分布类型在本保护区共有 70 属，占保护区种子植物总属数的 8.59%。它们是铁杉属（*Tsuga*）、榧属（*Torreya*）、鹅掌楸属（*Liriodendron*）、北美木兰属（*Magnolia*）、八角属（*Illicium*）、五味子属（*Schisandra*）、檫木属（*Sassafras*）、红毛七属（*Caulophyllum*）、十大功劳属（*Mahonia*）、金罂粟属（*Stylophorum*）、落新妇属（*Astilbe*）、黄水枝属（*Tiarella*）、金线草属（*Anten oron*）、紫茎属（*Stewartia*）、鼠刺属（*Itea*）、赤壁木属（*Decumaria*）、绣球属（*Hydrangea*）、唐棣属（*Amelanchier*）、石楠属（*Photinia*）、珍珠梅属（*Sorbaria*）、皂荚属（*Gleditsia*）、两型豆属（*Amphicarpaea*）、山蚂蝗属（*Desmodium*）、胡枝子属

（*Lespedeza*）、长柄山蚂蝗属（*Podocarpium*）、紫藤属（*Wisteria*）、枫香树属（*Liquidambar*）、板凳果属（*Pachysandra*）、锥属（*Castanopsis*）、柯属（*Lithocarpus*）、勾儿茶属（*Berchemia*）、地锦属（*Parthenocissus*）、漆树属（*Toxicodendron*）、楤木属（*Aralia*）、人参属（*Panax*）、珍珠花属（*Lyonia*）、马醉木属（*Pieris*）、木犀属（*Osmanthus*）、络石属（*Trachelospermum*）、莛子藨属（*Triosteum*）、大丁草属（*Leibnitzia*）、草灵仙属（*Veronicastrum*）、草苁蓉属（*Boschniakia*）、梓属（*Catalpa*）、透骨草属（*Phryma*）、蟹甲草属（*Parasenecio*）、粉条儿菜属（*Aletris*）、万寿竹属（*Disporum*）、鹿药属（*Smilacina*）、延龄草属（*Trillium*）、菖蒲属（*Acorus*）、乱子草属（*Muhlenbergia*）、蛇葡萄属（*Ampelopsis*）、七筋姑属（*Clintonia*）、山荷叶属（*Diphylleia*）、鹰钩草属（*Orthocarpus*）、三白草属（*Saururus*）、马裤花属（*Dicentra*）、土圞儿属（*Apios*）、金缕梅属（*Hamamelis*）、山核桃属（*Carya*）、松下兰属（*Hypopitys*）、流苏树属（*Chionanthus*）、毛核木属（*Symphoricarpos*）、龙头草属（*Meehania*）、沼盘花属（*Zigadenus*）、朱兰属（*Pogonia*）、蜻蜓兰属（*Tulotis*）、肥皂荚属（*Gymnocladus*）。东亚和墨西哥间断分布为东亚和北美洲间断分布的变型，保护区仅包含糯米条属（*Abelia*）1属。在这些属中许多是古老或原始科的代表，如檫树属、鹅掌楸属、木兰属、枫香树属、金缕梅属、八角属、五味子属等。这些洲际间断分布的属及原始类型，远隔重洋，显示出了很有趣的地理分布现象，特别是许多古老的属的存在，反映了东亚和北美洲在地质历史上的密切联系和现代植物区系起源的相似程度。该类型在保护区有70属，而在中国仅有124属，保护区这类属数占中国这类属数的56.45%，这充分说明保护区植物区系和北美洲植物区系的关系密切程度。

10）旧世界温带分布及其类型

旧世界温带分布指分布于欧洲、亚洲中纬度、高纬度的温带和寒温带，或最多有个别延伸到北非及亚洲—非洲热带山地，或澳大利亚的属。该分布类型在本保护区共有60属，占保护区种子植物总属数的 7.36%。它们是獐耳细辛属（*Hepatica*）、淫羊藿属（*Epimedium*）、狗筋蔓属（*Cucubalus*）、石竹属（*Dianthus*）、剪秋罗属（*Lychnis*）、鹅肠菜属（*Myosoton*）、荞麦属（*Fagopyrum*）、瑞香属（*Daphne*）、梨属（*Pyrus*）、草木樨属（*Melilotus*）、羊角芹属（*Aegopodium*）、峨参属（*Anthriscus*）、水芹属（*Oenanthe*）、丁香属（*Syringa*）、川续断属（*Dipsacus*）、飞廉属（*Carduus*）、天名精属（*Carpesium*）、菊属（*Dendranthema*）、旋覆花属（*Inula*）、橐吾属（*Ligularia*）、毛连菜属（*Picris*）、款冬属（*Tussilago*）、沙参属（*Adenophora*）、筋骨草属（*Ajuga*）、水棘针属（*Amethystea*）、香薷属（*Elsholtzia*）、夏至草属（*Lagopsis*）、野芝麻属（*Lamium*）、益母草属（*Leonurus*）、橙花糙苏属（*Phlomis*）、萱草属（*Hemerocallis*）、重楼属（*Paris*）、角盘兰属（*Herminium*）、鹅观草属（*Roegneria*）、蛇根苣属（*Prenanthes*）、芨芨草属（*Achnatherum*）、牛蒡属（*Arctium*）、隐子草属（*Cleistogenes*）、鼬瓣花属（*Galeopsis*）、毛蕊花属（*Verbascum*）、荆芥属（*Nepeta*）。此外，该类型有 3 个变型，一是地中海区、西亚和东亚间断分布，有假繁缕属（*Theligonum*）、桃属（*Amygdalus*）、火棘属（*Pyracantha*）、榉属（*Zelkova*）、马甲子属（*Paliurus*）、窃衣属（*Torilis*）、连翘属（*Forsythia*）、女贞属（*Ligustrum*）、鸦葱属（*Scorzonera*）、牛至属（*Origanum*）、牧根草属（*Asyneuma*）、天仙子属（Hyoscyamus）12 属；二是地中海区和喜马拉雅间断分布，仅蜜蜂花属（*Melissa*）1 属；三是欧亚、南

美洲间断分布，包含百脉根属（*Lotus*）、苜蓿属（*Medicago*）、蛇床属（*Cnidium*）、前胡属（*Peucedanum*）、莴苣属（*Lactuca*）、蓝瑰花属（*Scilla*）6 属。在这一分布类型中，木本属种较少，榉树在峡谷岩坡上较常见。灌木由瑞香属、连翘属等组成。草本植物的橐吾属常在林缘形成草本优势群落，沙参属、川续断属、羌活属、淫羊藿属则是重要的中药材资源。

11）温带亚洲分布

温带亚洲分布指分布区主要局限于亚洲温带地区的属，该类型在本保护区共有 17 属，占 2.09%。它们是岩白菜属（*Bergenia*）、大黄属（*Rheum*）、杏属（*Armeniaca*）、白鹃梅属（*Exochorda*）、杭子梢属（*Campylotropis*）、锦鸡儿属（*Caragana*）、防风属（*Saposhnikovia*）、刺儿菜属（*Cephalanoplos*）、马兰属（*Kalimeris*）、山牛蒡属（*Synurus*）、翼萼蔓属（*Pterygocalyx*）、附地菜属（*Trigonotis*）、大油芒属（*Spodiopogon*）、亚菊属（*Ajania*）、无尾果属（*Coluria*）、米口袋属（*Gueldenstaedtia*）、裂叶荆芥属（*Schizonepeta*）。该类型草本植物属种较多，构成万朝山植物区系重要的草本成分。

12）地中海区、西亚至中亚分布及其变型

地中海区、西亚至中亚分布指分布于现代地中海周围，仅西亚或西南亚到俄罗斯和我国新疆、青藏高原及蒙古高原一带的属，在本保护区共有 6 属，占保护区种子植物总属数的 0.73%。它们是糖芥属（*Erysimum*）、榅桲属（*Cydonia*）、石榴属（*Punica*）。此外，该类型有两个变型，一是地中海至中亚和南非洲、大洋洲间断分布，仅有唐菖蒲属（*Gladiolus*）1 属；二是地中海至温带、热带亚洲，大洋洲和南美洲间断分布，有黄连木属（*Pistacia*）、牻牛儿苗属（*Erodium*）2 属。

13）中亚分布及其变型

中亚分布指只分布于中亚而不见于西亚及地中海周围的属，即位于古地中海的东半部。该分布在本保护区分布最少，只有 3 个属，占保护区种子植物总属数的 0.37%。它们是大麻属（*Cannabis*）、诸葛菜属（*Orychophragmus*）和鸡爪草属（*Calathodes*），其中鸡爪草属为中亚至喜马拉雅变型。

14）东亚分布及其变型

东亚分布指从喜马拉雅一直分布到日本的一些属，其分布区一般向东北不超过阿穆尔州和日本北部至萨哈林，向西南不超过越南北部和喜马拉雅，向南最远达菲律宾和加里曼丹北部，向西北一般以我国各类森林的边界为界。该分布类型在本保护区共有 126 属，占保护区种子植物总属数的 15.46%。属于这一分布的属有三尖杉属（*Cephalotaxus*）、领春木属（*Euptelea*）、蕺草属（*Houttuynia*）、结香属（*Edgeworthia*）、猕猴桃属（*Actinidia*）、溲疏属（*Deutzia*）、枇杷属（*Eriobotrya*）、绣线梅属（*Neillia*）、马鞍树属（*Maackia*）、旌节花属（*Stachyurus*）、蜡瓣花属（*Corylopsis*）、檵木属（*Loropetalum*）、花点草属（*Nanocnide*）、桃叶珊瑚属（*Aucuba*）、四照花属（*Dendrobenthamia*）、青荚叶属（*Helwingia*）、五加属（*Acanthopanax*）、吊钟花属（*Enkianthus*）、蓬莱葛属（*Gardneria*）、野丁香属（*Leptodermis*）、双盾木属（*Dipelta*）、败酱属（*Patrinia*）、兔儿风属（*Ainsliaea*）、白头菀属（*Doellingeria*）、泥胡菜属（*Hemisteptia*）、狗娃花属（*Heteropappus*）、黄鹤菜属（*Youngia*）、党参属（*Codonopsis*）、斑种草属（*Bothriospermum*）、松蒿属

（*Phtheirospermum*）、地黄属（*Rehmannia*）、莸属（*Caryopteris*）、紫苏属（*Perilla*）、大百合属（*Cardiocrinum*）、山麦冬属（*Liriope*）、沿阶草属（*Ophiopogon*）、吉祥草属（*Reineckia*）、油点草属（*Tricyrtis*）、石蒜属（*Lycoris*）、棕榈属（*Trachycarpus*）、白及属（*Bletilla*）、杜鹃兰属（*Cremastra*）、山兰属（*Oreorchis*）、石荠苎属（*Mosla*）、刚竹属（*Phyllostachys*）、蒲儿根属（*Sinosenecio*）、蜘蛛抱蛋属（*Aspidistra*）、油芒属（*Eccoilopus*）、野木瓜属（*Stauntonia*）、茵芋属（*Skimmia*）、帚菊属（*Pertya*）、金发草属（*Pogonatherum*）。此外，该类型有两个变型，一是中国—喜马拉雅（SH）分布型，包括油杉属（*Keteleeria*）、侧柏属（*Platycladus*）、水青树属（*Tetracentron*）、铁破锣属（*Beesia*）、人字果属（*Dichocarpum*）、鬼臼属（*Dysosma*）、猫儿屎属（*Decaisnea*）、八月瓜属（*Holboellia*）、石莲属（*Sinocrassula*）、雪胆属（*Hemsleya*）、裂瓜属（*Schizopepon*）、梧桐属（*Firmiana*）、臭樱属（*Maddenia*）、红果树属（*Stranvaesia*）、鞘柄木属（*Toricellia*）、囊瓣芹属（*Pternopetalum*）、双参属（*Triplostegia*）、云木香属（*Aucklandia*）、兔儿伞属（*Syneilesis*）、双蝴蝶属（*Tripterospermum*）、珊瑚苣苔属（*Corallodiscus*）、吊石苣苔属（*Lysionotus*）、马铃苣苔属（*Oreocharis*）、竹叶子属（*Streptolirion*）、开口箭属（*Tupistra*）、射干属（*Belamcanda*）、舌喙兰属（*Hemipilia*）、箭竹属（*Fargesia*）、筒冠花属（*Siphocranion*）、火把花属（*Colquhounia*）、鞭打绣球属（*Hemiphragma*）、冠盖藤属（*Pileostegia*）、南酸枣属（*Choerospondias*）、滇芎属（*Physospermopsis*），共34属；二是中国—日本（SJ）分布，包括连香树属（*Cercidiphyllum*）、千针苋属（*Acroglochin*）、无须藤属（*Hosiea*）、黄檗属（*Phellodendron*）、白苞芹属（*Nothosmyrnium*）、白辛树属（*Pterostyrax*）、天葵属（*Semiaquilegia*）、南天竹属（*Nandina*）、木通属（*Akebia*）、博落回属（*Macleaya*）、鬼灯檠属（*Rodgersia*）、山桐子属（*Idesia*）、田麻属（*Corchoropsis*）、丹麻秆属（*Discocleidion*）、草绣球属（*Cardiandra*）、叉叶蓝属（*Deinanthe*）、棣棠花属（*Kerria*）、鸡眼草属（*Kummerowia*）、枳椇属（*Hovenia*）、臭常山属（*Orixa*）、野鸦椿属（*Euscaphis*）、化香树属（*Platycarya*）、枫杨属（*Pterocarya*）、刺楸属（*Kalopanax*）、萝藦属（*Metaplexis*）、白马骨属（*Serissa*）、锦带花属（*Weigela*）、苍术属（*Atractylodes*）、泡桐属（*Paulownia*）、玉簪属（*Hosta*）、万年青属（*Rohdea*）、半夏属（*Pinellia*）、显子草属（*Phaenosperma*）、桔梗属（*Platycodon*）、地海椒属（*Archiphysalis*）、风龙属（*Sinomenium*）、荷青花属（*Hylomecon*）、钻地风属（*Schizophragma*）、鸡麻属（*Rhodotypos*）、黄筒花属（*Phacellanthus*），共40属。

本分布区类型中的许多木本种类，除裸子植物的几个属外，全部都为落叶植物，其中化香树属、枫杨属、领春木属、连香树属、四照花属、白辛属的种类为落叶阔叶林中的优势种。

15）中国特有分布

中国特有分布类型在本保护区共有44属，占保护区种子植物总属数的5.40%。它们均为仅含1～4种的单型属或少型属，许多种类为我国的保护植物，见表3-8。它们是银杏属（*Ginkgo*）、串果藤属（*Sinofranchetia*）、大血藤属（*Sargentodoxa*）、马蹄香属（*Saruma*）、血水草属（*Eomecon*）、阴山荠属（*Yinshania*）、山拐枣属（*Poliothyrsis*）、藤山柳属（*Clematoclethra*）、地构叶属（*Speranskia*）、蜡梅属（*Chimonanthus*）、牛

表 3-8　湖北万朝山自然保护区种子植物中国特有属的统计

属名	种数（中国/世界）	生态型
银杏属 *Ginkgo*	1/1	T
串果藤属 *Sinofranchetia*	1/1	L
大血藤属 *Sargentodoxa*	1/1	L
马蹄香属 *Saruma*	1/1	H
血水草属 *Eomecon*	1/1	H
阴山荠属 *Yinshania*	5～7/5～7	H
山拐枣属 *Poliothyrsis*	1/1	T
藤山柳属 *Clematoclethra*	1/1～4	T
地构叶属 *Speranskia*	1/2	T
蜡梅属 *Chimonanthus*	1～2/2	T
牛鼻栓属 *Fortunearia*	1/1	T
山白树属 *Sinowilsonia*	1/1	T
杜仲属 *Eucommia*	1/1	T
青檀属 *Pteroceltis*	1/1	T
金钱槭属 *Dipteronia*	1/1	T
瘿椒树属 *Tapiscia*	1/2	T
青钱柳属 *Cyclocarya*	1/1	T
珙桐属 *Davidia*	1/1	T
秦岭藤属 *Biondia*	1/2	T
通脱木属 *Tetrapanax*	1/1	T
羌活属 *Notopterygium*	1/4	H
香果树属 *Emmenopterys*	1/1	T
猬实属 *Kolkwitzia*	1/1	T
虾须草属 *Sheareria*	1/1	H
车前紫草属 *Sinojohnstonia*	1/1	H
盾果草属 *Thyrocarpus*	1/1	H
呆白菜属 *Triaenophora*	1/2	H
直瓣苣苔属 *Ancylostemon*	8～10/8～10	H
四棱草属 *Schnabelia*	2/2	H
异野芝麻属 *Heterolamium*	1/1	H
动蕊花属 *Kinostemon*	1/2	H
斜萼草属 *Loxocalyx*	2/3	H
瘦房兰属 *Ischnogyne*	1/1	H
天蓬子属 *Atropanthe*	1/1	H
伯乐树属 *Bretschneidera*	1/1	T

续表

属名	种数（中国/世界）	生态型
喜树属 *Camptotheca*	1/1	T
独花兰属 *Changnienia*	1/1	H
伞花木属 *Eurycorymbus*	1/1	T
箭竹属 *Fargesia*	2/5	T
裸蒴属 *Gymnotheca*	2/2	H
尾囊草属 *Urophysa*	2/2	H
丫蕊花属 *Ypsilandra*	1/1	H
裸芸香属 *Psilopeganum*	1/1	H
明党参属 *Changium*	1/1	H

注：T为木本，L为藤本，H为草本。

鼻栓属（*Fortunearia*）、山白树属（*Sinowilsonia*）、杜仲属（*Eucommia*）、青檀属（*Pteroceltis*）、金钱槭属（*Dipteronia*）、瘿椒树属（*Tapiscia*）、青钱柳属（*Cyclocarya*）、珙桐属（*Davidia*）、通脱木属（*Tetrapanax*）、羌活属（*Notopterygium*）、秦岭藤属（*Biondia*）、香果树属（*Emmenopterys*）、猬实属（*Kolkwitzia*）、车前紫草属（*Sinojohnstonia*）、盾果草属（*Thyrocarpus*）、呆白菜属（*Triaenophora*）、直瓣苣苔属（*Ancylostemon*）、异野芝麻属（*Heterolamium*）、动蕊花属（*Kinostemon*）、斜萼草属（*Loxocalyx*）、瘦房兰属（*Ischnogyne*）、天蓬子属（*Atropanthe*）、伯乐树属（*Bretschneidera*）、喜树属（*Camptotheca*）、独花兰属（*Changnienia*）、伞花木属（*Eurycorymbus*）、箭竹属（*Fargesia*）、裸蒴属（*Gymnotheca*）、尾囊草属（*Urophysa*）、丫蕊花属（*Ypsilandra*）、裸芸香属（*Psilopeganum*）、明党参属（*Changium*）、虾须草属（*Sheareria*）、四棱草属（*Schnabelia*）。中国特有分布型中，有些属的起源古老，系统位置原始或孤立；有些属形成该区域植被的群落或群系类型，如金钱槭属、珙桐属、青檀属、瘿椒树属、箭竹属等。无论是古特有属还是新特有属，都是分布范围或物种的发展、迁徙受到限制的类群。古特有属可能是地质年代气候要素和地理环境的变化对它的分布和发展起到了限制作用，甚至对其灭绝也产生一定的影响；而新特有属则更多受特殊的地理条件和局部特殊环境组成的小生境的影响，这些外部生境既促进了它们的形成和发展，也有可能阻碍了它们的传播。这些特有属的存在显示了湖北万朝山自然保护区植物区系的古老性，及其在华中植物区系中的重要地位。深入研究特有属在万朝山植物生态系统中的作用和功能，对深刻理解物种的发生、维持、发展和灭绝机制将有着重要的作用，也有利于万朝山小种群物种的保护和保护区的可持续发展。

　　综合分析湖北万朝山自然保护区种子植物区系性质，属于热带分布类型（包括表3-7中区系类型的2~7项）共267属，占保护区种子植物总属数的32.76%；属于温带分布类型（包括表3-7中区系类型的8~14项）共451属，占保护区种子植物总属数的55.34%；中国特有分布类型有44属，占保护区种子植物总属数的5.40%。种子植物的区系以温带性质为主，但具有由亚热带向温带的过渡性质。

（4）与其他自然保护区种子植物区系的比较

植物区系特征与自然地理环境有着紧密的联系。为了进一步分析湖北万朝山自然保护区植物区系特征，我们选择位于鄂东南地区的九宫山（幕阜山系）、鄂西南地区的七姊妹山（武陵山余脉）、鄂西北的神农架（大巴山脉东延余脉）及太白山（秦岭山系）4个国家级自然保护区与位于鄂西北地区的万朝山自然保护区（大巴山脉东延余脉）植物区系进行比较，其分布类型见表 3-9。为了更清晰地比较各地的植物区系，我们选择了种子植物属的区系成分中热带成分（R）、温带成分（T）、中国特有成分（C）、R/T（热带成分/温带成分）进行比较分析，见表 3-10。

表 3-9 湖北万朝山自然保护区与其他 4 个自然保护区植物区系的比较（%）

分布区类型	万朝山	神农架	九宫山	七姊妹山	太白山
1	6.50	7.50	8.70	8.90	10.00
2	14.36	12.10	18.10	16.70	10.70
3	1.47	1.40	3.20	2.40	0.60
4	4.17	3.40	4.90	4.10	2.30
5	2.94	2.90	2.70	3.40	1.70
6	2.82	2.80	3.20	3.10	2.10
7	6.99	6.10	6.50	6.70	2.40
8	20.74	23.80	17.40	18.90	29.40
9	8.59	8.50	7.40	7.50	7.30
10	7.36	7.80	8.60	6.00	11.70
11	2.09	2.20	1.20	1.40	3.20
12	0.73	0.50	1.50	1.30	1.10
13	0.37	0.30	0.30	0.10	0.80
14	15.46	15.40	12.80	14.90	12.90
15	5.40	5.50	3.70	4.50	3.80

表 3-10 湖北万朝山自然保护区与其他 4 个自然保护区植物区系的统计分析

区系统计	万朝山	神农架	九宫山	七姊妹山	太白山
R/%	32.76	28.70	38.60	36.40	19.80
T/%	55.34	58.50	49.20	50.10	66.40
R/T	0.592	0.490 6	0.784 6	0.726 5	0.298 2
C/%	5.40	5.50	3.70	4.50	3.80

比较 5 个自然保护区种子植物属的区系成分，特别是 R/T，同属大巴山脉东延余脉的万朝山与神农架的区系成分比较接近，这与两地山系相近，地理位置紧邻相关。而鄂东南地区的九宫山自然保护区和鄂西南的七姊妹山自然保护区的热带成分比万朝山自然保护区更丰富，这可能与两地纬度位置比万朝山自然保护区更偏南有关系。而太白山由于与万朝山的山系或地理环境的差别较大，因此与万朝山自然保护区的植物区系有较大的差别。

3.1.3　湖北万朝山自然保护区植物区系特征

1. 生境复杂，植物种类丰富

通过深入的科学考察及对历年积累的植物区系资料进行系统整理，查明保护区有维管束植物 190 科，894 属，2 483 种（含种下等级，下同。其中含部分栽培植物 27 属，27 种）（表 3-1），其中蕨类植物 28 科，56 属，127 种；裸子植物 6 科，20 属，33 种；被子植物 156 科，818 属，2 323 种。湖北万朝山自然保护区的维管束植物分别占湖北省总科数的 78.84%、总属数的 61.57%、总种数的 41.25%；占全国总科数的 53.82%、总属数的 28.13%、总种数的 8.92%。表明湖北万朝山自然保护区植物种类丰富，植物区系成分复杂，其植物区系在湖北省乃至全国的植物区系中都占有重要的地位。该区域复杂多样的生境，为生物多样性提供了支撑。

2. 植物地理成分复杂多样

中国的蕨类植物区系分为 13 个分布区类型，而湖北万朝山自然保护区的蕨类植物分布有 10 个分布区类型，仅缺热带亚洲和热带美洲间断分布、旧大陆温带分布和温带亚洲分布 3 个分布区类型。中国的种子植物科的区系分为 16 个分布区类型，湖北万朝山自然保护区的分布型有 12 个，仅缺热带亚洲至热带非洲、温带亚洲、中亚及其他 4 个类型。中国的种子植物属的区系分为 15 个分布型，在湖北万朝山自然保护区这些分布型都存在，并且还有许多变型。这些不同的地理区系成分相互渗透，充分显示了湖北万朝山自然保护区植物区系成分的复杂性和过渡性的特征。

3. 植物区系成分以温带性质为主，但具有过渡性特征

湖北万朝山自然保护区蕨类植物的地理分布类型中，属于热带分布类型的有 23 属，占保护区蕨类植物总属数的 41.07%，属于温带分布类型的有 16 属，占保护区蕨类植物总属数的 28.57%，显示热带地理成分占一定优势。但在种子植物属的区系成分分析中，属于热带分布类型的有 267 属，占保护区种子植物总属数的 32.76%；属于温带分布类型的有 451 属，占保护区种子植物总属数的 55.34%；显示种子植物的区系以温带性质为主。总体来看，湖北万朝山自然保护区的植物区系以温带性质为主，但具有由亚热带向温带的过渡性质。

4. 特有成分集中，模式标本重要采集地

湖北万朝山自然保护区种子植物中，有亚洲特有科 10 科，中国特有科 3 科。有中国特有属 44 属，占保护区种子植物总属数的 5.39%。在这 44 个中国特有属中，单种特有属有 29 属。同时万朝山自然保护区还是植物界模式标本采集最集中的地区之一，根据《湖北植物大全》及相关文献记载，经实证统计，先后在万朝山自然保护区采集的种子植物模式标本达 105 种，以兴山命名的就有 12 种，即兴山五味子（*Schisandra glaucescens*）、兴山唐松草（*Thalictrum xingshanicum*）、兴山小檗（*Berberis silvicola*）、兴山景天（*Sedum wilsonii*)、兴山绣线菊（*Spiraea hingshanensis*）、兴山木蓝（*Indigofera decora* var. *chalara*）、兴山柳（*Salix mictotricha*）、兴山榆（*Ulmus bergmanniana*）、兴山马醉木（*Pieris formosa*）、兴山蜡树（*Ligustrum henryi*）、兴山箭竹（*Sinarundinaria sparisiflora*）等，还有很多种以宜昌、鄂西、湖北命名的，显示出湖北万朝山自然保护区植物地理成分的独特性与典型性。

5. 珍稀濒危植物种类丰富

湖北万朝山自然保护区共有国家珍稀濒危保护野生植物 47 种，其中，国家重点保护野生植物 26 种（I 级 5 种，II 级 21 种）；国家珍稀濒危植物 37 种（1 级 1 种，2 级 14 种，3 级 22 种）；国家珍贵树种 22 种（一级 5 种，二级 17 种）。此外，还广泛分布着叉叶蓝及兰科等珍稀植物。

6. 植物区系具有古老、原始和残遗的性质

湖北万朝山自然保护区的植物区系中，集中分布着许多古老和原始的科、属，也包含了大量的单型属和少型属。此区古近纪、新近纪古老植物很多，是我国古近纪、新近纪植物区系重要保存地之一。在裸子植物中，有发生在三叠纪的松属、红豆杉属、三尖杉属等；在被子植物中，有许多在白垩纪就已经形成的原始类型，如木兰科、八角科、毛茛科、防己科、杜仲科、桦木科、榆科、领春木科等。有些物种已形成较大的群落类型，如领春木、金钱槭等，显示出湖北万朝山自然保护区植物区系的古老、原始和残遗的性质。

3.2 自 然 植 被

湖北万朝山自然保护区地处鄂西北山区神农架南坡，位于长江三峡北部库区，大巴山系东端余脉，境内层峦叠起，地形复杂，气候多变，形成多样的生境类型。复杂的生境，也造就了该保护区复杂的植被类型。根据《中国自然区划》、《中国植被》及《湖北森林》有关植被区划的划分方法，湖北万朝山自然保护区的自然植被分区应属于中国亚热带常绿阔叶林区域，东部（湿润）常绿阔叶林亚区，中亚热带常绿阔叶林地带，长江三峡谷地巴东栎、曼青冈、柏木、柑橘林小区。湖北万朝山自然保护区所在的区域一直为植物学工作者所关注的重点区域之一。在参考前人植被调查成果的基础上，由湖北大学、华中师范大学的研究人员组成的综合科学考察队，于 2014 年 7 月～2015 年 8 月对湖北万朝山自然保护区的植被进行进一步的调查与研究。

3.2.1 植被分类系统与植被调查方法

湖北万朝山自然保护区的植被分类原则与系统仍采用了《中国植被》的分类原则和系统，即以生态-外貌为分类依据构建植被分类体系，特别是在群系以上水平上体现这一

原则。但在湖北万朝山自然保护区植被调查中，为了更好地反映该区域植被的状况，我们的群落调查采用了植物社会学的调查方法，主要是吸收利用法瑞学派的植被调查标准化和系统化的长处，力求植被分类更趋于自然，同时更好地体现植被类型与环境的相关性，也有利于该区域的植被与中国植被系统的"对接"。

湖北万朝山自然保护区的植被调查采用国际植物学会通用的植物社会学的方法（Braun-Blanquet，1964；Fujiwara，1987）。在方法论上特别强调以下几点。

① 样地选择强调环境及立地条件的均一性，样地可以为任意形状，以保证植被与环境的同一性。

② 在保护区范围内，强调选点的多样性及样方的数量，以保证植被调查资料的科学性。

③ 强调调查资料的准确性。特别是样方中所出现的全部植物种类要分层进行识别，记载每一种的综合优势度（coverand total density）和多度（abundance）。记录调查地的位置（经度，纬度）、地形、方位、坡度、海拔、土壤与地质条件、风的强度、干扰状况等。

④ 根据现地调查所得植被调查资料做成初表，按照 Ellenberg 的方法进行一系列表的操作（Ellenberg，1956），即按照初表—常在度表—部分表—区分表—综合常在度表—群集表（群丛表）的顺序进行一系列表的变换，确定群落类型及各群落的特征种、优势种等。描绘主要建群种的立木结构图与植被群落的断面图。

在有些样方调查不便的地域，也采用了目测样方的调查方法，主要记录样方内物种的主要种类，估测群落结构中各层的盖度等。

根据植被调查数据，结合《中国植被》的分类原则，可将湖北万朝山自然保护区自然植被划分为 4 个植被型组，10 个植被型，58 个群系。具体分类见表 3-11。

表 3-11 湖北万朝山自然保护区植被分类

植被型组	植被型	群系
I 针叶林	1. 暖性针叶林	（1）马尾松林（Form. *Pinus massoniana*） （2）杉木林（Form. *Cunninghamia lanceolata*） （3）铁坚油杉林（Form. *Ke teleeria davidiana*） （4）柏木林（Form. *Cupressus funebris*）
	2. 温性针叶林	（5）华山松林（Form. *Pinus armandii*） （6）油松林（Form. *Pinus tabuliformis*） （7）巴山松林（Form. *Pinus henryi*）
	3. 温性针叶阔叶混交林	（8）巴山松-刺叶高山栎林（Form. *Pinus henryi-Quercus spinosa*）
	4. 寒温性针叶林	（9）巴山冷杉林（Form. *Abies fargesii*）
II 阔叶林	5. 常绿阔叶林	（10）黑壳楠林（Form. *Lindera megaphylla*） （11）宜昌润楠林（Form. *Machilus ichangensis*） （12）巴东栎林（Form. *Quercus engleriana*） （13）多脉青冈林（Form.*Cyclobalanopsis multinervis*） （14）匙叶栎林（Form. *Quercus dolicholepis*） （15）刺叶高山栎林（Form. *Quercus spinosa*） （16）水丝梨林（Form. *Sycopsis sinensis*） （17）云锦杜鹃林（Form. *Rhododendron fortunei*）

植被型组	植被型	群系
II 阔叶林	6. 常绿落叶阔叶混交林	（18）曼青冈-化香树林（Form. *Cyclobalanopsis oxyodon -Platycarya strobilacea*）
		（19）曼青冈-短柄枹栎林（Form. *Cyclobalanopsis oxyodon - Quercus serrata* var.*brevipetiolata*）
		（20）曼青冈-亮叶桦林（Form. *Cyclobalanopsis oxyodon -Betula luminifera*）
		（21）多脉青冈-短柄枹栎林（Form.*Cyclobalanopsis multinervis-Quercus serrata* var. *brevipetiolata*）
		（22）多脉青冈-米心水青冈林（Form.*Cyclobalanopsis multinervis-Fagus engleriana*）
		（23）多脉青冈-化香树林（Form.*Cyclobalanopsis multinervis-Platycarya strobilacea*）
		（24）包果柯-锐齿槲栎林（Form. *Lithocarpus cleistocarpus-Quercus aliena* var. *acuteserrata*）
		（25）曼青冈-灯台树林（Form. *Cyclobalanopsis oxyodon- Bothrocaryum controversum*）
		（26）包果柯-栓皮栎林（Form. *Lithocarpus cleistocarpus- Quercus variabilis*）
	7. 落叶阔叶林	（27）锐齿槲栎林（Form. *Quercus aliena* var. *acuteserrata*）
		（28）光叶珙桐林（Form. *Davidia involucrata* var. *vilmoriniana*）
		（29）紫荆林（Form. *Cercis chinensis*）
		（30）水青树林（Form.*Tetracentron sinense*）
		（31）米心水青冈林（Form. *Fagus engleriana*）
		（32）角叶鞘柄木林（Form. *Toricellia angulata*）
		（33）川陕鹅耳枥林（Form. *Carpinus fargesiana*）
		（34）亮叶桦林（Form. *Betula luminifera*）
		（35）化香树林（Form. *Platycarya strobilacea*）
		（36）短柄枹栎林（Form. *Quercus serrata* var.*brevipetiolata*）
		（37）栓皮栎林（Form. *Quercus variabilis*）
		（38）金钱槭林（Form. *Dipteronia sinensis*）
		（39）领春木林（Form. *Euptelea pleiosperma*）
		（40）野核桃林（Form. *Juglans cathayensis*）
		（41）灯台树林（Form. *Bothrocaryum controversum*）
		（42）山杨林（Form. *Populus davidiana*）
		（43）茅栗林（Form.*Castanea seguinii*）
		（44）华椴林（Form.*Tilia chinensis*）
		（45）梧桐林（Form. *Firmiana simplex*）
		（46）枫杨林（Form. *Pterocarya stenoptera*）
		（47）巴山水青冈林（Form. *Fagus pashanica*）
III 竹林	8. 山地竹林	（48）箬竹林（Form. *Indocalamus tessellatus*）
		（49）箭竹林（Form. *Fargesia Spathacea*）
IV 灌丛和草丛	9. 灌丛	（50）毛黄栌灌丛（Form. *Cotinus coggygria* var. *pubescens*）
		（51）粉红杜鹃灌丛（Form. *Rhododendron oreodoxa* var. *fargesii*）
		（52）黄荆灌丛（Form. *Vitex negundo*）
		（53）盐肤木灌丛（Form. *Rhus chinensis*）
		（54）中华绣线菊灌丛（Form. *Spiraea chinensis*）
	10. 草丛	（55）一年蓬群系（Form. *Erigeron annuus*）
		（56）黄茅群系（Form. *Heteropogon contortus*）
		（57）白茅群系（Form. *Imperata cylindrica*）
		（58）蕨（Form. *Pteridium aquilinum* var. *latiusculum*）

3.2.2 主要植被类型概述

1. 针叶林

针叶林是以针叶树为建群种所组成的各种森林植被群落的总称，包括针叶纯林和以针叶树为主的针阔叶混交林。湖北万朝山自然保护区的针叶林覆盖的面积较大，是本区植被的重要组成部分。在保护区从最低处的 260 m 到主峰 2 426.4 m，不同海拔分布着不同的针叶林类型，从高海拔到低海拔依次为寒温性针叶林、温性针叶林和暖性针叶林。寒温性针叶林如巴山冷杉林。温性针叶林如华山松林和巴山松林，它们主要是原生的自然植被。暖性针叶林主要分布在较低海拔地域，以次生类型或人工植被为主，如马尾松林、杉木林，也有自然植被类型，如铁坚油杉林和柏木林。在少部分过渡区域还形成温性针叶阔叶混交林。

（1）暖性针叶林

1）马尾松林（Form. *Pinus massoniana*）

马尾松林是我国东南部湿润的亚热带地区广泛分布的森林群落类型。湖北万朝山自然保护区内的马尾松林由于受人为活动的强烈影响，多为天然次生林，并且以纯林为主，集中分布在海拔 1 100 m 以下的山坡中、下部。由于马尾松具有耐土壤瘠薄和喜光的特性，在一些山脊及阳坡上，能形成林相整齐的大面积群落。

马尾松林外貌为翠绿色，自然整枝良好。在生境条件优越的地方它与多种阔叶树形成混交林，乔木层常见的伴生种类有栓皮栎（*Quercus variabilis*）、锥栗（*Castanea henryi*）、漆树（*Toxicodendron vernicifluum*）、化香树（*Platycarya strobilacea*）等。

灌木层植物中，马尾松幼苗在林下更新良好，灌木种类主要有马桑（*Coriaria nepalensis*）、绿叶胡枝子（*Lespedeza buergeri*）、火棘（*Pyracantha fortuneana*）、山胡椒（*Lindera glauca*）等。

草本层植物有白茅（*Imperata cylindrica*）、芒（*Miscanthus* sp.）、芒萁（*Dicranopteris dicrotoma*）等。

2）杉木林（Form. *Cunninghamia lanceolata*）

杉木林是亚热带湿润区域代表性的森林植被类型，是我国特产的速生树种，广布于长江以南地区。杉木林多分布于海拔 600～1 200 m 的丘陵或低山地区，它适宜生长在土层深厚且排水良好的地方，以阴坡或半阳坡为主，偏爱山地黄壤或山地黄棕壤，pH 为酸性或中性。由于本地区基岩多为石灰岩，故多数的杉木林的生长并不令人满意，在湖北万朝山自然保护区的杉木林均为人工营造的。

人工杉木林的群落结构简单，层次分明，其树冠狭窄，常为塔形或狭卵形。在管理较粗放的情况下，常有其他的树种侵入，如亮叶桦（*Betula luminifera*）、短柄枹栎（*Quercus serrata* var. *brevipetiolata*）、茅栗（*Castanea seguinii*）等。

人工杉木林的灌木层和草本层的盖度均比较低，灌木层常见种类有杜鹃（*Rhododendron simsii*）、荚蒾（*Viburnum* sp.）、马桑（*Coriaria nepalensis*）、珍珠花（*Lyonia ovalifolia*）等。

3）铁坚油杉林（Form. *Keteleeria daviana*）

铁坚油杉喜温暖湿润气候，多生长于海拔 600～1 150 m 的山地半阳坡。土壤为砂岩、石灰岩发育的山地黄壤、酸性紫色土、钙质紫色土，土壤 pH 为 5.5～6.9。在土层深厚肥沃的生境下，铁坚油杉生长茂密，多呈斑块状林分出现，常掺杂其他树种。在湖北万朝山自然保护区，铁坚油杉林零星分布于百羊寨、龙门河、两河口等地，其自然更新不良，幼树较少，而以马尾松居多。过去这些地区的铁坚油杉林生长良好，分布较为广泛，且多纯林，但因过度采伐，面积日趋缩小。

灌木层盖度在 30%左右，伴生种以栓皮栎（*Quercus variabilis*）、檵木（*Loropetalum chinense*）为优势种，此外，有盐肤木（*Rhus chinensis*）、珍珠花（*Lyonia ovalifolia*）、马桑（*Coriaria nepalensis*）、火棘（*Pyracantha fortuneana*）、铁人扫（*Campylotropis ichangensis*）、野鸦椿（*Euscaphis japonica*）及其他落叶栎类树种。

草本层盖度在 20%左右，伴生种以蕨（*Pteridium aquilinum* var. *latiusculum*）、白茅（*Imperata cylindrica*）、芒（*Miscanthus sinensis*）为优势种，其次为芒萁（*Dicranopteris dichotoma*）、茅叶荩草（*Arthraxon prionodes*）等。

4）柏木林（Form. *Cupressus funebris*）

柏木林是石灰岩低山的典型代表群落，主要分布在海拔 300～1 000 m 的石灰土或钙质紫色土或中性黄壤上。在湖北万朝山自然保护区柏木林分布在茅草坝、仙女山、长冲、塘垭等海拔 900 m 以下的地区，常见小块状柏木林。林下土壤干燥瘠薄，乔木层郁闭度小，形成柏木疏林。

常见伴生的乔木种类主要有马尾松（*Pinus massoniana*）、化香树（*Platycarya strobilacea*）、麻栎（*Quercus acutissima*）、栓皮栎（*Quercus variabilis*）。

灌木层有黄荆（*Vitex negundo*）、胡枝子（*Lespedeza* sp.）、檵木（*Loropetalum chinense*）、卵果蔷薇（*Rosa helenae*）、毛黄栌（*Cotinus coggygria* var. *pubescens*）、马桑（*Coriaria nepalensis*）、铁仔（*Myrsine africana*）、火棘（*Pyracantha fortuneana*）、盐肤木（*Rhus chinensis*）、野蔷薇（*Rosa multiflora*）、悬钩子（*Rubus* sp.）等。

草本层有白茅（*Imperata cylindrica*）、黄茅（*Heteropogon contortus*）、薹草（*Carex* sp.）、翻白草（*Potentilla discolor*）、狗尾草（*Setaria viridis*）、荩草（*Arthraxon hispidus*）、天名精（*Carpesium abrotanoides*）、野菊（*Dendranthema indicum*）等。

（2）温性针叶林

5）华山松林（Form. *Pinus armandii*）

自然生长的华山松林广泛分布于我国的西南地区，在垂直高度上分布在海拔 1 200～1 500 m。华山松的材质很好，材用价值很高，但由于长期的砍伐，其天然林的面积越来越小，在湖北万朝山自然保护区仅在小东湾附近等地有小块的自然华山松林存在，另外较大面积的均为人工林。人工营造的华山松林由于虫害严重，以至于很多植株遭到毁灭，不得不大面积地砍伐。

华山松人工纯林的林冠不整齐，其郁闭度较高，且常有阔叶树种进入其中，如四照花（*Dendrobenthamia japonica* var. *chinensis*）、茅栗（*Castanea seguinii*）等。

6）油松林（Form. *Pinus tabuliformis*）

油松林主要分布于暖温带地区，本区的油松林主要为小面积的人工林。其外貌整齐，层次分明，生长发育较好，年龄在 10～30 年，常有阔叶树种混生其中，主要有短柄枹栎（*Quercus serrata* var. *brevipetiolata*）、四照花（*Dendrobenthamia japonica* var. *chinensis*）、珍珠花（*Lyonia ovalifolia*）等种类。

灌木层盖度很低，种类也较少，常见盐肤木（*Rhus chinensis*）、宜昌木姜子（*Litsea ichangensis*）、蔷薇（*Rosa* sp.）、悬钩子（*Rubus* sp.）等。

草本层盖度较低，种类也较少，常见薹草（*Carex* sp.）、芒萁（*Dicranopteris dichotoma*）、蕨（*Pteridium aquilinum* var. *latiusculum*）、荩草（*Arthraxon hispidus*）、柔毛堇菜（*Viola principis*）、深山蟹甲草（*Parasenecio profundorum*）等种类。

7）巴山松林（Form. *Pinus henryi*）

自然生长的巴山松林分布于我国亚热带西部的大巴山、巫山、鄂西山地等地区。其分布范围较为狭窄，一般分布于海拔 1 000～1 900 m 的地段。它常生长于呈酸性或中性的山地黄壤或山地黄棕壤上，较耐贫瘠。湖北万朝山自然保护区现存成片的自然巴山松纯林不多，在黄柏坪一带有群落分布，大多为一些呈块状分布的混交林，另外就是近年来人工栽植的巴山松林。

现存的巴山松林除小块的纯林外，常与一些落叶阔叶树种和其他的针叶树种相混生，其乔木层高度一般为 10～20 m，常见伴生种有鹅耳枥（*Carpinus* sp.）、锐齿槲栎（*Quercus aliena* var. *acutiserrata*）、短柄枹栎（*Quercus serrata* var. *brevipetiolata*）、槭（*Acer* sp.）、亮叶桦（*Betula luminifera*）、四照花（*Dendroben thamia japonica* var. *chinensis*）等阔叶树种及华山松（*Pinus armandii*）等针叶树种。

灌木层盖度在 20%～40%，随地点的不同及受人为干扰程度的不同而盖度不同，其种类较复杂，主要有荚蒾（*Viburnum* sp.）、山胡椒（*Lindera glauca*）、美丽胡枝子（*Lespedeza formosa*）、杜鹃（*Rhododendron* sp.）、猫儿刺（*Ilex pernyi*）等。

草本层不发达，一般盖度较低，其常见种类有薹草（*Carex* sp.）、大油芒（*Spodiopogon sibiricus*）、蕨（*Pteridium aquilinum* var. *latiusculum*）、中日金星蕨（*Parathelypteris nipponia*）等。群落的层间植物有鸡矢藤（*Paederia scandens*）、菝葜（*Smilax* sp.）等。

（3）温性针叶阔叶混交林

8）巴山松-刺叶高山栎林（Form. *Pinus henryi Quercus spinosa*）

湖北万朝山自然保护区现存成片的自然巴山松纯林不多，大多为一些呈块状分布的混交林。

在薄刀梁子的刺叶高山栎和巴山松混交林进行样方调查，林相分为 4 层。乔木层盖度在 50%左右，只有刺叶高山栎和巴山松；乔木亚层盖度在 10%左右，植物种类有粉白杜鹃、鹅耳枥和巴山松。

灌木层盖度在 40%左右，种类较丰富，优势种有铺地柏、巴山松、粉白杜鹃等。

草本层较稀少，盖度在 15%左右，优势种有丝叶薹草、苦荬菜等。其群落组成见表 3-12，立木结构如图 3-1 所示。

表 3-12 巴山松-刺叶高山栎群落组成表

层次	物种		优势度·多度
T1	刺叶高山栎	*Quercus spinosa*	2·3
	巴山松	*Pinus henryi*	2·3
T2	粉白杜鹃	*Rhododendron hypoglaucum*	1·2
	鹅耳枥	*Carpinus turczaninowii*	+
	巴山松	*Pinus henryi*	1·2
S	小叶黄杨	*Buxus sinica* var. *parvifolia*	+
	铺地柏	*Sabina procumbens*	1·2
	刺叶高山栎	*Quercus spinosa*	+
	青榨槭	*Acer davidii*	+
	二翅六道木	*Abelia macrotera*	+·2
	巴山松	*Pinus henryi*	1·2
	中华绣线菊	*Spiraea chinensis*	+
	粉白杜鹃	*Rhododendron hypoglaucum*	1·2
	托柄菝葜	*Smilax discotis*	1·2
	桦叶荚蒾	*Viburnum betulifolium*	+
	栒子	*Cotoneaster* sp.	1·2
	铁杉	*Tsuga chinensis*	+
H	丝叶薹草	*Carex capilliformis*	1·2
	毛莛玉凤花	*Habenaria ciliolaris*	+·2
	败酱	*Patrinia scabiosaefolia*	+
	苦荬菜	*Ixeris polycephala*	1·2
	前胡	*Peucedanum praeruptorum*	1·2
	黄花油点草	*Tricyrtis maculata*	+

注：调查地点：薄刀梁子。地理位置：110°35′52.08″E，31°16′56.58″N。地形地貌：山脊。海拔：1 961 m。样方面积：10 m×20 m。优势度·多度等级：5 为≥75%，4 为 50%～75%，3 为 25%～50%，2 为 5%～25%，1 为 1%～5%，+为<1%，下同

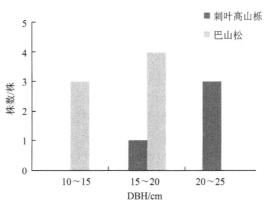

图 3-1 巴山松-刺叶高山栎林的立木结构
注：DBH 为胸高直径

（4）寒温性针叶林

9）巴山冷杉林（Form. *Abies fargesii*）

在湖北万朝山自然保护区，巴山冷杉林分布在仙女山的北坡，生长在砂岩基质的棕色森林土上，土层较厚，表层腐殖质含量丰富。从海拔 1 900 m 以上陆续出现，接近海拔 2 200 m 处开始成林。

巴山冷杉林群落盖度在 60%左右，树高 18～22 m，除巴山冷杉外，乔木树种还有红桦（*Betula albosinensis*）、华山松（*Pinus armandii*）、花楸（*Sorbus* sp.）等。

灌木层盖度达 40%以上，以箭竹（*Fargesia spathacea*）为主，时有其他种类混生，如黄杨（*Buxus microphylla* var. *sinia*）、杜鹃（*Rhododendron* sp.）、四川忍冬（*Lonicera szechuanica*）、青荚叶（*Helwingia japonica*）等。

草本层比较稀疏，盖度在 15%左右，常见有毛叶藜芦（*Veratrum grandiflorum*）、薹草（*Carex* sp.）等。层外植物有铁线莲（*Clematis* sp.）、五味子（*Schisandra chinensis*）等。

2. 阔叶林

阔叶林是我国东部湿润半湿润的气候条件下广泛分布的植被类型，包括常绿阔叶林、落叶阔叶林及常绿落叶阔叶混交林。常绿阔叶林又称照叶林，是以常绿阔叶树为主要建群种的森林，是我国亚热带的地带性植被类型。落叶阔叶林是我国北方温带地区阔叶林中主要的森林植被类型，在亚热带区域，落叶阔叶林主要分布在常绿阔叶林上部的山地，成为亚热带山地垂直带上的植被类型。在海拔较低的地带，一些常绿阔叶林区域的植被被破坏后落叶树作为先锋树种可以形成一些落叶阔叶次生林。此外，在亚热带山区较为阴湿的沟谷地带，也会出现小面积的落叶阔叶林。常绿落叶阔叶混交林也是亚热带区域森林垂直带谱上的一个重要植被类型，其分布下限与常绿阔叶林相接，分布上限与落叶阔叶林或针叶阔叶混交林相接，反映了亚热带山地垂直带上水热条件的变化。

（1）常绿阔叶林

亚热带区域的常绿阔叶林种类组成十分丰富，但主要以常绿的壳斗科、樟科、山茶科的乔木树种为建群种。由于我国亚热带常绿阔叶林所在地区水热条件适宜，人口密集，大部分常绿阔叶林分布的区域已成为主要的农业耕作区，只在山地交通不便的地区有少量残存的常绿阔叶林。湖北万朝山自然保护区自然地理条件优越，加之地形复杂，交通不便，许多地域人迹罕至，因而保留了部分常绿阔叶林。

10）黑壳楠林（Form. *Lindera megaphylla*）

由于受人为活动的影响，湖北万朝山自然保护区现存的黑壳楠林一般为次生的群落。其分布地点在龙门河的一些沟谷地带，地形较平缓，土壤一般为黄壤，较肥沃。

由于黑壳楠林为次生林，群落有许多落叶树种进入乔木层，群落郁闭度较大。乔木层高度为 10～20 m，乔木层除黑壳楠外，主要为华千金榆（*Carpinus cordata* var. *chinensis*）、化香树（*Platacarya strobilacea*）等落叶树种；乔木亚层主要有多脉青冈（*Cyclobalanopsis multinervis*）、细叶青冈（*Cyclobalanopsis gracilis*）、四照花（*Dendrobenthamia japonica* var.

chinensis）、巴东栎（*Quercus engleriana*）等种类。

由于群落乔木层密度较高，其灌木层比较稀疏，常见香叶树（*Lindera communis*）、石灰花楸（*Sorbus folgneri*）、山胡椒（*Lindera glauca*）、绣线菊（*Spiraea* sp.）、猫儿刺（*Ilex pernyi*）、美丽胡枝子（*Lespedeza formosa*）、川桂（*Cinnamomum wilsonii*）、青荚叶（*Helwingia japonica*）、二翅六道木（*Abelia macrotera*）、棣棠花（*Kerria japonica*）等种类。

草本层盖度较低，主要种类包括狗脊蕨（*Woodwardia japonica*）、沿阶草（*Ophiopogon bodinieri*）、薹草（*Carex* sp.）、柔毛堇菜（*Viola principis*）、万寿竹（*Disporum cantoniense*）、开口箭（*Tupistra chinensis*）、紫萁（*Osmunda japonica*）等。层间植物有五味子（*Schisandra chinensis*）、南蛇藤（*Celastrus orbiculatus*）、三叶木通（*Akebia trifoliata*）等。

群落下层有黑壳楠（*Lindera megaphylla*）、多脉青冈（*Cyclobalanopsis multinervis*）、青榨槭（*Acer davidii*）、血皮槭（*Acer griseum*）等树种的幼树和幼苗出现，说明该群落具有较好的更新能力。

11）宜昌润楠林（Form. *Machilus ichangensis*）

常绿的宜昌润楠群落在湖北万朝山自然保护区呈镶嵌状分布，其分布地为湿度较大的峡谷边缘，多在峡谷两岸海拔 1 000 m 以下散生。

在小河口沟谷地带对宜昌润楠林进行样方调查，林相分为 4 层。乔木层盖度在 75% 左右，以宜昌润楠为建群种，其他伴生种有青檀和仿栗；乔木亚层盖度在 15% 左右，主要优势种为宜昌润楠和巴东荚蒾等。

灌木层盖度在 50% 左右，主要伴生种有白簕、黑果菝葜和巴东荚蒾等。

草本层盖度在 35% 左右，主要伴生种有鸢尾、楼梯草、长毛细辛、常春藤鳞果星蕨、江南星蕨、矛叶荩草、崖爬藤、络石、长叶茜草、三脉紫菀、序叶苎麻等。其群落组成见表 3-13，立木结构如图 3-2 所示。

表 3-13 宜昌润楠群落组成表

层次	物种		优势度·多度
T1	宜昌润楠	*Machilus ichangensis*	4·5
	青檀	*Pteroceltis tatarinowii*	1·2
	仿栗	*Sloanea hemsleyana*	+
T2	宜昌润楠	*Machilus ichangensis*	1·2
	大叶榉树	*Zelkova schneideriana*	+
	蓝果蛇葡萄	*Ampelopsis bodinieri*	+
	黄檀	*Dalbergia hupeana*	+
	巴东荚蒾	*Viburnum henryi*	1·2
	山拐枣	*Poliothyrsis sinensis*	+
S	宜昌润楠	*Machilus ichangensis*	+·2
	蕊被忍冬	*Lonicera gynochlamydea*	+

续表

层次	物种		优势度·多度
S	卵果蔷薇	*Rosa helenae*	+
	白簕	*Acanthopanax trifoliatus*	1·2
	黑果菝葜	*Smilax glaucochina*	1·2
	白蜡树	*Fraxinus chinensis*	+
	山胡椒	*Lindera glauca*	+
	异叶梁王茶	*Nothopanax davidii*	+
	八角枫	*Alangium chinense*	+
	异叶榕	*Ficus heteromorpha*	+
	巴东荚蒾	*Viburnum henryi*	2·3
	化香树	*Platycarya strobilacea*	+
	阔叶十大功劳	*Mahonia bealei*	+
H	鸢尾	*Iris tectorum*	2·3
	江南星蕨	*Microsorum fortunei*	+·2
	楼梯草	*Elatostema involucratum*	1·2
	井栏边草	*Pteris multifida*	+
	魔芋	*Amorphophallus rivieri*	+
	鼠尾草	*Salvia* sp.	+
	矛叶荩草	*Arthraxon prionodes*	+·2
	刺齿贯众	*Cyrtomium caryotideum*	+
	单芽狗脊蕨	*Woodwardia unigemmata*	+
	画眉草	*Eragrostis pilosa*	+
	长毛细辛	*Asarum pulchellum*	2·3
	崖爬藤	*Tetrastigma obtectum*	+·2
	野雉尾金粉蕨	*Onychium japonicum*	+
	络石	*Trachelospermum jasminoides*	+·2
	革叶耳蕨	*Polystichum neolobatum*	+
	常春藤鳞果星蕨	*Lepidomicrosorum hederaceum*	1·2
	拟缺香茶菜	*Rabdosia excisoides*	+
	长叶茜草	*Rubia dolicho phylla*	+·2
	刺楸	*Kalopanax septemlobus*	+
	三脉紫菀	*Aster ageratoides*	+·2
	抱石莲	*Lepidogrammitis drymoglossoides*	+
	蕨状薹草	*Carex filicina*	+
	序叶苎麻	*Boehmeria clidemioides* var. *diffusa*	+·2
	木防己	*Cocculus orbiculatus*	+

注：调查地点：小河口；地理位置：110°30′26.03″E，31°20′25.14″N；坡度：30°；坡向：西北 60°；海拔：752 m；样方面积：20 m×20 m

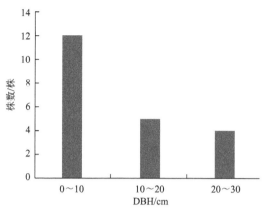

图 3-2 宜昌润楠林的立木结构

12）巴东栎林（Form. *Quercus engleriana*）

在湖北万朝山自然保护区巴东栎林主要分布于仙女山、万朝山海拔 1 700 m 以下的中山地区，其群落结构和伴生植物种类视局部生态环境不同而有差异。

在三叉沟对巴东栎林进行样方调查，林相分为 4 层。乔木层盖度为 85%，除优势种巴东栎外，还生长有刺叶高山栎和粉白杜鹃；乔木亚层盖度为 25% 左右，生长有小果珍珠花、粉白杜鹃、香叶树等。

灌木层盖度为 10% 左右，主要物种为香叶树、绿叶胡枝子、托柄菝葜等。

草本层盖度为 40% 左右，草本层物种较稀少，盖度最大的为丝叶薹草。其群落组成见表 3-14，立木结构如图 3-3 所示。

表 3-14　巴东栎群落组成表

层次	物种		优势度·多度
T1	巴东栎	*Quercus engleriana*	4·5
	刺叶高山栎	*Quercus spinosa*	+
	粉白杜鹃	*Rhododendron hypoglaucum*	2·3
T2	小果珍珠花	*Lyonia ovalifolia* var. *elliptica*	1·2
	粉白杜鹃	*Rhododendron hypoglaucum*	1·2
	香叶树	*Lindera communis*	1·2
	曼青冈	*Cyclobalanopsis oxyodon*	1·2
	交让木	*Daphniphyllum macropodum*	1·2
S	香叶树	*Lindera communis*	1·2
	土庄绣线菊	*Spiraea pubescens*	+
	绿叶胡枝子	*Lespedeza buergeri*	+·2
	卵果蔷薇	*Rosa helenae*	+
	托柄菝葜	*Smilax discotis*	+·2

续表

层次	物种		优势度·多度
S	二翅六道木	*Abelia macrotera*	+·2
	鞘柄菝葜	*Smilax stans*	+·2
	纤细荛花	*Wikstroemia gracilis*	+
	小果珍珠花	*Lyonia ovalifolia* var. *elliptica*	+·2
	青榨槭	*Acer davidii*	+
H	丝叶薹草	*Carex capilliformis*	3·4
	毛叶藜芦	*Veratrum grandiflorum*	+·2
	深山堇菜	*Viola selkirkii*	+
	扇叶铁线蕨	*Adiantum flabellulatum*	+

注：调查地点：三叉沟；地理位置：110°35′34.40″E，31°16′56.01″N；地形地貌：山脊；海拔：1 674 m；样方面积：15 m×20 m

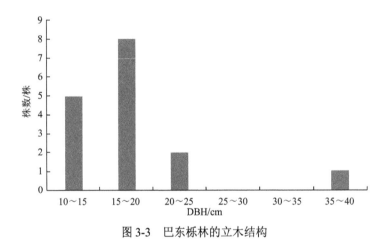

图 3-3 巴东栎林的立木结构

13）多脉青冈林（Form. *Cyclobalanopsis multinervis*）

多脉青冈是比较耐低温的树种。其形成的群落外貌深绿浓密，结构较简单。其生境土层较厚，湿度较大。

对沙槽的多脉青冈林进行样方调查，林相分为 4 层。乔木层盖度为 85%左右，除优势种多脉青冈以外，包果柯和血皮槭盖度也较大，其余还生长有阔叶槭、领春木等；乔木亚层盖度为 45%左右，主要物种为多脉青冈和领春木等。

灌木层盖度为 60%左右，主要物种有箬叶竹、竹叶鸡爪茶、阔叶十大功劳、猫儿刺等。

草本层盖度为 20%左右，但物种较丰富，主要有革叶耳蕨、糯米条、常春藤、山麦冬、卵叶报春、香薷、日本蛇根草、大舌薹草等。其群落组成见表 3-15，立木结构如图 3-4 所示。

表 3-15　多脉青冈群落组成表

层次	物种		优势度·多度
T1	多脉青冈	*Cyclobalanopsis multinervis*	3·4
	血皮槭	*Acer griseum*	2·3
	阔叶槭	*Acer amplum*	+
	包果柯	*Lithocarpus cleistocarpus*	2·3
	领春木	*Euptelea pleiosperma*	+
	南蛇藤	*Celastrus orbiculatus*	+
	中华猕猴桃	*Actinidia chinensis*	+
T2	多脉青冈	*Cyclobalanopsis multinervis*	3·4
	领春木	*Euptelea pleiosperma*	1·2
	香叶子	*Lindera fragrans*	+
	包果柯	*Lithocarpus cleistocarpus*	+
	紫枝柳	*Salix heterochroma*	+
	鹰爪枫	*Holboellia coriacea*	+
S	竹叶鸡爪茶	*Rubus bambusarum*	1·2
	阔叶十大功劳	*Mahonia bealei*	1·2
	猫儿刺	*Ilex pernyi*	1·2
	香叶树	*Lindera communis*	+
	粗榧	*Cephalotaxus sinensis*	+
	箬叶竹	*Indocalamus longiauritus*	3·4
	蚝猪刺	*Berberis julianae*	+
	香叶子	*Lindera fragrans*	+
	蓪梗花	*Abelia parvifolia*	+
	桦叶荚蒾	*Viburnum betulifolium*	+
	棣棠花	*Kerria japonica*	+
	巴东荚蒾	*Viburnum henryi*	+
	异叶梁王茶	*Nothopanax davidii*	+
	吴茱萸五加	*Gamblea ciliate* var. *evodiaefolius*	+
	灰栒子	*Cotoneaster acutifolius*	+
	鸡爪茶	*Rubus henryi*	+
	椴树	*Tilia tuan*	+
H	常春藤	*Hedera nepalensis* var. *sinensis*	+·2
	山萆薢	*Dioscorea tokoro*	+
	革叶耳蕨	*Polystichum neolobatum*	1·2
	糯米条	*Abelia chinensis*	1·2
	多花黄精	*Polygonatum cyrtonema*	+
	鞘柄菝葜	*Smilax stans*	+

续表

层次	物种		优势度·多度
	大叶茜草	*Rubia schumanniana*	+
	山麦冬	*Liriope spicata*	+·2
	黄花油点草	*Tricyrtis maculata*	+
	蚝猪刺	*Berberis julianae*	+
	离舌橐吾	*Ligularia veitchiana*	+
	吉祥草	*Reineckea carnea*	+
	开口箭	*Tupistra chinensis*	+
	毛茛	*Ranunculus japonicus*	+
	大叶贯众	*Cyrtomium macrophyllum*	+
	卵叶报春	*Primula ovalifolia*	+·2
	支柱蓼	*Polygonum suffultum*	+
H	香薷	*Elsholtzia ciliata*	+·2
	紫背金盘	*Ajuga nipponensis*	+
	翼萼蔓	*Pterygocalyx volubilis*	+
	直刺变豆菜	*Sanicula orthacantha*	+
	银兰	*Cephalanthera erecta*	+
	锐叶茴芹	*Pimpinella arguta*	+
	紫花堇菜	*Viola grypoceras*	+
	阔叶槭	*Acer amplum*	+
	忍冬	*Lonicera japonica*	+
	日本蛇根草	*Ophiorrhiza japonica*	+·2
	大白茅	*Imperata cylindrica* var. *major*	+
	大舌薹草	*Carex grandiligulata*	+·2

注：调查地点：沙槽；地理位置：110°29′06.01″E，31°19′00.30″N；坡度：50°；坡向：西北 74°；海拔：1 631 m；样方面积：15 m×20 m

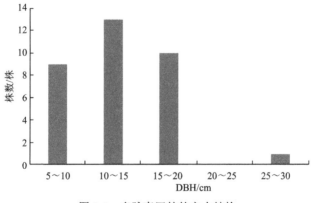

图 3-4　多脉青冈林的立木结构

14）匙叶栎林（Form. *Quercus dolicholepis*）

匙叶栎性喜光，耐干旱贫瘠，主要分布在石灰岩山地，岩石裸露明显，土层较薄，土壤水分条件差的地方。匙叶栎林在湖北万朝山自然保护区有成片分布，对水土保持具有一定的作用。

匙叶栎群落组成及结构均比较简单，乔木层高度较低，仅为 7～10 m，盖度为 30%～70%。除匙叶栎外，常见毛黄栌（*Cotinus coggygria*）、刺叶高山栎（*Quercus spinosa*）、青冈（*Cyclobalanopsis glauca*）、棱果海桐（*Pittosporum trigonocarpum*）等。

灌木层种类也较少，主要有铁仔（*Myrsine africana*）、月月青（*Itea ilicifolia*）、马棘（*Indigofera pseudotinctoria*）、华中栒子（*Cotoneaster silvestrii*）等。

因生境条件较特殊，其草本层种类很少，常见大油芒（*Spodipogon cotulife*）、野青茅（*Deyeuxia arundinacea*）、薹草（*Carex* sp.）等。

15）刺叶高山栎林（Form. *Quercus spinosa*）

刺叶高山栎林较喜光、耐干旱、瘠薄，常生于石灰岩地区的山地石灰土上。其生长缓慢，林冠较整齐，茎干多、通直，分枝低矮。刺叶高山栎群落在保护区的仙女山、龙门河及薄刀梁子等地均有分布。

在薄刀梁子对刺叶高山栎林进行样方调查，林相分为 4 层。乔木层盖度为 75%左右，刺叶高山栎占绝对优势，除此之外，还生长一棵铁杉；乔木亚层盖度为 8%，主要有米心水青冈等。

灌木层盖度在 40%左右，主要物种有箭竹、小叶黄杨、二翅六道木、山胡椒、芒齿小檗等。

草本层较稀少，盖度在 8%以下。主要物种有丝叶薹草、薹草、芒齿小檗幼苗等。其群落组成见表 3-16，立木结构如图 3-5 所示。

表 3-16　刺叶高山栎群落组成表

层次	物种		优势度·多度
T1	刺叶高山栎	*Quercus spinosa*	4·5
	铁杉	*Tsuga chinensis*	+
T2	山胡椒	*Lindera glauca*	+
	米心水青冈	*Fagus engleriana*	1·2
	鹅耳枥	*Carpinus turczaninowii*	+
	五裂槭	*Acer oliverianum*	+
	椴树	*Tilia tuan*	+
	三桠乌药	*Lindera obtusiloba*	+
S	小叶黄杨	*Buxus sinica* var. *parvifolia*	1·2
	二翅六道木	*Abelia macrotera*	1·2
	尾萼蔷薇	*Rosa caudata*	+·2

续表

层次		物种		优势度·多度
S	山胡椒	*Lindera glauca*		1·2
	芒齿小檗	*Berberis triacanthophora*		1·2
	箭竹	*Fargesia spathacea*		2·3
H	丝叶薹草	*Carex capilliformis*		1·2
	薹草	*Carex* sp.		+·2
	芒齿小檗	*Berberis triacanthophora*		+·2
	青榨槭	*Acer davidii*		+
	乳浆大戟	*Euphorbia esula*		+

注：调查地点：薄刀梁子；地理位置：110°36′00.77″E，31°16′55.13″N；坡度：50°；坡向：西南30°；海拔：2 094 m；样方面积：15 m×20 m

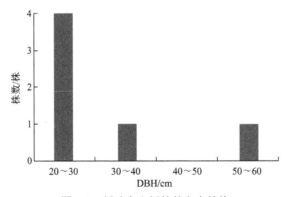

图 3-5　刺叶高山栎林的立木结构

16）水丝梨林（Form. *Sycopsis sinensis*）

水丝梨在湖北万朝山自然保护区有多处分布，其分布地点为地势险峻的沟谷地带，人为活动少。它是龙门河、落步河及茅湖桥等地残存的典型的常绿阔叶林类型。

对珍珠潭的水丝梨林进行样方调查，林相只分为3层。乔木层盖度为50%左右，除优势种水丝梨外，还生长有川桂、老虎刺、刺楸。

灌木层盖度为35%左右，主要物种有尖连蕊茶、水丝梨、短柱枹、川桂等。

草本层较稀少，盖度在 5%以下。主要物种有紫金牛、独蒜兰等。其群落组成见表3-17，立木结构如图3-6所示。

表3-17　水丝梨群落组成表

层次		物种		优势度·多度
T	水丝梨	*Sycopsis sinensis*		3·4
	川桂	*Cinnamomum wilsonii*		+
	老虎刺	*Pterolobium punctatum*		+
	刺楸	*Kalopanax septemlobus*		+

续表

层次	物种		优势度·多度
S	尖连蕊茶	*Camellia cuspidata*	2·3
	水丝梨	*Sycopsis sinensis*	1·2
	短柱柃	*Eurya brevistyla*	1·2
	中华猕猴桃	*Actinidia chinensis*	+
	川桂	*Cinnamomum wilsonii*	1·2
	竹叶鸡爪茶	*Rubus bambusarum*	+
	阔叶十大功劳	*Mahonia bealei*	+
	大血藤	*Sargentodoxa cuneata*	+
H	多羽复叶耳蕨	*Arachniodes amoena*	+
	紫金牛	*Ardisia japonica*	+·2
	地果	*Ficus tikoua*	+
	沿阶草	*Ophiopogon bodinieri*	+
	革叶耳蕨	*Polystichum neolobatum*	+
	独蒜兰	*Pleione bulbocodioides*	+·2
	竹叶鸡爪茶	*Rubus bambusarum*	+
	老虎刺	*Pterolobium punctatum*	+

注：调查地点：珍珠潭；地理位置：110°29′37.52″E，31°20′09.88″N；坡度：40°；坡向：西北40°；海拔：1 078 m；样方面积：15 m×15 m

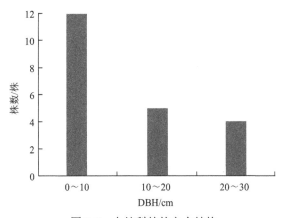

图3-6 水丝梨林的立木结构

17）云锦杜鹃林（Form. *Rhododendron fortunei*）

在湖北万朝山自然保护区的薄刀梁子海拔2 240 m 的山顶上生长有大片的云锦杜鹃纯林。分布面积大，林相整齐，为原生林。对其进行样方调查，林相分为3层。乔木层盖度为85%左右，云锦杜鹃占绝对优势，此外，还生长有华中山楂、华山松。

灌木层盖度为 25%左右，箬竹盖度较大。其余零星生长有冠盖绣球、山胡椒等。

草本层盖度为 20%左右，主要物种有丝叶薹草、薹草、堇、拟缺香茶菜、青榨槭幼苗、缠绕双蝴蝶、直穗小檗幼苗、红毛七、直刺变豆菜、万寿竹等。其群落组成见表 3-18，立木结构如图 3-7 所示。

表 3-18　云锦杜鹃群落组成表（一）

层次	物种		优势度·多度
T	云锦杜鹃	*Rhododendron fortunei*	4·5
	华中山楂	*Crataegus wilsonii*	1·2
	华山松	*Pinus armandii*	+
S	箬竹	*Indocalamus tessellatus*	2·3
	云锦杜鹃	*Rhododendron fortunei*	+
	冠盖绣球	*Hydrangea anomala*	+
	山胡椒	*Lindera glauca*	+
	桦叶荚蒾	*Viburnum betulifolium*	+
H	丝叶薹草	*Carex capilliformis*	1·2
	薹草	*Carex* sp.	+·2
	拟缺香茶菜	*Rabdosia excisoides*	+·2
	堇	*Viola vaginata*	1·2
	青榨槭	*Acer davidii*	+·2
	缠绕双蝴蝶	*Tripterospermum volubile*	+·2
	淡红忍冬	*Lonicera acuminata*	+
	直穗小檗	*Berberis dasystachya*	+·2
	红毛七	*Caulophyllum robustum*	+·2
	直刺变豆菜	*Sanicula orthacantha*	+·2
	风毛菊	*Saussurea japonica*	+
	川鄂乌头	*Aconitum henryi*	+
	黄花油点草	*Tricyrtis maculata*	+
	大花万寿竹	*Disporum megalanthum*	+
	藜芦	*Veratrum nigrum*	+
	万寿竹	*Disporum cantoniense*	+·2

注：调查地点：薄刀梁子；地理位置：E110°36′08.11″，N 31°16′46.53″；坡度：20°；坡向：东北 70°；海拔：2 240 m；样方面积：20 m×20 m

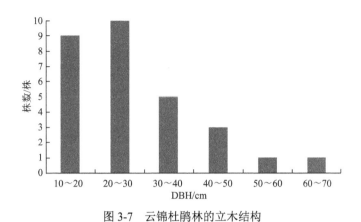

图 3-7 云锦杜鹃林的立木结构

在薄刀梁子的山坡上，我们对云锦杜鹃也进行了样方调查，其群落组成见表 3-18。

表 3-19 云锦杜鹃群落组成表（二）

层次	物种		优势度·多度
T1	云锦杜鹃	*Rhododendron fortunei*	3·4
	椴树	*Tilia tuan*	1·2
	水青树	*Tetracentron sinense*	+
T2	小叶黄杨	*Buxus sinica* var. *parvifolia*	2·3
	桦叶荚蒾	*Viburnum betulifolium*	+
S	拐棍竹	*Fargesia robusta*	2·3
	五加	*Acanthopanax gracilistylus*	+
H	青榨槭	*Acer davidii*	+·2
	山胡椒	*Lindera glauca*	+·2
	插田泡	*Rubus coreanus*	+·2
	短梗南蛇藤	*Celastrus rosthornianus*	+·2
	深山堇菜	*Viola selkirkii*	+·2
	乳浆大戟	*Euphorbia esula*	+

注：调查地点：薄刀梁子；地理位置：110°36′03.36″E，31°16′53.04″N；坡度：35°；坡向：西北 70°；海拔：2 137 m；样方面积：15 m×15 m

（2）常绿落叶阔叶混交林

常绿落叶阔叶混交林是常绿阔叶林和落叶阔叶林之间的一种过渡植被类型，也是亚热带中山地带的一种典型植被类型。由于水热条件的限制，常绿落叶阔叶混交林中，树种主要是由一些耐寒的常绿阔叶树种和落叶阔叶树种组成。它通常位于常绿阔叶林带之上，虽属演替中的过渡植被类型，但具有相对的稳定性。在湖北万朝山自然保护区，常绿落叶阔叶混交林是常见的一种植被类型，构成这种类型的常绿树种主要有曼青冈、多脉青冈、包果柯等，这些树种可以和化香树、短柄枹栎、锐齿槲栎、米心水青冈等构成常绿落叶阔叶混交林。

18）曼青冈-化香树林（Form. *Cyclobalanopsis oxyodon-Platycarya strobilacea*）

曼青冈-化香树林的群落结构较为复杂，乔木层组成随生长地点的不同而不同。在湖北万朝山海拔 1 400 m 区域调查发现，落叶树种多占据乔木层上层，除化香树外，较常见的物种有华千金榆（*Carpinus cordata* var. *chinensis*）、短柄枹栎（*Quercus serrata* var. *brevipetiolata*）、川陕鹅耳枥（*Carpinus fargesiana*）、中华槭（*Acer sinense*）等；常绿树种多处于乔木亚层，除曼青冈外，包果柯（*Lithocarpus cleistocarpus*）也较常见。

灌木层种类较多，箬竹（*Indocalamus tessellatus*）或箭竹（*Fargesia spathacea*）盖度较大，其他常见种有美丽胡枝子（*Lespedeza formosa*）、二翅六道木（*Abelia macrotera*）、直角荚蒾（*Viburnum foetidum* var. *rectanglulatum*）、棣棠花（*Kerria japonica*）、木姜子（*Litsea* pungens）等。

草本层种类较多，常见贯众（*Cyrtomium fortunei*）、重楼（*Paris* sp.）、天门冬（*Asparagus cochinchinensis*）、茜草（*Rubia cordifolia*）、薹草（*Carex* sp.）、蔊菜（*Rorippa indica*）等。层间植物较发达，常见常春藤（*Hedera nepalensis* var. *sinensis*）、大血藤（*Sargentodoxa cuneata*）、五味子（*Schisandra chinensis*）、菝葜（*Smilax* sp.）等种类。

19）曼青冈-短柄枹栎林（Form. *Cyclobalanopsis oxyodon-Quercus serrata* var. *brevipetiolata*）

曼青冈-短柄枹栎林为万朝山中部典型的常绿落叶阔叶混交林，分布在海拔 1 200～1 800 m 的中上坡或山脊上。目测样方调查发现，常绿树种曼青冈、多脉青冈等多分布于潮湿荫蔽上坡之处，落叶树种短柄枹栎（*Quercus serrata* var. *brevipetiolata*）则在山脊生长良好。灌木层为箬竹（*Indocalamus tessellatus*）、山胡椒（*Lindera glauca*）、披针叶胡颓子（*Elaeagnus lanceolata*）、猫儿刺（*Ilex pernyi*）。草本物种以蕨类居多。

20）曼青冈-亮叶桦林（Form. *Cyclobalanopsis oxyodon-Betula luminifera*）

曼青冈-亮叶桦林分布海拔较低，在万朝山、仙女山海拔 1 000 m 左右有分布，受人为干扰大。调查发现，群落建群种不甚明显，但仍以曼青冈、亮叶桦较多。常绿树种一般处在乔木亚层及灌木层，林内伴生种有包果柯（*Lithocarpus cleistocarpus*）、香叶子（*Lindera fragrans*）、球核荚蒾（*Viburnum propinquum*）、毛黄栌（*Cotinus coggygria* var. *pubscens*）、城口桤（*Clethra fargesii*），也有少量天然巴山松（*Pinus henryi*）分布。

21）多脉青冈-短柄枹栎林（Form. *Cyclobalanopsis multinervis-Quercus serrata* var. *brevipetiolata*）

在湖北万朝山自然保护区，多脉青冈-短柄枹栎林一部分分布于龙门河林场、付家湾、常家老林海拔 1 580～1 900 m 一带，另一部分分布于店子坪、蒋家湾和黄崩口东南边缘。它是保存较好的天然常绿落叶阔叶混交林。山脊以短柄枹栎等落叶树种居多，随海拔降低多脉青冈、包果柯逐渐占据优势。常绿树种多脉青冈等壳斗科物种多生长在山坡中下部，落叶树种短柄枹栎等多沿山脊分布。

22）多脉青冈-米心水青冈林（Form. *Cyclobalanopsis multinervis-Fagus engleriana*）

在湖北万朝山自然保护区，多脉青冈-米心水青冈林分布于海拔 1 700～2 200 m。据调查，该群系多为较典型的常绿落叶阔叶混交林，米心水青冈在靠近山脊处占优势，随海拔下降多脉青冈逐渐增多。伴生种有锐齿槲栎（*Quercus aliena* var. *acutiserrata*）、岩栎（*Quercus acrodonta*）等。灌木除箬竹（*Indocalamus tessellatus*）外，还有粉白杜鹃（*Rhododendron bypoglaucum*）、猫儿刺（*Ilex pernyi*）等分布。草本物种丰富。虽有部分地段曾遭砍伐，树种杂乱，但仍以多脉青冈、米心水青冈较多。乔木层伴生种有槭类（*Acer* sp.）、锐齿槲栎（*Quercus aliena* var. *acutiserrata*）、漆树（*Toxicodendron vernicifluum*）等。灌木层以箭竹（*Fargesia spathacea*）为主。

23）多脉青冈–化香树林（Form. *Cyclobalanopsis multinervis-Platycarya strobilacea*）

在湖北万朝山自然保护区，多脉青冈–化香树林大多分布于茅湖、两河口和太平坝海拔 1 450～1 800 m 处的阴坡或半阴坡上。乔木优势常绿树种为多脉青冈，伴生种有曼青冈（*Cyclobalanopsis oxyodon*）、巴东栎（*Quercus engleriana*）、包果柯（*Lithocarpus cleistocarpus*）等。乔木优势落叶树种以化香树居多，伴生种有灯台树（*Bothrocaryum controversum*）、鹅耳枥（*Carpinus* sp.）、亮叶桦（*Betula luminifera*）、城口桤叶树（*Clethra fargesii*）等。乔木下层以香叶子（*Lindera fragrans*）、猫儿刺（*Ilex pernyi*）、胡颓子（*Elaeagnus* sp.）等常绿树种为主。灌木层有箬竹（*Indocalamus tessellatus*）、美丽胡枝子（*Lespedeza formosa*）等。

24）包果柯–锐齿槲栎林（Form. *Lithocarpus cleistocarpus-Quercus aliena* var. *acutiserrata*）

在湖北万朝山自然保护区，包果柯–锐齿槲栎林多呈小斑块状分布，向上与锐齿槲栎林相接，与落叶阔叶林并无明显的边界。其典型群落位于龙门河林场圈子附近海拔 1 740 m 的山坡中部的山脊上，光照和水分条件较好。

群落乔木层组成较简单，乔木层除锐齿槲栎、包果柯外，还生长有川陕鹅耳枥（*Carpinus fargesiana*）、化香树（*Platycarya strobilacea*）；乔木亚层常见种有四照花（*Dendrobenthamia japonica* var. *chinensis*）、美丽马醉木（*Pieris formosa*）等。灌木层盖度达 80%～90%，箬竹（*Indocalamus tessellatus*）盖度最大，另外还有短柱柃（*Eurya brevistyla*）、盐肤木（*Rhus chinensis*）、荚蒾（*Viburnum* sp.）、马桑（*Coriaria nepalensis*）、猫儿刺（*Ilex pernyi*）等。由于灌木层盖度高，因此草本层盖度非常低，种类也很少，仅见荩草（*Arthraxon hispidus*）、薹草（*Carex* sp.）、柔毛堇菜（*Viola principis*）等少数几种。层间植物较丰富，常见三叶木通（*Akebia trifoliata*）、五味子（*Schisandra chinensis*）等。

25）曼青冈–灯台树林（Form. *Cyclobalanopsis oxyodon-Bothrocaryum controversum*）

曼青冈–灯台树林分布在茅湖桥，乔木层除曼青冈外，还有灯台树（*Bothrocaryum controversum*）、椴树（*Tilia tuan*）、坚桦（*Betula chinensis*）、漆树（*Toxicodendron vernicifluum*）等，乔木亚层有短柄枹栎（*Quercus serrata* var. *brevipetiolata*）、山胡椒（*Lindera glauca*）、川榛（*Corylus heterophylla* var. *sutchuenensis*）等；灌木层以箬竹（*Indocalamus tessellatus*）为主，还有满山红（*Rhododendron mariesii*）、匍匐栒子（*Cotoneaster adpressus*）等。草本层物种较少。

26）包果柯–栓皮栎林（Form. *Lithocarpus cleistocarpus-Quercus variabilis*）

包果柯–栓皮栎林分布在万朝山、仙女山海拔 1 000～1 400 m，以及龙门河林场老场部附近。乔木层常绿优势种为包果柯，落叶优势种为栓皮栎，伴生有短柄枹栎（*Quercus serrata* var. *brevipetiolata*）、化香树（*Platycarya strobilacea*）、青榨槭（*Acer davidii*）。

乔木下层主要是巴东栎（*Quercus engleriana*）及樟科楠属的一些树种。灌木层以箬竹（*Indocalamus tessellatus*）为主。草本层物种单一，盖度低。

（3）落叶阔叶林

落叶阔叶林也叫夏绿林，是以在对植物生长不利的季节（如寒冷的冬季或无雨的旱季），落叶的一类阔叶树种为优势种所组成的森林群落。亚热带地区落叶阔叶林有三大类型，第一类是亚热带中山地区的落叶阔叶林，出现在山体上部较高海拔地段，它的发生发展受制于山地特殊的气候条件，群落的建群种类以落叶方式度过山地冬季的寒冷；第二类是在海拔较低的地带，由常绿阔叶林、暖性常绿针叶林及常绿落叶阔叶混交林被破坏后，环境退化，落叶树种迅速侵入所形成；第三类是在亚热带山区较为阴湿的沟谷地带，也会出现小面积喜湿的落叶阔叶林类型。湖北万朝山自然保护区的落叶阔叶林占有非常大的比重，垂直分布幅度也较大，可以分为两类，即较为原始且有重要地带性意义的群落和处于演替阶段上的次生性的群落。根据群落组成及结构特点，可以将其分为以下几个群系。

27）锐齿槲栎林（Form. *Quercus aliena* var. *acutiserrata*）

锐齿槲栎林是神农架地区主要的落叶阔叶林之一，是山地植被垂直带上的一个重要类型。湖北万朝山自然保护区锐齿槲栎的分布非常普遍，多分布于海拔 1 000～2 000 m。锐齿槲栎较喜光，多生长于山地的阳坡或半阳坡土层较厚的地点。调查发现保护区龙门河、仙女山和黑垭子均有大量锐齿槲栎分布。

对保护区响钟石的锐齿槲栎林进行样方调查，可看出其林相分为 4 层。乔木层盖度在 75%左右，锐齿槲栎占绝对优势，此外，还有三桠乌药等；乔木亚层盖度在 10%左右，生长有尖叶四照花、三桠乌药。

灌木层物种丰富，盖度也最大。其中箬竹的盖度将近 90%，其他主要物种还有猫儿刺、白木通、三桠乌药等。

草本层比较稀少，只发现猫儿刺（*Ilex pernyi*）幼苗等有零星分布。其群落组成见表 3-20，立木结构如图 3-8 所示。

表 3-20　锐齿槲栎群落组成表（一）

层次		物种		优势度·多度
T1	锐齿槲栎	*Quercus aliena* var. *acutiserrata*		4·5
	三桠乌药	*Lindera obtusiloba*		+
T2	尖叶四照花	*Dendrobenthamia angustata*		1·2
	三桠乌药	*Lindera obtusiloba*		1·2
S	箬竹	*Indocalamus tessellatus*		5·5
	白木通	*Akebia trifoliata*		+·2
	三桠乌药	*Lindera obtusiloba*		+·2
	鞘柄菝葜	*Smilax stans*		+
	山胡椒	*Lindera glauca*		+

续表

层次	物种		优势度·多度
	石枣子	*Euonymus sanguineus*	+
	锦带花	*Weigela florida*	+
	尖叶四照花	*Dendrobenthamia angustata*	+
	猫儿刺	*Ilex pernyi*	1·2
	忍冬	*Caprifoliaceae* sp.	+
S	披针叶胡颓子	*Elaeagnus lanceolata*	+
	尾叶樱桃	*Cerasus dielsiana*	+
	美丽胡枝子	*Lespedeza formosa*	+
	米心水青冈	*Fagus engleriana*	+
	华山松	*Pinus armandii*	+
	桦叶荚蒾	*Viburnum betulifolium*	+
H	猫儿刺	*Ilex pernyi*	+·2

调查地点：响钟石；地理位置：110°30′13.49″E，31°18′46.27″N；坡度：35°；坡向：东北 80°；海拔：1 784 m；样方面积：20 m×20 m

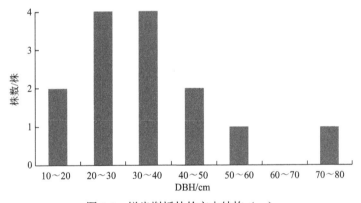

图 3-8　锐齿槲栎林的立木结构（一）

对另一坡向的锐齿槲栎林也进行了样方调查，其群落组成见表 3-21，立木结构如图 3-9 所示。

表 3-21　锐齿槲栎群落组成表（二）

层次	物种		优势度·多度
T1	锐齿槲栎	*Quercus aliena* var. *acutiserrata*	4·5
	花楸	*Sorbus* sp.	+
T2	华山松	*Pinus armandii*	+
	尖叶四照花	*Dendrobenthamia angustata*	1·2
S	箬竹	*Indocalamus tessellatus*	4·5
	尖叶四照花	*Dendrobenthamia angustata*	+·2

续表

层次	物种		优势度·多度
S	桦叶荚蒾	*Viburnum betulifolium*	+
	猫儿刺	*Ilex pernyi*	+·2
	猫儿屎	*Decaisnea insignis*	1·2
	华中五味子	*Schisandra sphenanthera*	+
	鞘柄菝葜	*Smilax stans*	+
	石灰花楸	*Sorbus folgneri*	+
	荚蒾	*Viburnum* sp.	+
	灰柯	*Lithocarpus henryi*	+
	短柱柃	*Eurya brevistyla*	+
	合蕊五味子	*Schisandra propinqua*	+
	坚桦	*Betula chinensis*	1·2
	青榨槭	*Acer davidii*	+
	卫矛	*Euonymus alatus*	+
	悬钩子	*Rubus* sp.	+
H	淡红忍冬	*Lonicera acuminata*	+
	鞘柄菝葜	*Smilax stans*	+
	尖萼耧斗菜	*Aquilegia oxysepala*	+
	类叶升麻	*Actaea asiatica*	+
	过路黄	*Lysimachia christinae*	+
	穿龙薯蓣	*Dioscorea nipponica*	+
	美丽胡枝子	*Lespedeza formosa*	+
	桦叶荚蒾	*Viburnum betulifolium*	+
	中日金星蕨	*Parathelypteris nipponica*	+
	独花兰	*Changienia amoena*	+

调查地点：响钟石；地理位置：110°30′15.91″E，31°18′47.95″N；坡度：35°；坡向：西北50°；海拔：1 787 m；样方面积：20 m×20 m

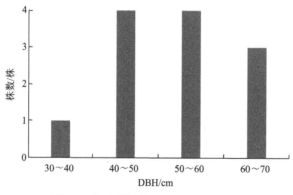

图 3-9　锐齿槲栎林的立木结构（二）

28）光叶珙桐林（Form. *Davidia involucrata* var. *vilmoriniana*）

光叶珙桐分布在湖北万朝山自然保护区海拔 1 300～1 700 m，常与珙桐伴生，多成林。其分布地域土层深厚，湿度较大。

在万朝山、黑垭子、三十六拐等地都有光叶珙桐林分布。对三十六拐的光叶珙桐进行样方调查，其林相稀疏，林窗明显，分为4层。乔木层盖度为50%左右，除优势种光叶珙桐外，还生长粉椴一棵；乔木亚层盖度为5%，生长有领春木、海州常山。

灌木层盖度在10%左右，主要物种有箬竹、锈毛绣球、轮叶木姜子、香椿等。

草本层盖度在60%左右，主要物种有楼梯草、直刺变豆菜、酢浆草、拉拉藤、刺齿贯众、过路黄、疏花虾脊兰、变豆菜、粗齿冷水花等。其群落组成见表3-22，立木结构如图3-10所示。

表 3-22　光叶珙桐群落组成表

层次	物种		优势度·多度
T1	光叶珙桐	*Davidia involucrata* var. *vilmoriniana*	3·4
	粉椴	*Tilia oliveri*	+
T2	领春木	*Euptelea pleiosperma*	1·2
	海州常山	*Clerodendrum trichotomum*	+
S	锈毛绣球	*Hydrangea longipes* var. *fulvescens*	+·2
	箬竹	*Indocalamus tessellatus*	1·2
	轮叶木姜子	*Litsea verticillata*	+·2
	香椿	*Toona sinensis*	+·2
H	七叶鬼灯擎	*Rodgersia aesculifolia*	+
	红毛七	*Caulophyllum robustum*	+
	酢浆草	*Oxalis corniculata*	+·2
	直刺变豆菜	*Sanicula orthacantha*	1·2
	楼梯草	*Elatostema involucratum*	3·4
	拉拉藤	*Galium aparine*	+·2
	刺齿贯众	*Cyrtomium caryotideum*	+·2
	过路黄	*Lysimachia christinae*	+·2
	大叶茜草	*Rubia schumanniana*	+
	疏花虾脊兰	*Calanthe henryi*	+·2
	变豆菜	*Sanicula chinensis*	+·2
	六叶葎	*Galium asperuloides*	+
	瓜叶乌头	*Aconitum hemsleyanum*	+
	粗齿冷水花	*Pilea sinofasciata*	+·2

注：调查地点：三十六拐；地理位置：E110°29′37.83″, N 31°19′00.88″；坡度：45°；坡向：西北 25°；海拔：1 696 m；样方面积：20 m×20 m

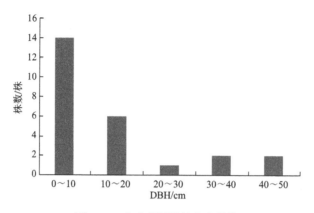

图 3-10　光叶珙桐林的立木结构

　　除此之外还在黑垭子进行了目测样方调查，其林相稀疏，林窗明显。乔木层盖度为50%左右，除优势种光叶珙桐外，还生长粉椴、锥栗、亮叶水青冈、暖木；乔木亚层生长有领春木、海州常山等。灌木层盖度在 30%左右，主要物种有箬竹、锈毛绣球、轮叶木姜子等。草本层盖度在 40%左右，主要物种有楼梯草、直刺变豆菜、酢浆草、拉拉藤、刺齿贯众、过路黄、虾脊兰、卵叶报春等。

　　29）紫荆林（Form. *Cercis chinensis*）

　　紫荆是常见的栽培植物，自然分布的群落较少，但在鄂西北荆山山脉分布较多。在仙女山南坡大老林至纸厂河一带 800～1 300 m 处的石灰岩山地有斑块状群落分布。

　　对仙女山的紫荆林进行目测样方调查，该群落乔木层盖度为 70%，除优势种紫荆外，还有角叶鞘柄木（*Toricellia angulata*）、金缕梅（*Hamamelis mollis*）等伴生。灌木层种类较多，盖度为 40%，主要优势种为红茴香（*Illicium henryi*）、烟管荚蒾（*Viburnum utile*）、菱叶海桐（*Pittosporum truncatum*）等。草本层种类丰富，盖度为 30%左右，主要有蝴蝶花（*Iris japonica*）、睫毛萼凤仙花（*Impatiens blepharosepala*）、茅叶荩草（*Arthraxon prionodes*）、狗脊蕨（*Woodwardia japonica*）、丛毛羊胡子草（*Eriophorum comosum*）等。

　　30）水青树林（Form. *Tetracentron sinense* ）

　　水青树是单属种植物，为东亚特征植物，国家 II 级重点保护野生植物，国家二级珍贵树种，国家 2 级珍稀濒危植物。水青树多生长于地势起伏小的山地沟谷两侧，常与连香树、樱椒树等形成古老植物群落。

　　对黑垭子水青树林进行样方调查，林相分为 3 层。乔木层盖度为 50%左右，优势种水青树均高 22 m，有 4 棵，其胸径分别为 70.5 cm、38 cm、22 cm 和 48 cm，除此之外还有珙桐、湖北枫杨、五裂槭、金钱槭、暖木等。

　　灌木层盖度为 25%左右，主要有拐棍竹、锈毛绣球、扶芳藤等。

　　草本层以尖叶茴芹、变豆菜、卵叶报春为主，尚有少量的红毛七、酢浆草、串果藤等，总盖度为 40%左右。该群落中生长有多种珍稀植物，应加以保护。 其群落组成见表 3-23。

表 3-23 水青树群落组成表

层次	物种		优势度·多度
T	水青树	*Tetracentron sinense*	3·4
	珙桐	*Davidia involucrata*	+
	湖北枫杨	*Pterocarya hupehensis*	+
	五裂槭	*Acer oliverianum*	+
	金钱槭	*Dipteronia sinensis*	+
	暖木	*Meliosma veitchiorum*	+
S	拐棍竹	*Fargesia robusta*	2·3
	锈毛绣球	*Hydrangea longipes* var. *fulvescens*	+
	扶芳藤	*Euonymus fortunei*	+
H	红毛七	*Caulophyllum robustum*	+·2
	尖叶茴芹	*Pimpinella acuminata*	1·2
	变豆菜	*Sanicula chinensis*	1·2
	大叶金腰	*Chrysosplenium macrophyllum*	+·2
	酢浆草	*Oxalis corniculata*	+
	睫毛萼凤仙花	*Impatiens blepharosepala*	+·2
	蒲儿根	*Sinosenecio oldhamianus*	+·2
	扭柄花	*Streptopus obtusatus*	+·2
	楼梯草	*Elatostema involucratum*	+·2
	卵叶报春	*Primula ovalifolia*	1·2
	串果藤	*Sinofranchetia chinensis*	+·2
	斑叶兰	*Goodyera schlechtendaliana*	+
	蟹甲草	*Parasenecio forrestii*	+·2

注：调查地点：黑垭子；地理位置：110°32′26.00″E，31°17′39.74″N；地形地貌：斜坡，中坡；坡度：50°；坡向：西南32°；海拔：1 720 m；样方面积：15 m×15 m

31）米心水青冈林（Form. *Fagus engleriana*）

米心水青冈为典型的暖温带树种，是植被垂直带上的重要植被类型。米心水青冈耐阴，喜湿润气候，故它多着生于山地的阴坡或半阴坡，坡度较大的地点，常有较厚的枯枝落叶层。在湖北万朝山自然保护区有较大面积的米心水青冈林分布，主要分布在海拔1 600～2 000 m。在秀水沟、大山尖和黑垭子都分布有较纯的米心水青冈林。

在黑垭子对米心水青冈林进行样方调查，林相分为 4 层。乔木层盖度在 45% 左右，除优势种米心水青冈外，还生长有锥栗；乔木亚层盖度在 50% 左右，生长有粉白杜鹃、米心水青冈、狭叶阴香等。

灌木层盖度在 15% 左右，主要物种有山桂花、宜昌荚蒾、小果珍珠花、三叶木通等。

草本层盖度在 10% 左右，主要物种有万寿竹、楼梯草、紫萁、黄水枝等。其群落组成见表 3-24，立木结构如图 3-11 所示。

表 3-24 米心水青冈群落组成表（一）

层次	物种		优势度·多度
T1	米心水青冈	*Fagus engleriana*	3·4
	锥栗	*Castanea henryi*	+
T2	粉白杜鹃	*Rhododendron hypoglaucum*	3·4
	狭叶阴香	*Cinnamomum burmannif. heyneanum*	+
	米心水青冈	*Fagus engleriana*	+·2
S	山桂花	*Bennettiodendron leprosipes*	1·2
	宜昌荚蒾	*Viburnum erosum*	+
	小果珍珠花	*Lyonia ovalifolia* var. *elliptica*	+·2
	米心水青冈	*Fagus engleriana*	+·2
	三叶木通	*Akebia trifoliata*	+
	小叶菝葜	*Smilax microphylla*	+
	五裂槭	*Acer oliverianum*	+
	猫儿刺	*Ilex pernyi*	+
	箭竹	*Fargesia spathacea*	+·2
	二翅六道木	*Abelia macrotera*	+
H	万寿竹	*Disporum cantoniense*	+
	楼梯草	*Elatostema involucratum*	+·2
	紫萁	*Osmunda japonica*	+
	黄水枝	*Tiarella polyphylla*	+
	开口箭	*Tupistra chinensis*	+
	薹草	*Carex* sp.	+·2

注：调查地点：黑垭子；地理位置：110°32′50.26″E，31°17′29.96″N；地形地貌：斜坡，中坡；坡度：60°；坡向：西北35°；海拔：1 760 m；样方面积：20 m×20 m

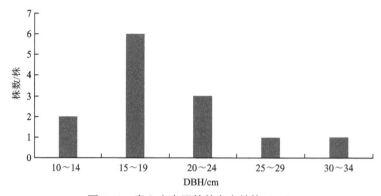

图 3-11 米心水青冈林的立木结构（一）

在园岭对米心水青冈林进行样方调查，林相分为 4 层。乔木层盖度在 75% 左右，除优势种米心水青冈外，还生长有中华槭、短柄枹栎、小叶青皮槭；乔木亚层盖度在 25% 左右，生长有四照花、米心水青冈、多脉青冈、千金榆、粉白杜鹃、领春木等。

灌木层盖度在 80% 左右，主要物种有箬叶竹、包果柯、蓪梗花、多脉青冈、青荚叶、皱叶荚蒾等。

草本层物种丰富，盖度达 65%，主要物种有开口箭、大叶金腰、西藏薹草、宝兴淫羊藿、七叶鬼灯檠、宽叶薹草、山酢浆草、吉祥草、革叶耳蕨等。其群落组成见表 3-25，立木结构如图 3-12 所示。

表 3-25　米心水青冈群落组成表（二）

层次	物种		优势度·多度
T1	米心水青冈	*Fagus engleriana*	4·4
	中华槭	*Acer sinense*	+
	短柄枹栎	*Quercus serrata* var. *brevipetiolata*	+
	小叶青皮槭	*Acer cappadocicum* var. *sinicum*	+
T2	四照花	*Dendrobenthamia japonica* var. *chinensis*	1·2
	米心水青冈	*Fagus engleriana*	1·2
	多脉青冈	*Cyclobalanopsis multinervis*	2·2
	千金榆	*Carpinus cordata*	+
	粉白杜鹃	*Rhododendron hypoglaucum*	+
	领春木	*Euptelea pleiosperma*	+
S	粉白杜鹃	*Rhododendron hypoglaucum*	+
	包果柯	*Lithocarpus cleistocarpus*	1·2
	蓪梗花	*Abelia parvifolia*	1·2
	猫儿刺	*Ilex pernyi*	+
	多脉青冈	*Cyclobalanopsis multinervis*	1·2
	箬叶竹	*Indocalamus longiauritus*	4·4
	青荚叶	*Helwingia japonica*	1·2
	皱叶荚蒾	*Viburnum rhytidophyllum*	1·2
	巴东荚蒾	*Viburnum henryi*	+
	桃叶珊瑚	*Aucuba chinensis*	+
	鹰爪枫	*Holboellia coriacea*	+
	五月瓜藤	*Holboellia angustifolia*	+
H	西藏薹草	*Carex thibetica*	1·2
	开口箭	*Tupistra chinensis*	2·3
	球茎虎耳草	*Saxifraga sibirica*	+·2
	大叶金腰	*Chrysosplenium macrophyllum*	2·3
	皱叶荚蒾	*Viburnum rhytidophyllum*	+
	宝兴淫羊藿	*Epimedium davidii*	1·2
	宽叶薹草	*Carex siderosticta*	+·2
	山酢浆草	*Oxalis griffithii*	+·2
	日本蛇根草	*Ophiorrhiza japonica*	+
	多脉青冈苗	*Cyclobalanopsis multinervis*	+
	阔叶槭	*Acer amplum*	+
	耳翼蟹甲草	*Parasenecio otopteryx*	+
	青榨槭	*Acer davidii*	+

续表

层次	物种		优势度·多度
H	羽毛地杨梅	*Luzula plumosa*	+
	吉祥草	*Reineckea carnea*	+·2
	棣棠花	*Kerria japonica*	+
	黄花油点草	*Tricyrtis maculata*	+
	兔儿风花蟹甲草	*Parasenecio ainsliiflorus*	+
	长药隔重楼	*Paris thibetica*	+
	革叶耳蕨	*Polystichum neolobatum*	+·2
	扇叶槭	*Acer flabellatum*	+
	冠盖绣球	*Hydrangea anomala*	+
	山麦冬	*Liriope spicata*	+
	多花黄精	*Polygonatum cyrtonema*	+
	七叶鬼灯檠	*Rodgersia aesculifolia*	1·2
	深山堇菜	*Viola selkirkii*	+
	三桠乌药	*Lindera obtusiloba*	+
	短柄枹栎	*Quercus serrata* var. *brevipetiolata*	+
	山萆薢	*Dioscorea tokoro*	+

注：调查地点：园岭；地理位置：110°29′08.22″E，31°19′01.43″N；坡度：42°；坡向：西北18°；海拔：1 768 m；样方面积：12 m×22 m

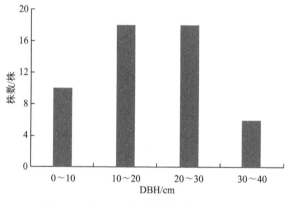

图 3-12　米心水青冈林的立木结构（二）

32）角叶鞘柄木林（Form. *Toricellia angulata*）

角叶鞘柄木为小乔木，在仙女山南坡海拔850～1 400 m 的山地上有斑块状分布。它主要生长在峡谷两岸溪边。

在纸厂河长渠对角叶鞘柄木林进行样方调查，林相分为3层。乔木层盖度在50%左右，除角叶鞘柄木外，还有油桐、漆树等。

灌木层盖度在20%左右，主要有忍冬、异叶榕、角叶鞘柄木、山鸡椒、长叶菝葜、毛黄栌等。

草本层盖度在 60%左右，主要有党参、薯蓣、路边青、蝴蝶花、顶芽狗脊、山尖子、中华天胡荽、抱石莲等。其群落组成见表 3-26，立木结构如图 3-13 所示。

表 3-26　角叶鞘柄木群落组成表

层次	物种		优势度·多度
T	角叶鞘柄木	*Toricellia angulata*	3·4
	油桐	*Vernicia fordii*	+
	漆树	*Toxicodendron verniciflum*	+
S	忍冬	*Lonicera japonica*	+·2
	异叶榕	*Ficus heteromorpha*	+
	角叶鞘柄木	*Toricellia angulata*	+
	山鸡椒	*Litsea cubeba*	+
	长叶菝葜	*Smilax lanceifolia* var. *lanceolata*	+
	毛黄栌	*Cotinus coggygria* var. *pubescens*	1·2
	桦叶荚蒾	*Viburnum betulifolium*	+
	象鼻藤	*Dalbergia mimosoides*	+
	蜡莲绣球	*Hydrangea strigosa*	+
H	党参	*Codonopsis pilosula*	+·2
	薯蓣	*Dioscorea opposita*	+·2
	路边青	*Geum aleppicum*	+·2
	蝴蝶花	*Iris japonica*	2·3
	顶芽狗脊	*Woodwardia unigemmata*	1·2
	山尖子	*Parasenecio hastatus*	+·2
	单叶铁线莲	*Clematis henryi*	+·2
	常春藤	*Hedera nepalensis* var. *sinensis*	1·2
	野青茅	*Deyeuxia arundinacea*	+·2
	淫羊藿	*Epimedium brevicornu*	+
	野大豆	*Glycine soja*	+
	粗齿铁线莲	*Clematis grandidentata*	+·2
	毛脉金粟兰	*Chloranthus holostegius*	+·2
	中华天胡荽	*Hydrocotyle chinensis*	1·2
	野棉花	*Anemone vitifolia*	+·2
	葎草	*Humulus scandens*	1·2
	露珠草	*Circaea cordata*	+·2
	抱石莲	*Lepidogrammitis drymoglossoides*	1·2

注：调查地点：纸厂河长渠；地理位置：110°33′04.68″E，31°15′30.54″N；地形地貌：斜坡，河沟边；坡度：45°；海拔：869 m；样方面积：10 m×10 m

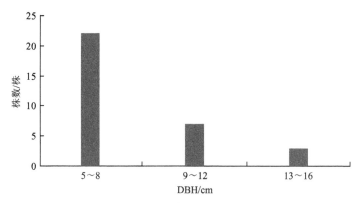

图 3-13　角叶鞘柄木林的立木结构

33）川陕鹅耳枥林（Form. *Carpinus fargesiana*）

川陕鹅耳枥林在湖北万朝山自然保护区主要分布于万朝山、仙女山海拔 1 000～1 300 m，多生长于土壤和水分条件较好的地点，有较薄的枯枝落叶层。

对其进行目测样方调查，林相分为 4 层。乔木层高 10～20 m，盖度较大，除优势种川陕鹅耳枥外，还有短柄枹栎、茅栗、野漆树等；乔木亚层主要物种有四照花、城口桤叶树、山胡椒等。

灌木层常见箬竹、胡枝子、荚蒾、青荚叶等。

草本层主要有薹草、蕨类、野青茅、堇菜等。

林中有枯立木，林下鹅耳枥的幼苗较少，而有较多的化香和短柄枹的幼苗，这说明该群落可能是演替进程中的一种相对稳定的类型。

34）亮叶桦林（Form. *Betula luminifera*）

亮叶桦林较适应温暖湿润的环境，在湖北万朝山自然保护区仅呈小块状分布于海拔 1 000～1 400 m。调查发现其在保护区万朝山、仙女山、黄连坝等地有分布。

在黄连坝对亮叶桦林进行样方调查，林相分为 4 层。乔木层盖度在 75%左右，除优势种亮叶桦外，还生长有灰柯、千金榆；乔木亚层盖度在 10%左右，主要物种有粉白杜鹃、翅枬等。

灌木层盖度在 40%左右，箬竹盖度最大，其他物种猫儿刺、箭竹、满山红等零星分布。

草本层稀疏，盖度仅占 5%左右，物种稀少，有常春藤、浅圆齿堇菜等零星分布。其群落组成见表 3-27，立木结构如图 3-14 所示。

表 3-27　亮叶桦群落组成表

层次		物种		优势度·多度
T1	亮叶桦		*Betula luminifera*	4·5
	千金榆		*Carpinus cordata*	+
	灰柯		*Lithocarpus henryi*	1·2
T2	灰柯		*Lithocarpus henryi*	+
	粉白杜鹃		*Rhododendron hypoglaucum*	1·2

续表

层次		物种		优势度·多度
T2	小果珍珠花		*Lyonia ovalifolia* var. *elliptica*	+
	翅柃		*Eurya alata*	1·2
	多脉青冈		*Cyclobalanopsis multinervis*	+
	猫儿刺		*Ilex pernyi*	+
	冠盖绣球		*Hydrangea anomala*	+
S	箬竹		*Indocalamus tessellatus*	3·4
	猫儿刺		*Ilex pernyi*	+
	箭竹		*Fargesia spathacea*	+·2
	满山红		*Rhododendron mariesii*	+
H	常春藤		*Hedera nepalensis* var. *sinensis*	+·2
	浅圆齿堇菜		*Viola schneideri*	+·2
	淡红忍冬		*Lonicera acuminata*	+
	蕨状薹草		*Carex filicina*	+
	小升麻		*Cimicifuga acerina*	+

注：调查地点：黄连坝；地理位置：110°28′22.42″E，31°18′19.96″N；坡度：38°；坡向：东北 60°；海拔：1 658 m；样方面积：20 m×20 m

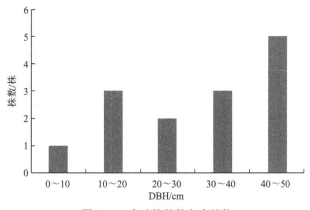

图 3-14　亮叶桦林的立木结构

35）化香树林（Form. *Platycarya strobilacea*）

在湖北万朝山自然保护区化香树林分布较广泛，多生于地形开阔的斜坡，坡向以阳坡和半阳坡为主。化香树耐干旱与贫瘠，在石灰岩地及石砾较多的坡地均生长良好。在土壤厚而湿润的地域，化香树树干高大挺直。调查中发现其在黄连坝、付家湾、后坪等地有分布。

在黄连坝对化香树林进行样方调查，林相分为 4 层。乔木层盖度在 60%左右，除优势种化香树外，还生长有灯台树、曼青冈、四照花；乔木亚层盖度在 20%左右，生长有四照花、曼青冈、猫儿刺。

灌木层物种较丰富，盖度达 65%，主要物种有箬竹、川钓樟、猫儿刺、箭竹等。

草本层盖度在 10%左右，主要物种有直刺变豆菜、常春藤、沿阶草、鼠曲草等。其群落组成见表 3-28，立木结构如图 3-15 所示。

表 3-28　化香树群落组成表

层次	物种		优势度·多度
T1	化香树	*Platycarya strobilacea*	3·4
	灯台树	*Bothrocaryum controversum*	+
	曼青冈	*Cyclobalanopsis oxydon*	1·2
	四照花	*Dendrobenthamia japonica* var. *chinensis*	1·2
T2	四照花	*Dendrobenthamia japonica* var. *chinensis*	2·3
	曼青冈	*Cyclobalanopsis oxydon*	1·2
	猫儿刺	*Ilex pernyi*	1·2
S	托柄菝葜	*Smilax discotis*	+
	川钓樟	*Lindera pulcherrima* var. *hemsleyana*	1·2
	猫儿刺	*Ilex pernyi*	1·2
	四照花	*Dendrobenthamia japonica* var. *chinensis*	+
	卫矛	*Euonymus alatus*	+
	阔叶十大功劳	*Mahonia bealei*	+
	包果柯	*Lithocarpus cleistocarpus*	+
	多脉青冈	*Cyclobalanopsis multinervis*	+
	箬竹	*Indocalamus tessellatus*	3·4
	披针叶胡颓子	*Elaeagnus lanceolata*	+
	三叶木通	*Akebia trifoliata*	+
	青榨槭	*Acer davidii*	+
	二翅六道木	*Abelia macrotera*	+
	五叶瓜藤	*Holboellia angustifolia*	+
	异叶榕	*Ficus heteromorpha*	+
	箭竹	*Fargesia spathacea*	1·2
H	淡红忍冬	*Lonicera acuminata*	+
	过路黄	*Lysimachia christinae*	+
	刺齿贯众	*Cyrtomium caryotideum*	+
	浅圆齿堇菜	*Viola schneideri*	+
	常春藤	*Hedera nepalensis* var. *sinensis*	+·2
	沿阶草	*Ophiopogon bodinieri*	+·2
	虾脊兰	*Calanthe discolor*	+
	鼠曲草	*Gnaphalium affine*	+·2
	乳浆大戟	*Euphorbia esula*	+

续表

层次	物种		优势度·多度
	直刺变豆菜	*Sanicula orthacantha*	1·2
	黄精	*Polygonatum* sp	+
	川钓樟	*Lindera pulcherrima* var. *hemsleyana*	+
	直穗小檗苗	*Berberis dasystachya*	+
	缠绕双蝴蝶	*Tripterospermum volubile*	+
	竹叶鸡爪茶	*Rubus bambusarum*	+
H	宽叶沿阶草	*Ophiopogon platyphyllus*	+
	升麻	*Cimicifuga foetida*	+
	宽卵叶长柄山蚂蝗	*Podocarpium podocarpum* var. *fallax*	+
	蕨状薹草	*Carex filicina*	+
	酢浆草	*Oxalis corniculata*	+
	黄水枝	*Tiarella polyphylla*	+
	革叶耳蕨	*Polystichum neolobatum*	+

注：调查地点：黄连坝；地理位置：110°28′38.72″E，31°18′30.46″N；坡度：32°；坡向：东北 60°；海拔：1 519 m；样方面积：20 m×20 m

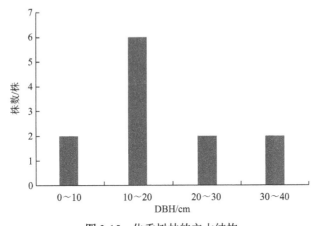

图 3-15　化香树林的立木结构

36）短柄枹栎林（Form. *Quercus serrata* var.*brevipetiolata*）

短柄枹栎林在湖北万朝山自然保护区分布的面积非常广，它常处于海拔 1 000～1 900 m 的山坡脊部或两侧，以阳坡或半阳坡为主，一般日照强烈，气候干燥，降水时地表冲刷严重，地表常有岩石裸露的地方。调查中发现黑垭子、三十六拐等地有大量分布。

在三十六拐对短柄枹栎林进行样方调查，林相分为 4 层。乔木层盖度为 75%左右，除优势种短柄枹栎外，还有石灰花楸等；乔木亚层盖度为 20%左右，生长有三桠乌药、桑寄生、尖叶四照花。

灌木层主要有箭竹，盖度很大，接近 90%，其他物种还有箬竹、绿叶胡枝子等。

由于灌木层箭竹盖度很大，草本层很稀疏，只零星生长缠绕双蝴蝶、矮桃、蕨等。其群落组成见表 3-29，立木结构如图 3-16 所示。

表 3-29　短柄枹栎群落组成表

层次		物种	优势度·多度
T1	短柄枹栎	*Quercus serrata* var. *brevipetiolata*	4·5
	石灰花楸	*Sorbus folgneri*	+
T2	三桠乌药	*Lindera obtusiloba*	+
	桑寄生	*Taxillus sutchuenensis*	+
	尖叶四照花	*Dendrobenthamia angustata*	2·3
S	箭竹	*Fargesia spathacea*	5·5
	箬竹	*Indocalamus tessellatus*	+·2
	尖叶四照花	*Dendrobenthamia angustata*	+
	二翅六道木	*Abelia macrotera*	+
	粉白杜鹃	*Rhododendron hypoglaucum*	+
	无梗越橘	*Vaccinium henryi*	+
	绿叶胡枝子	*Lespedeza buergeri*	+·2
	盐肤木	*Rhus chinensis*	+
H	缠绕双蝴蝶	*Tripterospermum volubile*	+
	蕨	*Pteridium* sp.	+·2
	矮桃	*Lysimachia clethroides*	+

注：调查地点：三十六拐；地理位置：110°29′39.40″E，31°18′56.99″N；地形地貌：山脊台地；海拔：1 815 m；样方面积：15 m×25 m

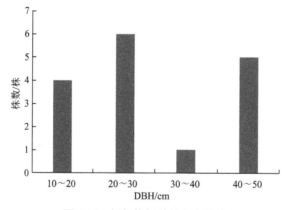

图 3-16　短柄枹栎林的立木结构

37）栓皮栎林（Form. *Quercus variabilis*）

栓皮栎也是一种分布极广的树种，在我国主要分布在落叶阔叶林地区，一般生长在阳坡上。由于人类活动的干扰，湖北万朝山自然保护区现存的栓皮栎林多为次生林，成纯林或与茅栗等其他落叶树种混生。经调查发现栓皮栎林在保护区的杨家河、瓦屋坪、后坪和七莲坪等地分布。

在瓦屋坪对栓皮栎林进行样方调查，林相分为4层。乔木层只有栓皮栎，盖度达70%；乔木亚层盖度在20%左右，生长有尖叶四照花、化香树、短柄枹栎、山胡椒。

灌木层物种丰富，盖度达45%，主要物种有箬竹、猫儿刺、美丽胡枝子、化香树、紫萁、尖叶四照花、鞘柄菝葜等。

草本层物种也较丰富，盖度在20%左右，主要物种有紫萼、黄花油点草、丝叶薹草、车前、夏枯草、蛇莓、三脉紫菀、鹿蹄草、中日金星蕨、东北石松、矮桃、蕺菜、鸡腿堇菜、淡红忍冬、薹草等。其群落组成见表3-30，立木结构如图3-17所示。

表 3-30　栓皮栎群落组成表（一）

层次	物种		优势度·多度
T1	栓皮栎	*Quercus variabilis*	4·5
T2	尖叶四照花	*Dendrobenthamia angustata*	2·3
	化香树	*Platycarya strobilacea*	+
	短柄枹栎	*Quercus serrata* var. *brevipetiolata*	+
	山胡椒	*Lindera glauca*	+
S	卵果蔷薇	*Rosa helenae*	+
	苦皮藤	*Celastrus angulatus*	+
	箬竹	*Indocalamus tessellatus*	2·3
	猫儿刺	*Ilex pernyi*	1·2
	象鼻藤	*Dalbergia mimosoides*	+·2
	盐肤木	*Rhus chinensis*	+
	青榨槭	*Acer davidii*	+
	芒齿小檗	*Berberis triacanthophora*	+
	美丽胡枝子	*Lespedeza formosa*	1·2
	喜阴悬钩子	*Rubus mesogaeus*	+
	杜鹃	*Rhododendron simsii*	+·2
	五月瓜藤	*Holboellia fargesii*	+·2
	卫矛	*Euonymus alatus*	+
	荚蒾	*Viburnum dilatatum*	+
	珍珠花	*Lyonia ovalifolia*	+
	蜡莲绣球	*Hydrangea strigosa*	+
	尖叶四照花	*Dendrobenthamia angustata*	+·2
	紫萁	*Osmunda japonica*	+·2
	异叶榕	*Ficus heteromorpha*	+
	凸叶小檗	*Berberis recurvata*	+
	匍匐栒子	*Cotoneaster adpressus*	+
	马棘	*Indigofera pseudotinctoria*	+
	木半夏	*Elaeagnus multiflora*	+
	锦带花	*Weigela florida*	+
	短柄枹栎	*Quercus serrata* var. *brevipetiolata*	+

续表

层次	物种		优势度·多度
S	化香树苗	*Platycarya strobilacea*	1·2
	桦叶荚蒾	*Viburnum betulifolium*	+
	山胡椒	*Lindera glauca*	+
	白花银背藤	*Argyreia seguinii*	+
	鞘柄菝葜	*Smilax stans*	+·2
	锈毛绣球	*Hydrangea longipes* var. *fulvescens*	+
	翅柃	*Eurya alata*	+
	披针叶胡颓子	*Elaeagnus lanceolata*	+
	四川杜鹃	*Rhododendron sutchuenense*	+
	托柄菝葜	*Smilax discotis*	+
	中华猕猴桃	*Actinidia chinensis*	+
	兴山小檗	*Berberis silvicola*	+
H	紫萼	*Hosta ventricosa*	1·2
	车前	*Plantago asiatica*	+·2
	夏枯草	*Prunella vulgaris*	+·2
	黄花油点草	*Tricyrtis maculata*	1·2
	蛇莓	*Duchesnea indica*	+·2
	三脉紫菀	*Aster ageratoides*	+·2
	打破碗花花	*Anemone hupehensis*	+
	薯蓣	*Dioscorea opposita*	+
	前胡	*Peucedanum praeruptorum*	+
	鹿蹄草	*Pyrola calliantha*	+·2
	中日金星蕨	*Parathelypteris nipponica*	+·2
	东北石松	*Lycopodium clavatum*	+·2
	矮桃	*Lysimachia clethroides*	+·2
	绣线菊	*Spiraea salicifolia*	+
	蕺菜	*Houttuynia cordata*	+·2
	鸡腿堇菜	*Viola acuminata*	+·2
	淡红忍冬	*Lonicera acuminata*	+·2
	鸡矢藤	*Paederia scandens*	+
	羊齿天门冬	*Asparagus filicinus*	+
	川鄂橐吾	*Ligularia wilsoniana*	+
	独蒜兰	*Pleione bulbocodioides*	+
	丝叶薹草	*Carex capilliformis*	1·2
	薹草	*Carex* sp.	+·2
	尖叶长柄山蚂蝗	*Podocarpium podocarpum*	+
	万寿竹	*Disporum cantoniense*	+

注：调查地点：瓦屋坪；地理位置：110°29′01.27″E，31°19′30.27″N；坡度：30°；坡向：东南55°；海拔：1 312 m；样方面积：25 m×25 m

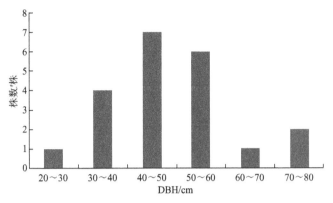

图 3-17 栓皮栎林的立木结构（一）

此外，在后坪也对栓皮栎林进行了样方调查，林相分为3层。乔木层盖度在75%左右，栓皮栎为绝对优势种，此外还生长有马尾松、黄檀、短柄枹栎。

灌木层盖度在35%左右，主要物种有烟管荚蒾、球核荚蒾、爬藤榕、卫矛等。

草本层盖度在70%左右，主要伴生种有蝴蝶花、常春藤、三脉紫菀、薹草等。其群落组成见表 3-31，立木结构如图 3-18 所示。

表 3-31 栓皮栎群落组成表（二）

层次	物种		优势度·多度
T	栓皮栎	*Quercus variabilis*	4·5
	马尾松	*Pinus massoniana*	+
	黄檀	*Dalbergia hupeana*	+
	短柄枹栎	*Quercus serrata* var. *brevipetiolata*	1·2
S	异叶梁王茶	*Nothopanax davidii*	+
	烟管荚蒾	*Viburnum utile*	1·2
	卫矛	*Euonymus alatus*	+·2
	鄂西十大功劳	*Mahonia decipiens*	+·2
	五月瓜藤	*Holboellia fargesii*	+·2
	球核荚蒾	*Viburnum propinquum*	1·2
	火棘	*Pyracantha fortuneana*	+·2
	桦叶荚蒾	*Viburnum betulifolium*	+
	胡颓子	*Elaeagnus* sp.	+
	杜鹃	*Rhododendron simsii*	+
	棕榈	*Trachycarpus fortunei*	+
	菝葜	*Smilax* sp.	+·2
	爬藤榕	*Ficus sarmentosa* var. *impressa*	1·2
	棱果海桐	*Pittosporum trigonocarpum*	+
	五味子	*Schisandra chinensis*	+

续表

层次	物种		优势度·多度
II	蝴蝶花	*Iris japonica*	2·3
	常春藤	*Hedera nepalensis* var. *sinensis*	3·4
	三脉紫菀	*Aster ageratoides*	1·2
	蕨	*Pteridium aquilinum* var. *latiusculum*	+·2
	薹草	*Carex* sp.	2·3
	宽卵叶长柄山蚂蝗	*Podocarpium podocarpum* var. *fallax*	+·2
	野百合	*Lilium brownii*	+
	蕺菜	*Houttuynia cordata*	+·2
	矛叶荩草	*Arthraxon lanceolatus*	+·2
	贯众	*Cyrtomium fortunei*	+·2
	风毛菊	*Saussurea japonica*	+·2
	淡红忍冬	*Lonicera acuminata*	+·2
	野棉花	*Anemone vitifolia*	+·2

注：调查地点：后坪；地理位置：110°38′21.65″E，31°18′16.73″N；坡度：30°；海拔：793 m；样方面积：20 m×20 m

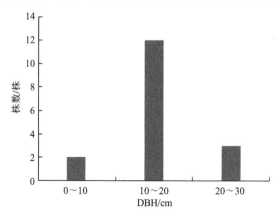

图 3-18 栓皮栎林的立木结构（二）

38）金钱槭林（Form. *Dipteronia sinensis*）

金钱槭为国家 3 级珍稀濒危植物，中国特产。金钱槭是珍贵观赏树种，重要的园林植物。在湖北万朝山自然保护区，金钱槭多沿河沟两侧自下而上间断分布，一般生于海拔 1 000～1 800 m 的疏林中，该群系在保护区分布较广，往往与珙桐林等形成较大的珍稀物种群落。

在付家湾对金钱槭林进行样方调查，林相分为 3 层。乔木层盖度在 60% 左右，除优势种金钱槭外，还生长有一株曼青冈。

灌木层盖度在 65% 左右，主要物种有箬竹、锈毛绣球、桦叶荚蒾等。

草本层盖度在 15% 左右，主要物种有贯众、黑鳞耳蕨、萱、绵毛金腰、酢浆草等。其群落组成见表 3-32，立木结构如图 3-19 所示。

表 3-32　金钱槭群落组成表（一）

层次	物种		优势度·多度
T	金钱槭	*Dipteronia sinensis*	4·5
	曼青冈	*Cyclobalanopsis oxyodon*	+
S	箬竹	*Indocalamus tessellatus*	4·5
	锈毛绣球	*Hydrangea longipes* var. *fulvescens*	+·2
	桦叶荚蒾	*Viburnum betulifolium*	+
H	贯众	*Cyrtomium fortunei*	+·2
	黑鳞耳蕨	*Polystichum makinoi*	1·2
	堇	*Viola moupinensis*	+·2
	报春花	*Primula* sp.	+·2
	绵毛金腰	*Chrysosplenium lanuginosum*	+·2
	酢浆草	*Oxalis corniculata*	+·2

注：调查地点：付家湾；地理位置：110°26′17.77″E，31°16′53.34″N；地形地貌：斜坡，下坡，沟谷边；坡度：10°；坡向：正北；海拔：1 626 m；样方面积：15 m×10 m

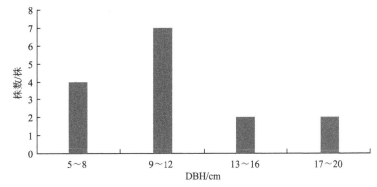

图 3-19　金钱槭林的立木结构（一）

在黄连坝对金钱槭林进行样方调查，林相分为 3 层。乔木层盖度在 75%左右，除优势种金钱槭外，还生长有苦木、南蛇藤、多脉青冈、刺臭椿、交让木。

灌木层盖度在 60%左右，主要物种有箬竹、锈毛绣球等。

草本层盖度在 35%左右，主要物种有大叶金腰、绵毛金腰、毛蓼、小花人字果、直刺变豆菜、酢浆草、肾萼金腰等。其群落组成见表 3-33，立木结构如图 3-20 所示。

表 3-33　金钱槭群落组成表（二）

层次	物种		优势度·多度
T	金钱槭	*Dipteronia sinensis*	4·5
	苦木	*Picrasma quassioides*	+
	南蛇藤	*Celastrus orbiculatus*	+
	多脉青冈	*Cyclobalanopsis multinervis*	1·2
	刺臭椿	*Ailanthus vilmoriniana*	+
	交让木	*Daphniphyllum macropodum*	+

续表

层次	物种		优势度·多度
S	锈毛绣球	*Hydrangea longipes* var. *fulvescens*	+·2
	箬竹	*Indocalamus tessellatus*	3·4
	直角荚蒾	*Viburnum foetidum* var. *rectangulatum*	+
	桑	*Morus alba*	+
	领春木	*Euptelea pleiosperma*	+
H	小花人字果	*Dichocarpum franchetii*	+·2
	大叶金腰	*Chrysosplenium macrophyllum*	2·3
	刺齿贯众	*Cyrtomium caryotideum*	+
	直刺变豆菜	*Sanicula orthacantha*	+·2
	酢浆草	*Oxalis corniculata*	+·2
	绵毛金腰	*Chrysosplenium lanuginosum*	1·2
	绞股蓝	*Gynostemma pentaphyllum*	+
	三脉紫菀	*Aster ageratoides*	+
	楼梯草	*Elatostema involucratum*	+
	日本蛇根草	*Ophiorrhiza japonica*	+
	毛蓼	*Polygonum barbatum*	1·2
	鳞毛蕨	*Dryopteris* sp.	+·2
	七叶一枝花	*Paris polyphylla*	+
	水芹	*Oenanthe* sp.	+
	阔叶十大功劳	*Mahonia bealei*	+
	兔儿风	*Ainsliaea* sp.	+
	肾萼金腰	*Chrysosplenium delavayi*	+·2
	尖齿耳蕨	*Polystichum acutidens*	+

调查地点：黄连坝；地理位置：110°28′20.67″E，31°18′17.63″N；地形地貌：沟边坡地；海拔：1 651 m；样方面积：20 m×10 m

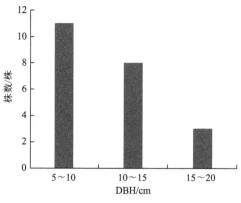

图 3-20　金钱槭林的立木结构（二）

39）领春木林（Form. *Euptelea pleiospermum*）

领春木被列为国家 3 级珍稀濒危植物，稀有种，为典型的东亚植物区系成分的特征种，也是古老的孑遗植物，对研究植物系统发育和植物区系都有一定的科学意义。在湖北万朝山自然保护区，领春木多断续分布于沟边、路旁。较典型斑块地处龙门河林场秀水沟源头的沟谷中。

对领春木林进行目测样方调查发现，林相常分为 3 层。乔木层伴生有五裂槭（*Acer oliverianum*）、青榨槭（*Acer davidii*）、湖北枫杨（*Pterocarya hupehensis*）、红桦（*Betula albo-sinensis*）等树种。灌木层多为箬竹（*Indocalamus tessellates*）。草本层耐阴物种丰富，有水金凤（*Impatiens noli-tangere*）、楼梯草（*Elatostema involucratum*）、酢浆草（*Oxalis corniculata*）等。

40）野核桃林（Form. *Juglans cathayensis*）

在湖北万朝山自然保护区，野核桃分布较广，多沿河沟两侧断续分布。

在放牛场对其进行目测样方调查，发现野核桃多呈丛状分布，群落内建群种较明显。灌木层伴生种主要有蜡莲绣球（*Hydrangea strigosa*）、青荚叶（*Helwingia japonica*）、角叶鞘柄木（*Toricellia angulata*）、短梗稠李（*Padus brachypoda*）、小叶女贞（*Ligustrum quihoui*）等；草本层主要有粗齿铁线莲（*Clematis argentilucida*）、牛皮消（*Cynanchum auriculatum*）、穿龙薯蓣（*Dioscorea nipponica*）、葎草（*Humulus scandens*）、野棉花（*Anemone vitifolia*）、菝葜（*Smilax china*）、水金凤（*Impatiens noli-tangere*）、蝴蝶花（*Iris japonica*）、野大豆（*Glycine soja*）、乌蔹莓（*Cayratia japonica*）、贯众（*Cyrtomium fortunei*）、萝藦（*Metaplexis japonica*）、何首乌（*Fallopia multiflora*）等。

41）灯台树林（Form.*Bothrocaryum controversum*）

在湖北万朝山自然保护区，灯台树林多为原始植被被人为破坏后形成的过渡型落叶阔叶混交林。

在茅湖桥对灯台树林进行样方调查，林相分为 4 层。乔木层盖度为 55%左右，除灯台树外，还生长有华山松、漆树；乔木亚层盖度为 5%左右，主要生长山胡椒。

灌木层盖度为 50%左右，箬竹盖度最大，其他物种有云锦杜鹃、桦叶荚蒾、青榨槭、披针叶胡颓子、绿叶胡枝子等。

草本层盖度为 15%左右，主要物种有天名精、蕺菜、薯蓣、三脉紫菀、蜂斗菜、宽卵叶长柄山蚂蝗、路边青、鼠尾草等。其群落组成见表 3-34，立木结构如图 3-21 所示。

表 3-34 灯台树群落组成表（一）

层次	物种		优势度·多度
T1	灯台树	*Bothrocaryum controversum*	3·4
	华山松	*Pinus armandii*	+
	漆树	*Toxicodendron vernicifluum*	+
T2	山胡椒	*Lindera glauca*	+
S	云锦杜鹃	*Rhododendron fortunei*	1·2
	箬竹	*Indocalamus tessellatus*	3·4

续表

层次	物种		优势度·多度
S	桦叶荚蒾	*Viburnum betulifolium*	+
	青榨槭	*Acer davidii*	+
	披针叶胡颓子	*Elaeagnus lanceolata*	+
	绿叶胡枝子	*Lespedeza buergeri*	+
H	天名精	*Carpesium abrotanoides*	+
	蕺菜	*Houttuynia cordata*	+·2
	薯蓣	*Dioscorea opposita*	l
	三脉紫菀	*Aster ageratoides*	+·2
	浅圆齿堇菜	*Viola schneideri*	+
	蜂斗菜	*Petasites japonicus*	+·2
	火烧兰	*Epipactis helleborine*	+
	小升麻	*Cimicifuga acerina*	+
	宽卵叶长柄山蚂蝗	*Podocarpium podocarpum* var. *fallax*	+·2
	川续断	*Dipsacus asperoides*	+
	路边青	*Geum aleppicum*	+
	鼠尾草	*Salvia japonica*	+
	龙胆科	*Gentianaceae* sp.	+

注：调查地点：茅湖桥；地理位置：110°27′19.74″E，31°17′33.59″N；地形地貌：台地；海拔：1 454 m；样方面积：20 m×10 m

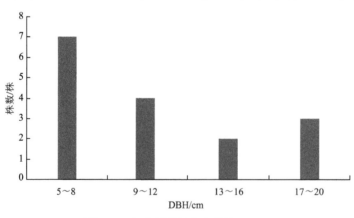

图 3-21　灯台树林的立木结构（一）

　　在黄连坝对灯台树林进行样方调查，林相分为 4 层。乔木层盖度为 75% 左右，除灯台树外，还生长有青麸杨、领春木、短柄枹栎；乔木亚层盖度为 25% 左右，曼青冈为这一层的优势种，此外还生长有灯台树、异叶榕、波叶红果树、阔叶槭、卫矛等。

　　灌木层盖度为 45% 左右，箬竹盖度最大，其他物种青荚叶、猫儿刺等零星分布。

　　草本层盖度为 25% 左右，主要物种有直刺变豆菜、茜草、鄂报春、刺齿贯众、过路黄、酢浆草、六叶葎、浅圆齿堇菜等。其群落组成见表 3-35，立木结构如图 3-22 所示。

表 3-35　灯台树群落组成表（二）

层次	物种		优势度·多度
T1	灯台树	*Bothrocaryum controversum*	4·5
	青麸杨	*Rhus potaninii*	1·2
	领春木	*Euptelea pleiosperma*	+
	短柄枹栎	*Quercus serrata* var. *brevipetiolata*	+
T2	曼青冈	*Cyclobalanopsis oxydon*	2·3
	灯台树	*Bothrocaryum controversum*	1·2
	异叶榕	*Ficus heteromorpha*	+
	波叶红果树	*Stranvaesia davidiana* var. *undulata*	+
	阔叶槭	*Acer amplum*	+
	卫矛	*Euonymus alatus*	+
S	箬竹	*Indocalamus tessellatus*	3·4
	桑	*Morus alba*	+
	青荚叶	*Helwingia japonica*	+
	猫儿刺	*Ilex pernyi*	+
	五月瓜藤	*Holboellia fargesii*	+
	巴山榧	*Torreya fargesii*	+
	薄叶鼠李	*Rhamnus leptophylla*	+
H	茜草	*Rubia cordifolia*	+·2
	鄂报春	*Primula obconica*	+·2
	直刺变豆菜	*Sanicula orthacantha*	1·2
	柔毛堇菜	*Viola principis*	+
	沿阶草	*Ophiopogon bodinieri*	+
	刺齿贯众	*Cyrtomium caryotideum*	+·2
	穿龙薯蓣	*Dioscorea nipponica*	+
	接骨草	*Sambucus chinensis*	+
	宽叶沿阶草	*Ophiopogon platyphyllus*	+
	七叶一枝花	*Paris polyphylla*	+
	过路黄	*Lysimachia brittenii*	+·2
	羊齿天门冬	*Asparagus filicinus*	+
	三脉紫菀	*Aster ageratoides*	+
	酢浆草	*Oxalis corniculata*	+·2
	黄水枝	*Tiarella*	+
	六叶葎	*Galium asperuloides* ssp. *hoffmeisteri*	+·2
	浅圆齿堇菜	*Viola schneideri*	+·2
	鳞毛蕨	*Dryopteris* sp.	+
	蕨	*Pteridium* sp.	+

注：调查地点：黄连坝；地理位置：110°28′41.21″E，31°18′32.99″N；坡度：15°；坡向：东北55°；海拔：1 485 m；样方面积：15 m×15 m

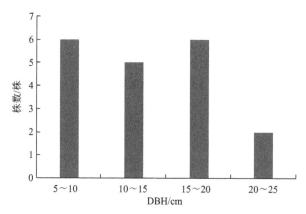

图 3-22　灯台树林的立木结构（二）

42）山杨林（Form. *Populus davidiana*）

在湖北万朝山自然保护区，山杨林位于仙女山、茅湖坪等地，呈片状或带状分布。对其进行目测样方调查，乔木层伴生种有短柄枹栎（*Quercus serrata* var. *brevipetiolata*）、锐齿槲栎（*Quercus aliena* var. *acutiserrata*）、鹅耳枥（*Carpinus turczaninowii*）、亮叶桦（*Betula luminifera*）、茅栗（*Castanea seguinii*）等。

灌木层有美丽胡枝子（*Lespedeza formosa*）、披针叶胡颓子（*Elaeagnus lanceolata*）、猫儿刺（*Ilex pernyi*）等。高海拔（1 800～2 000 m）地段以箬竹（*Indocalamus tessellatus*）为主，草本层不发达。

43）茅栗林（Form.*Castanea seguinii*）

由于茅栗对环境的适应能力较强，茅栗林成为湖北万朝山自然保护区内较为稳定的群落类型之一，其分布较广，在仙女山、万朝山海拔 800～1 400 m 均有分布，分布地点的土壤表面多砾石。该群落外貌黄绿色，林冠较为整齐，结构较为简单，一般分乔灌草 3 层。

对其进行目测样方调查，茅栗群落建群种明显。乔木层伴生种有锐齿槲栎（*Quercus aliena* var. *acutiserrata*）、灯台树（*Bothrocaryum controversum*）、漆（*Toxicodendron vernicifluum*）、化香树（*Platycarya strobilacea*）等。

灌木层有马桑（*Coriaria nepalensis*）、四照花（*Dendrobenthamia japonica* var. *chinensis*）、山胡椒（*Lindera glauca*）、荚蒾（*Viburnum* sp.）、猫儿刺（*Ilex pernyi*）、四川樱桃（*Cerasus szechuanica*）等物种。林内草本植物稀少。

44）华椴林（Form. *Tilia chinensis*）

华椴林主要分布于湖北万朝山自然保护区海拔 1 500～2 000 m 的山地黄棕壤上。

在保护区碗口垭大包进行样方调查，其林相分为 4 层。乔木层盖度在 80%左右，优势种华椴均高 13 m，除此之外还有红桦、白辛树、青麸杨、旱柳等；乔木亚层总盖度在 10%左右，主要有四照花、白檀、绣球荚蒾、紫枝柳等。

灌木层盖度在 60%左右，优势种为箬竹，其他物种有红果菝葜、华西绣线菊、刺果茶藨子、金樱子等。

草本层盖度在 10%左右，主要物种为类白穗苔草、刺芒野古草、羊茅、三脉紫菀、宝铎草、舞鹤草、白鼓钉等。其群落组成见表 3-36。

表3-36 华椴群落组成表

层次		物种		优势度·多度
T1	华椴	Tilia chinensis		4·5
	红桦	Betula albosinensis		+·2
	白辛树	Pterostyrax psilophyllus		+·2
	青麸杨	Rhus potaninii		+·2
	旱柳	Salix matsudana		+
	青榨槭	Acer davidii		+
	鹅耳枥	Carpinus turczaninowii		+
T2	四照花	Dendrobenthamia japonica var. chinensis		+·2
	白檀	Symplocos paniculata		+·2
	绣球荚蒾	Viburnum macrocephalum		+
	山鸡椒	Litsea cubeba		+
	接骨木	Sambucus williamsii		+
	紫枝柳	Salix heterochroma		+
	勾儿茶	Berchemia sinica		+
S	红果菝葜	Smilax polycolea		+
	箬竹	Indocalamus tessellatus		4·5
	华西绣线菊	Spiraea laeta		+
	刺果茶藨子	Ribes burejense		+
	南蛇藤	Celastrus orbiculatus		+
	藤山柳	Clematoclethra lasioclada		+
	蕊被忍冬	Lonicera gynochlamydea		+
	红花五味子	Schisandra rubriflora		+
	金樱子	Rosa laevigata		+
	直穗小檗	Berberis dasystachya		+
H	类白穗苔草	Carex polyschoenoides		+·2
	刺芒野古草	Arundinella setosa		+·2
	羊茅	Festuca ovina		+
	三脉紫菀	Aster ageratoides		+
	宝铎草	Disporum sessile		+
	舞鹤草	Maianthemum bifolium		+
	白鼓钉	Polycarpaea corymbosa		+
	鸭茅	Dactylis glomerata		+
	长穗兔儿风	Ainsliaea henryi		+
	牛至	Origanum vulgare		+
	弯柱唐松草	Thalictrum uncinulatum		+
	大火草	Anemone tomentosa		+

注：调查地点：碗口垭大包；地理位置：110°31′18.02″E，31°15′01.9″N；地形地貌：斜坡，上坡；坡度：8°；坡向：东南；海拔：1 940 m；样方面积：20 m×20 m

45) 梧桐林 (Form. *Firmiana platanifolia*)

梧桐是落叶乔木，栽培较多，野生群落较少。梧桐在湖北万朝山自然保护区猴子包河岸峡谷地带有较多分布，并成为优势群落。

在猴子包对梧桐林进行样方目测调查，其林相分为 3 层。乔木层梧桐均高 12 m，平均胸径 15 cm，除此之外还生长有小叶杨、含羞草叶黄檀、八角枫、野枇杷。

灌木层主要物种有菱叶海桐、尖连蕊茶、青檀、盐肤木、黑壳楠、三尖杉等。

草本层有金钱蒲、多花黄精、常春藤、一把伞南星、鸢尾、蜈蚣草等。其群落组成见表 3-37。

表 3-37　梧桐群落组成表

层次	物种		优势度·多度
T	小叶杨	*Populus simonii*	+
	梧桐	*Firmiana platanifolia*	3·4
	含羞草叶黄檀	*Dalbergia mimosoides*	+
	八角枫	*Alangium chinense*	+
	野枇杷	*Saurauia miniata*	+
S	菱叶海桐	*Pittosporum truncatum*	1·2
	尖连蕊茶	*Camellia cuspidata*	1·2
	青檀	*Pteroceltis tatarinowii*	+·2
	高粱泡	*Rubus lambertianus*	+·2
	盐肤木	*Rhus chinensis*	+
	黑壳楠	*Lindera megaphylla*	1·2
	马桑	*Coriaria nepalensis*	+
	月月青	*Itea ilicifolia*	+
	三尖杉	*Cephalotaxus fortunei*	+
H	金钱蒲	*Acorus gramineus*	+·2
	多花黄精	*Polygonatum cyrtonema*	+·2
	常春藤	*Hedera nepalensis* var. *sinensis*	+·2
	一把伞南星	*Arisaema erubescens*	+
	鸢尾	*Iris tectorum*	1·2
	蜈蚣草	*Pteris vittata*	+·2

注：调查地点：猴子包；地理位置：110°35′53.82″E, 31°21′45.31″N；地形地貌：斜坡，河沟边；坡度：80°；坡向：东北 89°；海拔：359 m；样方面积 20 m×20 m

46) 枫杨林 (Form. *Pterocarya stenoptera*)

枫杨主要分布在湖北万朝山自然保护区海拔 400~800 m 的河岸两旁及沟谷地带。在万朝山的沟谷地域，特别是在一些缓坡或台地，则常常形成枫杨群落。枫杨林分布地域土壤深厚而湿润，坡向以阳坡及半阳坡为主。

在纸厂河沿着沟谷生长着大片的枫杨群落，由于受到周期性水流的影响，林窗明显。对其进行样方调查。林相分为 3 层，乔木层只有枫杨一种，盖度为 50%左右；灌木层盖度为 10%左右，主要有野核桃等；草本层盖度为 45%，主要物种有蝴蝶花、臭牡丹、序叶苎麻、楼梯草、刺齿贯众、瓦韦、崖爬藤、三脉紫菀、丝叶薹草等。其群落组成见表 3-38，立木结构如图 3-23 所示。

表 3-38 枫杨群落组成表

层次	物种		优势度·多度
T	枫杨	*Pterocarya stenoptera*	3·4
S	野核桃	*Juglans cathayensis*	1·2
	瓜木	*Alangium platanifolium*	+
	山胡椒	*Lindera glauca*	+
	木半夏	*Elaeagnus multiflora*	+
	棣棠花	*Kerria japonica*	+
	棠叶悬钩子	*Rubus malifolius*	+
	秃叶女贞	*Ligustrum decidum*	+
	白簕	*Acanthopanax trifoliatus*	+
	藤山柳	*Clematoclethra lasioclada*	+
	异叶梁王茶	*Nothopanax davidii*	+
	高粱泡	*Rubus lambertianus*	+
	大金刚藤	*Dalbergia dyeriana*	+
	三叶木通	*Akebia trifoliata*	+
	异叶梁王茶	*Nothopanax davidii*	+
H	臭牡丹	*Clerodendrum bungei*	1·2
	蝴蝶花	*Iris japonica*	2·3
	乌敛莓	*Cayratia japonica*	+
	刺齿贯众	*Cyrtomium caryotideum*	+·2
	瓦韦	*Lepisorus thunbergianus*	+·2
	崖爬藤	*Tetrastigma obtectum*	+·2
	微毛筋骨草	*Ajuga ciliata* var. *glabrescens*	+
	过路黄	*Lysimachia christinae*	+·2
	北美透骨草	*Phryma leptostachya* ssp. *asiatica*	+·2
	何首乌	*Fallopia multiflora*	+
	常春藤鳞果星蕨	*Lepidomicrosorum hederaceum*	+·2
	序叶苎麻	*Boehmeria clidemiodes* var.*diffusa*	1·2
	楼梯草	*Elatostema involucratum*	1·2
	三脉紫菀	*Aster ageratoides*	+·2
	长叶茜草	*Rubia dolichophylla*	+
	窄萼凤仙花	*Impatiens stenosepala*	+

续表

层次	物种		优势度·多度
H	半蒴苣苔	*Hemiboea henryi*	+
	红丝线	*Lycianthes biflora*	+·2
	野雉尾金粉蕨	*Onychium japonicum*	+
	宽卵叶长柄山蚂蝗	*Podocarpium podocarpum* var. *fallax*	+
	矛叶荩草	*Arthraxon lanceolatus*	+
	鸭儿芹	*Cryptotaenia japonica*	+·2
	丝叶薹草	*Carex capilliformis*	+·2
	顶芽狗脊	*Woodwardia unigemmata*	+
	黄花油点草	*Tricyrtis maculata*	+
	薯蓣	*Dioscorea opposita*	+
	蕨	*Pteridium aquilinum* var. *latiusculum*	+

注：调查地点：纸厂河；地理位置：110°35′40.52″E，31°19′33.64″N；地形地貌：沟谷两岸；海拔：611 m；样方面积：15 m×15 m

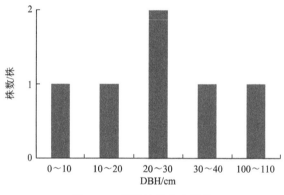

图 3-23　枫杨林的立木结构

47）巴山水青冈（Form. *Fagus pashanica*）

巴山水青冈林是一种相对稳定的具有一定原始性的落叶阔叶林，群落多分布于山地的阴坡或半阴坡，土层较厚，水分条件较好，常有枯枝落叶层。

巴山水青冈树干笔直，树形漂亮，其群落郁闭度较高，林下较空阔。经调查发现巴山水青冈在保护区的黑垭子、园岭、五池、三十六拐等地有大量分布。

在园岭对巴山水青冈林进行样方调查，林相分为 4 层。乔木层盖度在 85%左右，除巴山水青冈外，还生长有石灰花楸；乔木亚层盖度在 35%左右，主要物种有石灰花楸、毛梾等。

灌木层物种丰富，盖度也很大，为 65%左右，主要物种有华山松、毛肋杜鹃、具柄冬青、猫儿刺、小果珍珠花、四川杜鹃、巴山水青冈、交让木等。

草本层盖度在 35%左右，主要有具柄冬青幼苗、毛肋杜鹃幼苗等。其群落组成见表 3-39，立木结构如图 3-24 所示。

表 3-39　巴山水青冈群落组成表

层次		物种	优势度·多度
T1	巴山水青冈	*Fagus pashanica*	4·5
	石灰花楸	*Sorbus folgneri*	2·3
T2	石灰花楸	*Sorbus folgneri*	+
	巴山水青冈	*Fagus pashanica*	2·3
	具柄冬青	*Ilex pedunculosa*	+
	巴山松	*Pinus henryi*	+
	毛梾	*Swida walteri*	2·3
S	野鸦椿	*Euscaphis japonica*	+
	石灰花楸	*Sorbus folgneri*	+
	四川杜鹃	*Rhododendron sutchuenense*	1·2
	华山松	*Pinus armandii*	2·3
	毛肋杜鹃	*Rhododendron augustinii*	2·3
	扁枝越桔	*Vaccinium japonicum* var.*sinicum*	+·2
	巴山水青冈	*Fagus pashanica*	1·2
	交让木	*Daphniphyllum macropodum*	1·2
	具柄冬青	*Ilex pedunculosa*	2·3
	猫儿刺	*Ilex pernyi*	2·3
	桦叶荚蒾	*Viburnum betulifolium*	+
	巴东栎	*Quercus engleriana*	+
	豪猪刺	*Berberis julianae*	+
	小果珍珠花	*Lyonia ovalifolia* var. *elliptica*	2·3
	短柱柃	*Eurya brevistyla*	+
	城口桤叶树	*Clethra fargesii*	+
	吴茱萸五加	*Acanthopanax evodiaefolius*	+
H	具柄冬青	*Ilex pedunculosa*	2·3
	毛肋杜鹃	*Rhododendron augustinii*	2·3
	青榨槭	*Acer davidii*	+
	卫矛	*Euonymus alatus*	+
	锥栗	*Castanea henryi*	+
	猫儿刺	*Ilex pernyi*	+
	四川杜鹃	*Rhododendron sutchuenense*	+
	多脉青冈	*Cyclobalanopsis multinervis*	+
	交让木	*Daphniphyllum macropodum*	+
	防风	*Saposhnikovia divaricata*	+
	春兰	*Cymbidium goeringii*	+
	三桠乌药	*Lindera obtusiloba*	+
	毛轴蕨	*Pteridium revolutum*	+
	尖叶菝葜	*Smilax arisanensis*	+
	白茅	*Imperata cylindrica* var. *major*	+

注：调查地点：园岭；地理位置：110°31'03.54"E，31°19'05.53"N；地形地貌：坡地；海拔：1 714 m；样方面积：12 m×18 m

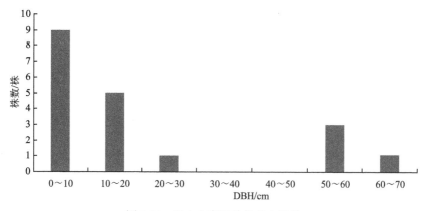

图 3-24　巴山水青冈林的立木结构

此外，在黑垭子对巴山水青冈林进行目测样方调查，林相分为 4 层。乔木层除巴山水青冈外，还有米心水青冈、锐齿槲栎、鹅耳枥等；乔木亚层常见种类有石灰花楸、粉白杜鹃、具柄冬青、四照花等。

其灌木层盖度不大，主要有粉白杜鹃、荚蒾、猫儿刺等少数几种。

草本层稀疏，常见薹草、蕨类、淫羊藿、七叶一枝花等。

3. 竹林

在《中国植被》中，竹林被划分到阔叶林植被型组中。但考虑竹林在群落组成、结构、生态外貌、地理分布乃至繁殖方式等方面均与阔叶类森林有很大差别，故在湖北万朝山自然保护区的植被系统中，把它单独作为一个植被型组提出。

在湖北万朝山自然保护区的竹林主要是温性山地竹林，包括箭竹林和箬竹林。

48）箬竹林（Form. *Indocalamus tessellates*）

箬竹在湖北万朝山自然保护区海拔 700～2 100 m 的山地均有分布，其中在沟谷中常形成单优势种群落，生长在黄壤和山地棕壤上。

箬竹一般密集成丛，常可单独组成群落，也可在混交林下形成灌木层。其中，单独成林的群落内几乎没有其他植物生长，只在林窗处生长少量植物，如棣棠（*Kerria japonica*）、栒子（*Cotoneaster* sp.）、旱柳（*Salix matsudana*）等。混交林的箬叶竹盖度一般为 60%～80%，高者达 90%；灌木层伴生有青榨槭（*Acer davidii*）、刺叶高山栎（*Quercus spinosa*）、美丽胡枝子（*Lespedeza formosa*）、二翅六道木（*Abelia maorotera*）、蔷薇（*Rosa* sp.）、匍匐栒子（*Cotoneaster adpressus*）、宜昌木姜子（*Litsea ichangensis*）、中国旌节花（*Stachyurus chinensis*）等植物。因箬竹盖度大，草本层不发达。

49）箭竹林（Form. *Fargesia Spathacea*）

箭竹主要分布于湖北万朝山自然保护区海拔 1 600 m 以上的常绿与落叶阔叶混交林或亚高山阔叶林地带。土壤以山地黄棕壤为主。箭竹生长稠密连片，盖度较大，达 80%，多为常绿与落叶阔叶混交林遭破坏后形成，故常残有一些阔叶树种，如大叶杨（*Populus lasiocarpa*）、桦木（*Betula* sp.）、胡颓子（*Elaeagnus* sp.）等种类，有的地段有巴山冷杉（*Abies fargesii*）、光叶水青冈（*Fagus lucida*）等。林下草本层植物组成简单，盖度在 10%以下，常见种类有沿阶草（*Ophiopogon bod inieri*）、金星蕨（*Parathelypteris glanduligera*）、鬼针草（*Bidens pilosa*）等。

4. 灌丛和草丛

（1）灌丛

我国灌丛十分丰富，其分布面积往往超过森林群落。灌丛是指由灌木或灌木占优势所组成的植物群落。灌丛植株无明显的主干，高度在 5 m 以下，盖度大于 30%。灌丛可分为原生灌丛与次生灌丛两类。原生灌丛是在各个特定气候、地貌、土壤条件下形成的稳定的灌木群落。次生灌丛是森林采伐或开垦后退化形成的灌木群落。湖北万朝山自然保护区的灌丛主要为森林破坏后形成的次生类型。

50）毛黄栌灌丛（Form. *Cotinus coggygria* var. *pubescens*）

毛黄栌灌丛在湖北万朝山自然保护区的低山地带分布较广，为一种次生类型。在纸厂河长渠对其进行目测样方调查，除了优势种毛黄栌外，伴生种主要是烟管荚蒾（*Viburnum utile*）、月月青（*Itea ilicifolia*）、象鼻藤（*Dalbergia mimosoides*）、小叶女贞（*Ligustrum quihoui*）、火棘（*Pyracantha fortuneana*）、构树（*Broussonetia papyrifera*）、菱叶海桐（*Pittosporum truncatum*）、红茴香（*Illicium henryi*）、蜡莲绣球（*Hydrangea strigosa*）、飞蛾槭（*Acer oblongum*）、异叶梁王茶（*Nothopanax davidii*）等。草本层主要是石竹（*Dianthus chinensis*）、百合（*Lilium brownii* var. *viridulum*）、丛毛羊胡子草（*Eriophorum comosum*）、委陵菜（*Potentilla* sp.）、蒿（*Artemisia* sp.）、野青茅（*Deyeuxia arundinacea*）、沙参（*Adenophora stricta*）等。

51）粉红杜鹃灌丛（Form. *Rhododendron farhesii*）

粉红杜鹃灌丛位于秀水沟上游，建群种明显。粉红杜鹃均高 6 m，树干粗壮，多分枝，树冠伞形，盖度约 60%。伴生种有中华槭（*Acer sinense*）、青榨槭（*Acer davidii*）、五裂槭（*Acer oliverianum*）等。草本多为蕨类。

52）黄荆灌丛（Form. *Vitex negundo*）

黄荆在湖北万朝山自然保护区主要分布在低山、丘陵等低海拔的地段。土壤为黄壤、山地黄壤和黄色石灰土，土层厚度 20 cm 左右。群落盖度可达 75%，外貌呈绿色且参差不齐。除黄荆外，伴生种常见火棘（*Pyracanfha fortaneana*）、铁仔（*Myrsine africana*）、探春（*Jasminum floridum*）、丁香（*Syringa* sp.）、雀梅藤（*Sageretia thea*）、盐肤木（*Rhus chinensis*）等。草本层植物，盖度为 20%～40%，主要物种有黄茅（*Heteropogon contortus*）、白茅（*Imperata cylindrica*）、茅叶荩草（*Arthraxon prionodes*）、金发草（*Pogonatherum paniceum*）、野菊（*Dendranthema indicum*）、莎草（*Cyperus* sp.）等。

53）盐肤木灌丛（Form. *Rhus chinensis*）

在湖北万朝山自然保护区，盐肤木主要分布于海拔 1 600 m 以下的地区，土壤以山地黄壤为主。盐肤木群落盖度为 40%～80%，灌木层主要伴生种有黄荆（*Vitex negundo*）、荚蒾（*Viburnum* sp.）、铁仔（*Myrsine africana*）、爬藤榕（*Ficus sarmentosa* var. *impress*a）、算盘子（*Glochidion puberum*）等。草本层盖度为 30%～70%，主要组成种类有矛叶荩草（*Arthraxon prionodes*）、白茅（*Imperata cylindrica*）、腹水草（*Veronicastrum stenostachyum* ssp.*plukenetii*）、海金沙（*Lygodium japonicum*）、艾蒿（*Artemisia migoana*）、黄茅（*Heteropogon contortus*）、飞蓬（*Erigeron acer*）、蜈蚣草（*Eremochloa* sp.）等。

54）中华绣线菊灌丛（Form. *Spiraea chinensis*）

在薄刀梁子的山顶上分布着斑块状的中华绣线菊灌丛，盖度在 40%左右。灌木层伴生种还有勾儿茶、卫矛、牛奶子、披针叶胡颓子、华中山楂、拐棍竹、湖北海棠、小叶黄杨等。草本层伴生种有香青等。其群落组成见表 3-40。

表 3-40   中华绣线菊群落组成表

	物种	
	中华绣线菊	*Spiraea chinensis*
伴生种	勾儿茶	*Berchemia sinica*
	卫矛	*Euonymus alatus*
	尾萼蔷薇	*Rosa caudata*
	牛奶子	*Elaeagnus umbellata*
	披针叶胡颓子	*Elaeagnus lanceolata*
	拐棍竹	*Fargesia robusta*
	香青	*Anaphalis sinica*
	芒齿小檗	*Berberis triacanthophora*
	湖北海棠	*Malus hupehensis*
	小叶黄杨	*Buxus sinica* var. *parvifolia*
	华中山楂	*Crataegus wilsonii*

注：调查地点：薄刀梁子；地理位置：110°36′06.68″E，31°16′44.68″N；地形地貌：山顶台地；海拔：2 265 m

（2）草丛

我国亚热带地区的草丛草坡，为非地带性植被类型，大多是原始植被遭受强烈的破坏后形成的，如火烧、耕作后的弃耕地，尤其是前者，往往会形成较大面积的草坡，但这种草坡的演替也较快。

55）一年蓬群系（Form. *Erigeron annuus*）

一年蓬群系多见于弃耕地或森林砍伐后不久的林地空隙里，属于次生演替中早期的群落类型。该群落大量出现，但不久将被其他类型所取代，为较不稳定的群落类型。

该群落种类结构较简单，群落的组成物种除一年蓬外还有野菊花（*Dendranthema indicum*）、狗尾草（*Setaria viridis*）、各种蕨类等。

56）黄茅群系（Form. *Heteropogon contortus*）

黄茅在湖北万朝山自然保护区主要分布在海拔 750 m 左右的低山、丘陵地带，土壤以黄色石灰土、钙质紫色土为主。黄茅群系盖度为 90%，高度在 0.7 m 左右。其他伴生种有白茅（*Imperata cylindrica*）、荩草（*Arthraxon hispidus*）、飞蓬（*Erigeron acer*）、双花草（*Dichanthium annulatum*）等。

57）白茅群系（Form. *Imperata cylindrica*）

白茅群系在湖北万朝山自然保护区分布广泛，从低山到万朝山上部都有生长。土壤以灰棕潮土、紫色土和山地黄壤为主。白茅群系盖度为90%，高度为0.5 m左右。其他常见种类有狗牙根（*Cynodon dactylon*）、芒（*Miscanthu sinensis*）、金发草（*Pogonatherum paniceum*）、艾蒿（*Artemisia migoana*）和黄背草（*Themeda triandra*）等。

58）蕨群系（Form. *Pteridium aquilinum* var. *latiusuculum*）

在下太平坝对蕨群系进行目测样方调查。主要伴生种有川续断、野葛、野青茅、野棉花、截叶铁扫帚、赶山鞭等。其群落组成见表3-41。

表3-41　蕨群落组成表（一）

	物种	
	蕨	*Pteridium aquilinum*
	川续断	*Dipsacus asperoides*
	野葛	*Pueraria lobata*
	野青茅	*Deyeuxia arundinacea*
伴生种	野棉花	*Anemone vitifolia*
	蓟	*Cirsium japonicum*
	败酱	*Patrinia scabiosaefolia*
	截叶铁扫帚	*Lespedeza cuneata*
	野胡萝卜	*Daucus carota*
	赶山鞭	*Hypericum attenuatum*

注：调查地点：下太平坝；地理位置：110°26′44.88″E，31°17′22.13″N；海拔：1 469 m

在三十六拐的防火线上，蕨沿着防火小道成片分布，生长稠密。主要伴生种有箭竹、珍珠菜、锦带花、中日金星蕨等。其群落组成表见表3-42。

表3-42　蕨群落组成表（二）

	物种		优势度·多度
	蕨	*Pteridium aquilinum*	5·5
	野葛	*Pueraria lobata*	+
	珍珠菜	*Lysimachia clethroides*	+·2
	箭竹	*Fargesia spathacea*	2·3
伴生种	小蓟	*Cirsium segetum*	+
	锦带花	*Weigela florida*	+·2
	长叶胡颓子	*Elaeagnus bockii*	+
	中日金星蕨	*Parathelypteris nipponica*	+·2
	绿叶胡枝子	*Lespedeza buergeri*	+

注：调查地点：三十六拐；地理位置：110°29′40.58″E，31°18′57.14″N；地形地貌：防火线路边；海拔：1 809 m；样方面积：20 m×3 m

3.2.3 植被分布规律

区域植被的分布与该区域的位置、自然地理条件紧密相关。湖北万朝山自然保护区位于北亚热带季风湿润气候区，处在巫山山脉与大巴山脉之间，加之自然条件复杂、沟谷纵横、地形起伏悬殊，在植被分布规律上也表现出复杂性与多样性。在水平带谱上，以常绿阔叶林和常绿落叶阔叶混交林为主，镶嵌有暖性针叶林。在垂直带谱上，大体可分为 3 个植被带：900 m 以下为常绿阔叶林带，沟谷两旁也会形成一些喜湿的落叶林分；900～1 600 m 为常绿落叶阔叶混交林带；1 600～2 400 m 为落叶阔叶林带，混生有温性针叶林。植被垂直分布带谱如图 3-25 所示。

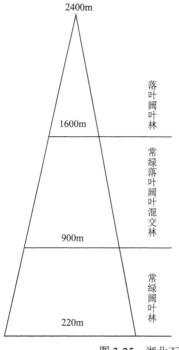

2400m

落叶阔叶林：锐齿槲栎林、米心水青冈林、巴山水青冈林、巴山松-刺叶高山栎林、巴山冷杉林、巴山松林、光叶珙桐林、金钱槭林、山杨林、亮叶桦林、灯台树林、川陕鹅耳枥林、华榛林、领春木林、云锦杜鹃林、中华绣线菊灌丛、粉红杜鹃灌丛、箭竹林、水青树林

1600m

常绿落叶阔叶混交林：曼青冈-化香树林、曼青冈-短柄枹栎林、曼青冈-亮叶桦林、多脉青冈-短柄枹栎林、多脉青冈-米心水青冈林、多脉青冈-化香树林、包果柯-锐齿槲栎林、包果柯-栓皮栎林、曼青冈-灯台树林、多脉青冈林、短柄枹栎林、栓皮栎林、化香树林、茅栗林、匙叶栎林、巴东栎林、刺叶高山栎林、华山松林、箬竹林、紫荆林、角叶鞘柄木林

900m

常绿阔叶林：黑壳楠木、宜昌润楠木、水丝梨林、枫杨林、马尾松林、杉木林、柏木林、油松林、野核桃林、铁坚油杉林、梧桐林、黄荆灌丛、毛黄栌灌丛、盐肤木灌丛

220m

图 3-25　湖北万朝山自然保护区植被垂直分布图

1. 常绿阔叶林带

在湖北万朝山自然保护区，常绿阔叶林主要分布在海拔 900 m 以下。由于气候的影响及人类高强度的干扰活动，常绿阔叶林破坏严重，只是在一些沟谷地带有片段残存。这些常绿阔叶林主要有黑壳楠林、水丝梨林、宜昌润楠林等。在一些沟谷两旁，由于山间溪流的干扰，也会形成一些喜湿的林分，如枫杨林。在沟谷路缘，森林被破坏，形成一些喜阳的落叶阔叶林，如野核桃林，有时也容易形成黄荆灌丛、毛黄栌灌丛、盐肤木灌丛等。也有一些暖温性针叶林如马尾松林、杉木林、柏木林、油松林、铁坚油杉林在这一林带混生。

2. 常绿落叶阔叶混交林带

常绿、落叶阔叶混交林带分布在海拔 900～1 600 m，分布范围广阔，面积较大，是湖北万朝山自然保护区最典型的植被类群。一般多出现于山间小盆地和沟谷两侧的山坡上。

在垂直植被带中，在较低海拔，耐寒的常绿树种占优势，落叶树较少，混交林特征不明显，如多脉青冈林。随着海拔升高，常绿树种与落叶树种在乔木层共同占有优势，形成较典型的常绿落叶阔叶林，如曼青冈-化香树林、曼青冈-短柄枹栎林、曼青冈-亮叶桦林、多脉青冈-短柄枹栎林、多脉青冈-米心水青冈林、多脉青冈-化香树林、包果柯-锐齿槲栎林、曼青冈-灯台树林、包果柯-栓皮栎林等。随着海拔进一步升高，气温下降，湿度增大，群落中往往以落叶树种占优势，只是在乔木亚层或灌木层有较多常绿林分，常绿树不能形成层片，仅散生林中或林下，成为植物群落的组成成分，如短柄枹栎林、栓皮栎林、化香树林、茅栗林等。在这一垂直植被带内，有一些干旱的山脊或石灰岩山地，常形成一些低矮、叶常绿、小型、革质的优势林分，貌似常绿硬叶林，如匙叶栎林、刺叶高山栎林、巴东栎林等，林分中也有一些落叶成分，这是对水分缺乏或低温的适应。

3. 落叶阔叶林带

落叶阔叶林带位于海拔 1 600～2 400 m，常分布于山坡的中上部，呈不连续的片状，在山高人稀之处，尚保存有原始状态的植被。

本垂直植被带的主要植被类型有锐齿槲栎林、米心水青冈林、巴山水青冈林、山杨林、亮叶桦林、灯台树林、川陕鹅耳枥林、华椴林等，这些林分径级较大，人为干扰少，是保护区较原始的植被类型。在这一植被带内有较多的珍稀濒危植物群落，如光叶珙桐林、金钱槭林、领春木林等，还有一些耐寒的常绿植物的群落，主要是云锦杜鹃林，其在这一带内分布面积较大。此外，温性针叶林如巴山松林、巴山冷杉林在这一植被带内常形成纯林或组成针叶阔叶混交林群落。在山顶形成高山灌丛，如中华绣线菊灌丛、粉红杜鹃灌丛、箭竹林等。

3.2.4 植被保护与合理利用

湖北万朝山自然保护区位置独特，水热条件适宜，自然地理环境复杂，生态景观多样，珍稀濒危植物丰富，植被的原生性明显，具有较重要的保护价值。对于保护区的植被保护与合理利用，应特别关注以下问题。

1. 功能区的科学划定

湖北万朝山自然保护区的植被分布具有一定的特殊性，在一些沟谷地带和高山地带，人迹罕至，植被的原始性特征突出。但在部分区域，由于人类活动频繁，干扰严重，植被的破碎化严重。因此，保护区的规划，一定要根据保护区现有的实际状况，在充分研究保护区森林生态系统的结构和功能、生物多样性丰富程度、珍稀濒危植物的保护价值等的基础上，对保护区进行科学规划，合理划定核心区、缓冲区和实验区，使森林生态系统、珍稀濒危野生动植物及其栖息地受到良好保护。

2. 小种群群落的整体保护与就地保护

在湖北万朝山自然保护区镶嵌分布着一些珍稀植物群落类型，如光叶珙桐群落、水青树群落、金钱槭群落等，其分布面积较小，应重点保护。不仅要保护群落本身，而且要保护其生存的自然环境。此外，湖北万朝山自然保护区还分布着一些常绿阔叶林典型类群，如水丝梨林、黑壳楠林、宜昌润楠林、多脉青冈林等，也要采取措施，进行就地保护。对保护区内的珍稀树种和古大乔木也要加强保护，要挂牌示意，明确保护规定。

3. 社区共建共管

湖北万朝山自然保护区山体复杂，由于历史原因，还有较多人口在保护区内，人口的迁移是较复杂的问题。保护区要依靠当地群众，通过社区共管共建，加强资源管护，在调动地方政府、当地居民的保护积极性的基础上，也吸收部分居民参与保护区的保护工作。

4. 退耕还林与植被恢复

通过遥感观测，保护区植被斑块化较严重。部分地域森林砍伐后，农地抛荒，形成草丛。要有计划地退耕还林，并根据植被地理分布特征，有针对性地提出科学的植被恢复方案，促使植被正常演替。在植被恢复过程中，特别要防止外来种的入侵。

5. 科研与监测

湖北万朝山自然保护区有一定的科研基础。1994 年，由中国科学院植物研究所、中国科学院动物研究所、中国科学院武汉植物园共同筹建中国科学院神农架生物多样性定位研究站（简称神农架站），该站主要位于龙门河林场，紧邻湖北万朝山自然保护区。该站以保护生态学为主线，结合国家生态环境建设的需求，重点在自然保护区及长江流域进行生物多样性监测和保育、亚热带森林生态系统结构和功能及管理的研究，以期揭示我国东部北亚热带森林植被的动态规律及环境演变机制，为天然林保护和退耕还林及长江中下游生态系统服务功能的维持和发挥及其生态安全维持提供科学依据。经过十多年的建设，神农架站拥有较好的观测研究条件。其监测和示范工作为湖北万朝山自然保护区的生物多样性保护和国家生态安全的需求做出了积极的贡献。

湖北万朝山自然保护区的龙门河区域与神农架接壤，湖北万朝山自然保护区应与神农架站建立广泛的联系与合作，充分利用其监测与科研成果，服务于湖北万朝山自然保护区的保护管理，特别是要利用神农架站这个平台进一步提升湖北万朝山自然保护区在监测、研究、科普教育示范等方面的能力。

3.3 国家珍稀濒危及重点保护野生植物

3.3.1 国家珍稀濒危及重点保护野生植物概述

湖北万朝山自然保护区地处神农架南坡，巫山与大巴山系东端余脉，其植物资源有许多独到之处，加上该区域境内高峰耸立，沟谷纵横，生境复杂，因而也孕育了丰富的国家珍稀濒危及重点保护野生植物。这里所称的国家珍稀濒危及重点保护植物种类包括国家重点保护野生植物、国家珍稀濒危植物和国家珍贵树种三类。国家重点保护野生植物根据国务院 1999 年 8 月 4 日批准公布的《国家重点保护野生植物名录（第一批）》而定；国家珍稀濒危植物根据 1984 年国家环保局、中国科学院植物研究所公布的《中国珍稀濒危保护植物名录（第一册）》而定；国家珍贵树种以林业部 1992 年颁发的《国家珍贵树种名录（第一批）》而定。这三类保护植物由于依据标准不同，有的物种可能分属在不同的类别中。

经调查统计，湖北万朝山自然保护区共有国家珍稀濒危保护野生植物 47 种，其中，国家重点保护野生植物 26 种（I 级 5 种，II 级 21 种）；国家珍稀濒危植物 37 种（1 级 1 种，2 级 14 种，3 级 22 种）；国家珍贵树种 22 种（一级 5 种，二级 17 种）（表 3-43）。

表 3-43 万朝山自然保护区国家珍稀濒危及重点保护野生植物

序号	种名	国家重点保护野生植物级别	国家珍贵树种级别	国家珍稀濒危植物级别
1	银杏 *Ginkgo biloba*	I	一级	2（稀有）
2	红豆杉 *Taxus chinensis*	I		
3	伯乐树 *Bretschneidera sinensis*	I	一级	2（稀有）
4	珙桐 *Davidia involucrata*	I	一级	1（稀有）
5	光叶珙桐 *Davidia involucrata* var. *vilmoriniana*	I	一级	2（稀有）
6	篦子三尖杉 *Cephalotaxus oliveri*	II	二级	2（渐危）
7	大果青杆 *Picea neoveitchii*	II	二级	2（濒危）
8	穗花杉 *Amentotaxus argotaenia*			3（渐危）
9	秦岭冷杉 *Abies chensiensis*	II	二级	3（渐危）
10	麦吊云杉 *Picea brachytyla*		二级	3（渐危）
11	金钱槭 *Dipteronia sinensis*			3（稀有）
12	八角莲 *Dysosma versipellis*			3（渐危）
13	华榛 *Corylus chinensis*			3（渐危）
14	蝟实 *Kolkwitzia amabilis*			3（稀有）
15	连香树 *Cercidiphyllum japonicum*	II	二级	2（稀有）
16	杜仲 *Eucommia ulmoides*		二级	2（稀有）
17	山白树 *Sinowilsonia henryi*			2（稀有）

序号	种名	国家重点保护野生植物级别	国家珍贵树种级别	国家珍稀濒危植物级别
18	野大豆 *Glycine soja*	II		3（渐危）
19	红豆树 *Ormosia hosiei*	II	二级	3（渐危）
20	鹅掌楸 *Liriodendron chinense*	II	二级	2（稀有）
21	厚朴 *Magnolia officinalis*	II	二级	3（渐危）
22	水青树 *Tetracentron sinense*	II	二级	2（稀有）
23	天麻 *Gastrodia elata*			3（渐危）
24	黄连 *Coptis chinensis*			3（渐危）
25	独花兰 *Changnienia amoena*			2（稀有）
26	香果树 *Emmenopterys henryi*	II	一级	2（稀有）
27	巴东木莲 *Manglietia patungensis*		二级	2（渐危）
28	瘿椒树 *Tapiscia sinensis*			3（稀有）
29	白辛树 *Pterostyrax psilophyllus*			3（渐危）
30	领春木 *Euptelea pleiospermum*			3（稀有）
31	青檀 *Pteroceltis tatarinowii*			3（稀有）
32	大叶榉树 *Zelkova schneideriana*	II	二级	
33	喜树 *Camptotheca acuminata*	II		
34	樟 *Cinnamomum camphora*	II		
35	闽楠 *Phoebe bournei*	II	二级	3（渐危）
36	楠木 *Phoebe zhennan*	II	二级	3（渐危）
37	红椿 *Toona ciliata*	II	二级	3（渐危）
38	巴山榧树 *Torreya fargesii*	II		
39	呆白菜 *Triaenophora rupestris*	II		
40	川黄檗 *Phellodendron chinense*	II		
41	紫茎 *Stewartia sinensis*			3（渐危）
42	伞花木 *Eurycorymbus cavaleriei*	II		2（稀有）
43	刺楸 *Kalopanax septemlobus*		二级	
44	椴树 *Tilia tuan*		二级	
45	延龄草 *Trillium tschonoskii*			3（渐危）
46	狭叶瓶尔小草 *Ophioglossum thermale*			3（渐危）
47	金荞麦 *Fagopyrum dibotrys*	II		

1. 国家重点保护野生植物

湖北万朝山自然保护区有国家重点保护野生植物 26 种，占湖北省总数 51 种的 60.0%。其中 I 级有银杏、红豆杉、伯乐树、珙桐、光叶珙桐，共 5 种；II 级有篦子三尖杉、大果青杆、秦岭冷杉、连香树、野大豆、红豆树、鹅掌楸、厚朴、水青树、香果树、大叶榉树、喜树、樟树、闽楠、楠木、红椿、巴山榧树、呆白菜、川黄檗、伞花木、金乔麦，共 21 种。

2. 国家珍稀濒危植物

湖北万朝山自然保护区有国家珍稀濒危植物 37 种，占湖北省总数 66 种的 56.1%。其中国家 1 级有珙桐 1 种；国家 2 级有银杏、伯乐树、光叶珙桐、篦子三尖杉、大果青杆、连香树、杜仲、山白树、鹅掌楸、水青树、独花兰、香果树、巴东木莲、伞花木，共 14 种；3 级有穗花杉、秦岭冷杉、麦吊云杉、金钱槭、八角莲、华榛、蝟实、野大豆、红豆树、厚朴、天麻、黄连、银鹊树、白辛树、领春木、青檀、闽楠、楠木、红椿、紫茎、延龄草、狭叶瓶尔小草，共 22 种。

3. 国家珍贵树种

湖北万朝山自然保护区有国家珍贵树种 22 种，占湖北省总数 28 种的 78.6%。其中一级珍贵树种有银杏、伯乐树、珙桐、光叶珙桐、香果树，共 5 种；二级珍贵树种有篦子三尖杉、大果青杆、秦岭冷杉、麦吊云杉、连香树、杜仲、红豆树、鹅掌楸、厚朴、水青树、巴东木莲、榉树、闽楠、楠木、红椿、刺楸、椴树，共 17 种。

3.3.2 国家珍稀濒危及重点保护野生植物分述

（1）银杏 *Ginkgo biloba* L.

银杏属银杏科单属种植物，国家 I 级重点保护野生植物，国家一级珍贵树种，国家 2 级珍稀濒危植物。中生代时银杏植物是一个高度多样化的类群，几乎全球分布，但现在仅存一个种，为现存种子植物中最古老的孑遗植物，是研究生物进化的活化石。在全国海拔 1 200 m 以下分布。湖北省的银杏多栽培，少野生，但古树较多。该种在湖北万朝山自然保护区内各地均有分布，最大者高约 35 m，胸径 1.4 m。

（2）红豆杉 *Taxus chinensis*（Pilger）Rehd

红豆杉属红豆杉科，国家 I 级重点保护野生植物。但目前砍伐严重，资源稀少、加之雌雄异株，雄多雌少，生长缓慢，其生存和繁衍不易。红豆杉在鄂南及鄂西南、鄂西北海拔 750～1 850 m 的山地零星生长或与针叶阔叶树种混生。调查发现，湖北万朝山自然保护区内各地均有零星分布：在响钟石（31°21′40.57″N，110°29′10.89″E，海拔 1 190 m）生长有 2 棵，胸径为 6 cm、10 cm，高度为 6 m、8 m；在响钟石（31°21′44.73″N，110°29′13.95″E，海拔 1 198 m）生长 2 棵，胸径为 8 cm、10 cm，高度为 6 m、8 m；在付家湾（31°17′38.80″N，110°27′32.08″E，海拔 1 434 m）生长有 1 棵红豆杉；在茅湖桥（31°16′53.04″N，110°26′17.57″E，海拔 1 620 m）生长 1 棵红豆杉；在薄刀梁子（31°16′55.64″N，110°36′00.49″E，海拔 2 087 m）生长有 1 棵，胸径为 52 cm，高度为 8 m；在薄刀梁子（31°16′51.31″N，110°35′57.28″E，海拔 2 039 m）斜坡上生长有 2 棵，胸径为 85 cm、75 cm，高度均为 18 m；此外在万朝山南坡也有分布。

（3）伯乐树 *Bretschneidera Sinensis* Hemsl.

伯乐树为伯乐树科单种属植物，国家 I 级重点保护野生植物，国家一级珍贵树种，国家 2 级珍稀濒危植物。钟萼木是古老的残遗种，对研究被子植物的系统发育及古地理等均有科学价值。长期以来，由于人为破坏和结实稀少、更新困难，伯乐树处于濒临绝灭的境地。湖北通山、五峰、鹤峰、利川、兴山有分布，生长于海拔 500～2 000 m 的沟谷、溪边坡地。钟萼木在湖北万朝山自然保护区分布区域较狭窄，仅见于万朝山三岔沟，为该物种分布的北部边缘。1986 年华中师范学院植物考察首次发现其分布，数量较少，因而更需加强保护。

（4）珙桐 *Davidia involucrate* Bail.

珙桐属蓝果树科，国家 I 级重点保护野生植物，国家一级珍贵树种，国家 1 级珍稀濒危植物。珙桐是我国特有的第三纪古热带植物区系的子遗种。在新生代第三纪，世界曾广泛分布着珙桐，但由于第四纪冰川的摧残，其分布区大为缩小，现仅分布于我国东起湖北长阳，西至云南贡山，南起云南屏边，北至甘肃武都，地理范围为 23°～33°20′N，98°30′～110°20′E 的亚热带地区。珙桐在湖北省鄂西大巴山、武陵山区、神农架极其周边区域海拔 800～2 000 m 的山坡、沟谷存在。调查发现，在湖北万朝山自然保护区的黑垭子（31°17′33.16″N，110°32′36.30″E，海拔 1 759 m）生长有 3 棵珙桐，胸径分别为 18 cm、24 cm、12 cm，均高为 15 m；在赵家湾（31°15′41.16″N，110°28′58.47″E，海拔 1 668 m）有珙桐 1 棵，胸径 40 cm，高 24 m；在剪曹沟（31°16′59.52″N，110°35′44.57″E，海拔 1 785 m）有珙桐 1 棵，胸径 52 cm，高 16 m；在剪曹沟（31°16′58.61″N，110°35′49.31″E，海拔 1 880 m）有珙桐 1 棵，胸径 70 cm，高 21 m；在梳子厂（31°16′59.24″N，110°35′27.93″E，海拔 1 525 m）生长有一片以珙桐为主的珍稀濒危植物群落，珙桐胸径为 20 cm、12 cm、30 cm、28 cm、24 cm、20 cm，30 cm，均高为 20 m；在三叉沟（31°17′03.25″N，110°35′28.17″E，海拔 1 502 m）有珙桐 1 棵，胸径 22 cm，高 20 m；此外在万朝山南坡的沙湾和梯儿岩一带沿山槽分布着珙桐群落。

（5）光叶珙桐 *Davidia involucrata* var. *vilmoriniana*（Dode）Wanger.

光叶珙桐属蓝果树科，国家 I 级重点保护野生植物，国家一级珍贵树种，国家 2 级珍稀濒危植物。光叶珙桐分布川、鄂、湘、黔等省，常与珙桐混生，科研价值与珙桐相同。光叶珙桐在湖北省神农架、兴山、巴东、利川、宣恩、五峰、鹤峰、长阳等地，海拔都在 800～1 800 m 的山坡、沟谷分布，有成片纯林及混交林。调查发现，在湖北万朝山自然保护区的三十六拐（31°19′48.23″N，110°29′13.76″E，海拔 1 182 m）生长 1 棵光叶珙桐，胸径为 20 cm，高 15 m；在三十六拐（31°19′02.58″N，110°29′39.07″E，海拔 1 681 m）处生长 5 棵光叶珙桐，胸径分别为 50 cm、37 cm、9 cm、3 cm、1 cm，均高为 22 m；在付家湾（31°16′45.48″N，110°26′17.52″E，海拔 1 646 m）生长有 6 棵光叶珙桐，胸径分别为 18 cm、14 cm、18 cm、8 cm、10 cm、10 cm，均高为 15 m；在付家湾（31°16′45.24″N，110°26′17.61″E，海拔 1 672 m）处有 3 棵光叶珙桐，胸径分别为 28 cm、50 cm、22 cm，均高为 20 m；在付家湾（31°16′45.94″N，110°26′18.79″E，海拔 1 706 m）处有 2 棵光叶珙桐，胸径分别为 32 cm、26 cm，均高为 20 m；在黑垭子（31°17′28.46″N，110°32′52.73″E，海拔 1 732 m）

有 4 棵光叶珙桐，胸径分别为 22 cm、7 cm、12 cm、10 cm，均高为 15m。

（6）篦子三尖杉 *Cephalotaxus oliveri* Mast.

篦子三尖杉为三尖杉科植物，中国特有种，国家 II 级重点保护野生植物，国家二级珍贵树种，国家 2 级珍稀濒危植物。篦子三尖杉分布在我国华南和西南各省（自治区）。篦子三尖杉在湖北省宣恩、长阳、宜昌、兴山等县有分布。该物种一般生长在海拔 450～1 800 m 的阔叶林或针叶林中，在湖北万朝山保护区内万朝山苍房岭、龙门河林场、万朝山南坡的沙湾有零星分布。

（7）大果青杆 *Picea neoveitchii* Mast.

大果青杆属松科，国家 II 级重点保护野生植物，国家二级珍贵树种，国家 2 级珍稀濒危植物。大果青杆对研究植物区系、云杉属分类和保护物种均有科学意义。大果青杆分布于湖北西部、陕西秦岭北坡、甘肃天水及白龙江流域海拔 1 300～2 000 m 的山地。其多生长在气候寒冷立地条件较差的陡坡岩隙处或林中。大果青杆在湖北省西部的神农架、兴山、巴东、保康等地有分布。在湖北万朝山自然保护区仙女山、龙门河、万朝山南坡沙湾和梯儿岩一带海拔 1 700～2 200 m 的疏林地区零星可见大果青杆，其常与红桦、锐齿槲栎等伴生。

（8）穗花杉 *Amentotaxus argotaenia*（Hance）Pilg.

穗花杉被列为国家 3 级珍稀濒危植物，渐危种，也是第三纪孑遗植物。穗花杉起源古老，形态、结构和发育特异，对研究古地质、古地理、植物区系及植物分类等方面有着重要意义。穗花杉树型优美，四季常青，种子秋季成熟时假种皮鲜红色，十分鲜艳夺目。穗花杉除越南北部有少量分布外，主要分布于我国南方，特别是中亚热带和南亚热带的山地，多散生在海拔 500～1 000 m 的沟谷杂木林中。穗花杉在湖北省神农架、巴东、兴山等地有分布，为该属种分布的北部边缘，在湖北万朝山自然保护区内海拔 600～800 m 的地带有零星分布，常与红茴香、水丝梨混生，稀成片纯林。在湖北万朝山自然保护区杨家河（31°20′10.9″N，110°37′01.05″E，海拔 508 m）有 5 棵穗花杉，其胸径分别为 12 cm、10 cm、10 cm、8 cm、8 cm，均高为 6 m。

（9）秦岭冷杉 *Abies chensiensis* Van Tiegh.

秦岭冷杉属松科，国家 II 级重点保护野生植物，国家二级珍贵树种，国家 3 级珍稀濒危植物，为我国特有树种，在植物区系研究上具有一定意义。秦岭冷杉多分布陕西省南部、湖北省西部及甘肃省南部，海拔 2 300～3 000 m 的阴坡和半阳坡，在湖北省神农架、巴东、兴山等地也有分布。调查发现，秦岭冷杉在湖北万朝山自然保护区内龙门河林场、六池、仙女山海拔 1 800 m 以上的地区有零星分布，常与红桦等物种混生。

（10）麦吊云杉 *Picea brachytyla*（Franch.）Pritz.

麦吊云杉为松科，国家二级珍贵树种，国家 3 级珍稀濒危植物。在其分布区内，宜选作森林更新或荒山造林树种。麦吊云杉为我国特有树种，分布于湖北西部、陕西东南部、四川东北部、北部平武及岷江流域上游、甘肃南部白龙江流域，生于海拔 1 500～2 900 m（间或至 3 500 m）地带。麦吊云杉在湖北省恩施、兴山、秭归、巴东、神农架等海拔 1 600～2 300 m 的山地分布，为主要森林树种，但林木稀少，宜加强保护。调查发现，麦吊云杉在湖北万朝山自然保护区内的万朝山、仙女山等地有分布。

（11）金钱槭 *Dipteronia sinensis* Oliv.

金钱槭被列为国家 3 级珍稀濒危植物，稀有种，特产我国。其零星分布于河南西南部、陕西南部、甘肃东南部、湖北西部、四川、贵州等，生于海拔 1 000～2 000 m 的林边或疏林中。金钱槭树姿优美，花序大型，翅果状似古铜钱，色淡红而美丽。金钱槭又是我国特有的寡种属植物，在阐明某些类群的起源和进化、研究植物区系与地理分布等方面都有较重要的价值。金钱槭在湖北省鄂西、宜昌、秭归、神农架等地有分布。调查发现其在湖北万朝山自然保护区内各地均有分布，在黑垭子（31°17′40.12″N，110°32′26.79″E，海拔 1 744 m）有 3 棵金钱槭，其胸径分别为 18 cm、20 cm、25 cm，均高为 22 m；除此之外在付家湾（31°16′53.34″N，110°26′17.77″E，海拔 1 626 m）有一个金钱槭群落，较大的金钱槭有 15 棵，其胸径分别为 15 cm、17 cm、10 cm、9 cm、8 cm、9 cm、8 cm、20 cm、10 cm、15 cm、10 cm、8 cm、10 cm、10 cm、7 cm，均高为 14 m；在万朝山南坡沙湾和梯儿岩一带也有分布。

（12）八角莲 *Dysosma versipellis*（Hance）M.Cheng

八角莲被列为国家 3 级珍稀濒危植物，渐危种。八角莲分布于我国中亚热带至南亚热带广大地区，包括湖南、河南、四川、广西、福建、浙江、江西、贵州等山地，一般生长在 500～2 000 m 的林中，湖北的鄂西北、鄂西南等地广为分布。八角莲在湖北万朝山自然保护区分布较广泛，在三十六拐（31°18′39.64″N，110°28′47.50″E，海拔 1 464 m）生长有 1 棵；薄刀梁子（31°16′54.06″N，110°35′50.49″E，海拔 1 932 m）生长有 2 棵；在万朝山沙湾和梯儿岩林下也呈小片分布。

（13）华榛 *Corylus chinensis* Franch.

华榛被列为国家 3 级珍稀濒危植物，渐危种。华榛为我国特有的稀有珍贵树种，是榛属中罕见的大乔木，常与其他阔叶树种组成混交林。华榛主要分布在河南、陕西、四川、云南、湖北、湖南等省，分布海拔 700～2 500 m。该物种喜温暖湿润的气候及深厚、中性或酸性的土壤。调查发现，湖北万朝山自然保护区华榛多成小群落分布，在黄连坝（31°18′24.35″N，110°28′29.96″E，海拔 1 562 m）生长 1 棵，胸径 45 cm，高 20 m；在响钟石（31°19′21.08″N，110°27′37.52″E，海拔 1 566 m）生长 2 棵，胸径分别为 22 cm、20 cm，高均为 20 m；在响钟石（31°19′15.42″N，110°27′14.12″E，海拔 1 638 m）生长 8 棵，胸径分别为 15 cm、16 cm、12 cm、20 cm、22 cm、14 cm、25 cm、20 cm，均高 20 m；在三十六拐（31°19′51.75″N，110°29′20.16″E，海拔 1 164 m）生长 5 棵，胸径分别为 25 cm、28 cm、35 cm、18 cm、16 cm，均高 20 m；在响钟石（31°19′51.31″N，110°29′20.16″E，海拔 1 170 m）生长 7 棵，胸径分别为 28 cm、25 cm、26 cm、20 cm、22 cm、18 cm、24 cm，均高 20 m；在纸厂河（31°19′33.02″N，110°34′50.03″E，海拔 801 m）生长有 3 棵，胸径分别为 40 cm、28 cm、30 cm，均高 22 m；在梳子厂（110°34′50.03″N，110°35′27.93″E，海拔 1 525 m）生长 3 棵，胸径分别为 22 cm、20 cm、28 cm，均高 20 m；在万朝山沙湾和梯儿岩一带也有分布。

（14）蝟实 *Kolkwitzia amabilis* Graebn

蝟实被列为国家 3 级珍稀濒危植物，稀有种，为我国特有种。它是华北植物区系古老的残遗成分，也是忍冬科残遗属种，因此在研究植物区系、古地理和忍冬科植物系统发育等方面有一定价值。蝟实主要分布在我国中部至西北部，包括山西、陕西、河南、湖北、甘肃、安徽 6 省。其湖北省神农架、郧西、丹江、十堰、房县等山地分布。调查发现在湖北万朝山自然保护区的龙门河林场有零星分布。

（15）连香树 *Cercidiphyllum japonicum* S. et Z.

连香树属连香树科，国家 II 级重点保护野生植物，国家二级珍贵树种，国家 2 级珍稀濒危植物。连香树为第三纪孑遗植物，中国和日本的间断分布种，对于研究第三纪植物区系起源及中国与日本植物区系的关系有十分重要的科研价值。连香树分布于我国浙、皖、鄂、川、陕、甘、晋等省。其在湖北省鄂西、宜昌、兴山、神农架林区等海拔 900～1 500 m 的山区有分布，常与银鹊树、领春木、珙桐、水青树等古老树种伴生。在湖北万朝山自然保护区的薄刀梁子（31°16′55.03″N，110°35′44.41″E，海拔 1 784 m）生长 1 棵基径 45 cm，高 14 m 的连香树；在黑垭子（31°17′40.52″N，110°32′25.57″E，海拔 1 747 m）生长有 1 棵连香树；在黑垭子（31°17′41.22″N，110°32′26.76″E，海拔 1 710 m）发现 1 棵连香树，胸径 164 cm，树高 20 m；在赵家湾（31°15′45.60″N，110°28′56.75″E，海拔 1 464 m）发现 1 棵连香树，胸径 124 cm，树高 30 m；在剪曹沟（31°16′58.34″N，110°35′50.05″E，海拔 1 906 m）发现 1 棵连香树，胸径 43 cm，树高 16 m；在秀水沟（31°19′12.15″N，110°26′47.43″E，海拔 1 819 m）发现一丛连香树，共 6 棵，胸径分别为 10 cm、12 cm、14 cm、10 cm、10 cm、8 cm，均高 10 m；此外在万朝山南坡的沙湾和梯儿岩一带沿山槽分布着连香树群落。

（16）杜仲 *Eucommia ulmoides* Oliv.

杜仲被列为国家 2 级珍稀濒危植物，稀有种，国家二级珍贵树种，是我国特有的多用途经济树种。它在研究被子植物系统演化上也有重要的科学价值，其药用至少已有2000 多年历史，除对高血压疗效显著外，也有强筋骨、补肝肾之功效。杜仲广泛分布于四川、陕西、湖北、山西、甘肃、贵州、广西、浙江 8 省（自治区）。湖北省是我国杜仲主产区之一，且以鄂西地区的杜仲资源最为丰富，其生长在海拔 500～1 700 m 的沟谷、山坡上。在三叉沟（31°17′59.97″N，110°35′38.59″E，海拔 1 031 m）生长有 5 棵杜仲，胸径分别为 10 cm、25 cm、10 cm、23 cm、22 cm，均高 15 m；在洛坪村（31°13′40.12″N，110°30′49.55″E，海拔 731 m）生长有 7 棵杜仲，胸径分别为 15 cm、12 cm、10 cm、9 cm、10 cm、6 cm、5 cm，均高 11 m；在贺家坪（31°15′31.33″N，110°36′22.57″E，海拔 1 343 m）生长有一片杜仲，平均胸径 8 cm，均高 10 m。

（17）山白树 *Sinowilsonia henryi* Hemsl.

山白树被列为国家 2 级珍稀濒危植物，稀有种，为我国特有种。山白树在金缕梅科中所处的地位对于阐明某些类群的起源和进化，有较重要的科学价值。山白树以川东—鄂西为分布中心，向北延伸直到山西的中山地，包括甘肃、陕西、河南、四川、山西和湖北等地。其模式标本为爱尔兰人奥古斯丁·亨利（Augustine Henry）1889 年采自湖北。山白树其貌不扬，易被人忽视为杂灌林砍掉。山白树分布于湖北神农架、房县、利川、五峰、十堰、丹江口、竹溪、保康等地，生于在海拔 800～1 600 m 的山坡和谷地河岸杂木中。在湖北万朝山自然保护区付家湾（31°16′48.50″N，110°26′18.64″E，海拔 1 628 m）调查时发现 1 棵山白树，胸径 25 cm，树高 22 m；在黑垭子（31°17′32.72″N，110°32′39.10″E，海拔 1 766 m）发现 3 棵山白树，胸径分别为 18 cm、18 cm、16 cm，均高 20 m；在赵家湾（31°15′43.91″N，110°28′56.99″E，海拔 1 630 m）发现 1 棵山白树，胸径 102 cm，树高 22 m；在三十六拐（31°19′03.57″N，110°29′40.87″E，海拔 1 724 m）发现 4 棵山白树，胸径分别为 32 cm、24 cm、20 cm、12 cm，均高 20 m；在万朝山南坡的沙湾和梯儿岩一带有分布。

（18）野大豆 *Glycine soja* Sieb.et Zucc.

野大豆属蝶形花科，国家 II 级重点保护野生植物，国家 3 级珍稀濒危植物。野大豆与大豆（*Glycin max*）是近缘种，有耐盐碱、抗寒、抗病等优良性状，为珍贵的种质资源。野大豆分布广泛，在我国东北、华北、西北及西南均有分布，在湖北省全省低山丘陵地带都有分布。在湖北万朝山自然保护区三十六拐（31°18′39.64″N，110°28′47.50″E，海拔 1 464 m）；苍坪河（31°21′53.91″N，110°35′40.86″E，海拔 413 m）；纸厂河（31°19′36.20″N，110°35′41.30″E，海拔 610 m）；纸厂河（31°19′33.13″N，110°34′59.36″E，海拔 783 m）；纸厂河（31°15′08.50″N，110°33′13.01″E，海拔 780 m）；井家沟（31°13′44.60″N，110°30′48.57″E，海拔 793 m）；贺家坪（31°15′31.33″N，110°36′22.57″E，海拔 1 343 m）沿路生长成片的野大豆。

（19）红豆树 *Ormosia hosiei* Hemsl et Wils

红豆树属蝶形花科，国家 II 级重点保护野生植物，国家二级珍贵树种，国家 3 级珍稀濒危植物。红豆树主要分布在长江中下游及其以南地区，多见于海拔 800 m 以下的低山、丘陵地区，在湖北省鄂西、十堰有分布。其在湖北万朝山自然保护区内有零星分布，邬家湾最大一棵红豆树，高 24.5 m，胸径 134 cm，为三峡红豆树之王。

（20）鹅掌楸 *Liriodendron chinense*（Hemsl.）Sarg.

鹅掌楸属木兰科，国家 II 级重点保护野生植物，国家二级珍贵树种，国家 2 级珍稀濒危植物。鹅掌楸是古老残存的孑遗植物，新生代冰河时代之前本属植物广布北半球，现在绝大多数地区已灭绝，只留下 2 个间断分布的种类，即中国与北美各 1 种。鹅掌楸对研究东亚和北美植物关系及起源、探讨地史的变迁等具有重要价值。鹅掌楸在长江中下游各省均有分布，在湖北省鄂西南、鄂西北、鄂东南等山区有分布，但多为人工林，天然鹅掌楸林极为少见。在湖北万朝山自然保护区内均有零星分布，在狮子垭、黄柏坪一带有少量胸径 50 cm 以上的古大树木。

（21）厚朴 *Magnolia officinalis* Rehd.et Wils.

厚朴属木兰科，国家 II 级重点保护野生植物，国家二级珍贵树种，国家 3 级珍稀濒危植物，中国中亚热带东部特有种。厚朴分布在四川、陕西、甘肃、湖北、湖南、广西、江西等省（自治区）海拔 1 500 m 以下的山地。其在湖北省西部各县（自治县）有分布，省内山地丘陵广为栽培，原生种已少见。在湖北万朝山自然保护区的三叉沟（31°17′59.97″N，110°35′38.59″E，海拔 1 031 m）生长 1 棵胸径为 16 cm，高 15 m 的厚朴。

（22）水青树 *Tetracentron sinense* Oliv.

水青树属水青树科，国家 II 级重点保护野生植物，国家二级珍贵树种，国家 2 级珍稀濒危植物。水青树为东亚特征植物，现仅存于东亚局部地区，被誉为"冰川元老"，在我国陕西、甘肃、四川、湖北、湖南、云南、贵州及西藏南部，海拔 1 100～3 500 m

的山地分布，多见生长于地势起伏小的山地沟谷两侧，常与连香树、银鹊等形成古老植物群落。水青树分布虽广，但数量很少。其在湖北省鄂西南、鄂西北、神农架林区海拔1 000～2 000 m 的杂木林中分布。在湖北万朝山自然保护区的黄连坝（31°18′18.42″N，110°28′21.19″E，海拔 1 664 m）生长 1 棵水青树，胸径 6 cm，高 5 m；在响钟石（31°19′12.15″N，110°26′47.43″E，海拔 1 819 m）生长 1 棵，胸径 5 cm，高 5 m；付家湾（31°16′45.20″N，110°26′19.35″E，海拔 1 710 m）生长 1 棵水青树，胸径 32 cm，高 16 m；在付家湾（31°16′47.01″N，110°26′18.35″E，海拔 1 700 m）生长 1 棵水青树，胸径 42 cm，高 18 m；在付家湾（31°16′46.27″N，110°26′18.07″E，海拔 1 705 m）生长 1 棵水青树，胸径 38 cm，高 22 m；在黑垭子（31°17′35.66″N，110°32′33.11″E，海拔 1 775 m）生长 2 棵水青树，胸径分别是 42 cm、60 cm，均高 20 m；在赵家湾（31°15′41.16″N，110°28′58.47″E，海拔 1 668 m）生长 1 棵水青树，胸径 63 cm，高 26 m；在剪曹沟（31°16′58.61″N，110°35′49.31″E，海拔 1 880 m）生长 1 棵水青树，胸径 68 cm，高 20 m；在薄刀梁子（31°16′55.53″N，110°35′29.74″E，海拔 1 558 m）生长 1 棵水青树，胸径 2 cm，高 2 m；在薄刀梁子（31°16′52.99″N，110°36′03.37″E，海拔 2 152 m）生长 1 棵水青树，胸径 32 cm，高 10 m；在薄刀梁子（31°16′55.03″N，110°35′44.41″E，海拔 1 784 m）生长 1 棵水青树，胸径 55 cm，高 12 m；在万朝山南坡的沙湾和梯儿岩一带有分布。

（23）天麻 *Gastrodia elata* Bl.

天麻为兰科植物，被列为国家 3 级珍稀濒危植物，渐危种，为腐寄生植物，对研究兰科植物的系统发育有一定的价值。野生天麻分布广泛，全国南北山地均有分布，生长在海拔 1 000 m 左右。贵州西部，四川南部及云南东北部所产的天麻为著名地道药材，质量尤佳。由于大量采挖，野生植株已较少见。在湖北万朝山自然保护区的三十六拐（31°18′44.64″N，110°29′44.10″E，海拔 1 757 m），天麻沿着山坡零星分布。

（24）黄连 *Coptis chinensis* Franch.

黄连被列为国家 3 级珍稀濒危植物，渐危种。黄连主要分布在四川东部、湖北西部、陕西南部一带的海拔 1 200～1 800 m 的高寒山区。湖北省也是黄连的重要产区，恩施、利川、鹤峰、宣恩、巴东、兴山、秭归、神农架、保康、竹溪、通山、谷城等地多有栽培，或零星野生在海拔 1 000～2 000 m 的山坡林下或山谷阴湿处。调查发现在湖北万朝山自然保护区的黄连坝（31°18′29.65″N，110°28′38.88″E，海拔 1 551 m）有零星分布。

（25）独花兰 *Changnienia amoena* Chien

独花兰为兰科独花兰属植物，被列为国家 2 级珍稀濒危植物，稀有种，为中国特有属。独花兰分布于湖北、四川、湖南、江西、安徽、江苏、浙江和陕西等省，在湖北的竹溪、神农架、兴山、鹤峰、利川、建始、崇阳等地均有分布。其生长在海拔 700～1 500 m 的林下、林缘沟谷阴湿处。在湖北万朝山自然保护区的三十六拐（31°18′47.95″N，110°30′15.91″E，海拔 1 787 m 及 31°19′35.48″N，110°29′05.70″E，海拔 1 298 m）发现几株独花兰；除此之外，在龙门河林场也有分布。

（26）香果树 *Emmenopterys henryi* Oliv

香果树属茜草科，国家 II 级重点保护野生植物，国家一级珍贵树种，国家 2 级珍稀濒危植物。我国特有单种属古老子遗树种，对研究茜草科分类系统及植物地理学具有一定学术价值。幼树耐阴，10 年后渐喜光、喜湿，多生长在山谷、沟槽、溪边及村寨较湿润肥沃的土壤上。其主要分布长江以南的地区，在湖北省西南部、神农架、西北部及东南部海拔 600~1 800 m 的山区均有分布。香果树分布范围虽广，但多零散生长。调查发现在湖北万朝山自然保护区内的纸厂河沿着沟谷两岸分布较多，在纸厂河（31°19′33.02″N，110°34′50.03″E，海拔 801 m）生长 1 棵，胸径 16 cm，高 10 m；在纸厂河（31°19′22.91″N，110°34′10.64″E，海拔 920 m）生长 7 棵，胸径分别为 28 cm、14 cm、1 cm、20 cm、10 cm、12 cm、3 cm，均高 10 m；在纸厂河（31°19′24.85″N，110°34′13.11″E，海拔 912 m）生长 1 棵，胸径 8 cm，高 6 m；在纸厂河（31°19′25.67″N，110°34′13.76″E，海拔 908 m）生长 2 棵，胸径为 6 cm、5 cm，高均为 4 m；在猴子包（31°21′52.89″N，110°35′46.06″E，海拔 397 m）生长 1 棵，胸径 10 cm，高 14 m；在杨家河（31°19′25.42″N，110°34′13.90″E，海拔 904 m）生长 2 棵，胸径为 10 cm、5 cm，均高为 6 m；在纸厂河（31°15′10.36″N，110°33′13.45″E，海拔 795 m）生长 4 棵，平均胸径 8 cm，均高 8 m；在三叉沟（31°17′03.25″N，110°35′28.17″E，海拔 1 502 m）生长 1 棵，胸径 20 cm，高 18 m。除此之外，在保护区内的龙门河林林场、万朝山三岔口等地区也有零星分布。

（27）巴东木莲 *Manglietia patungensis* Hu

巴东木莲为木兰科木莲属植物，被列为国家二级珍贵树种，国家 2 级珍稀濒危植物，渐危种。巴东木莲是木莲属分布最北的种类，对研究该属的分类与分布有科学意义。巴东木莲星散分布于湖北、湖南及四川等局部地区的海拔 700~1 000 m 常绿阔叶林中。在湖北万朝山自然保护区有零星分布。

（28）瘿椒树 *Tapiscia sinensiss* Oliv

瘿椒树为省沽油科落叶大乔木，被列为国家 3 级珍稀濒危植物，稀有种，是我国特有的第四纪冰川孑遗植物，对研究我国亚热带植物区系与省沽油科的系统发育有一定的科学价值。瘿椒树分布在长江中下游及以南地区，及湖北省鄂西山地海拔 600~1 400 m 的山坡沟边林中。在湖北万朝山自然保护区的梳子厂（31°16′59.24″N，110°35′27.93″E，海拔 1 525 m）生长 2 棵，胸径为 25 cm、20 cm，均高 20 m。

（29）白辛树 *Pterostyrax psilopitylla* Diels et Perk

白辛树被列为国家 3 级珍稀濒危植物，渐危种，是我国寡种属特有树种，它在植物分类和区系分布的研究上有一定价值。白辛树分布在川、鄂、黔、滇等省，生于在海拔 800~1 800 m 的山地上。其在湖北省鄂西南、鄂西北及神农架地区分布。在湖北万朝山自然保护区的三十六拐（31°19′49.61″N，110°29′17.80″E，海拔 1 156 m；31°19′49.74″N，110°29′14.93″E，海拔 1 175 m；31°19′48.54″N，110°29′13.98″E，海拔 1 183 m）生长有 6 棵，胸径分别为 24 cm、24 cm、22 cm、18 cm、22 cm、16 cm，均高 20 m。除此之外，在保护区内龙门河林场海拔 1 200 m 左右的沟谷边也有零星分布。

（30）领春木 *Euptelea pleiosperm* Hook.f.et Thoms

领春木被列为国家 3 级珍稀濒危植物，稀有种。它是典型的东亚植物区系成分的特征种，也是古老的孑遗植物。对研究植物系统发育和植物区系都有一定的科学意义。领春木花果成簇，果形奇特，红艳夺目。其主要分布在川、甘、黔、滇等省，多沿溪旁缓坡地生长。在湖北万朝山自然保护区的黄连坝（31°18′35.12″N，110°28′42.23″E，海拔

1 452 m）生长 9 棵领春木，胸径分别为 11 cm、10 cm、6 cm、8 cm、8 cm、6 cm、10 cm、12 cm、18 cm，均高 8 m；在黄连坝（31°18′32.11″N，110°28′40.79″E，海拔 1 508 m）生长 6 棵领春木，胸径分别为 7 cm、6 cm、5 cm、4 cm、7 cm、3 cm，均高 12 m；在黄连坝（31°18′21.80″N，110°28′24.52″E，海拔 1 634 m）生长 4 棵领春木，胸径分别为 12 cm、8 cm、5 cm、3 cm，高分布为 9 m、9 m、3 m、3 m；在三十六拐（31°19′49.05″N，110°29′15.37″E，海拔 1 158 m）生长 1 棵领春木，胸径 5 cm，高 3 m；在三十六拐（31°19′02.65″N，110°29′39.00″E，海拔 1 703 m）生长 8 棵领春木，胸径分别为 16 cm、18 cm、20 cm、22 cm、23 cm、12 cm、10 cm、8 cm，均高 18 m；在三十六拐（31°19′54.83″N，110°29′22.70″E，海拔 1 195 m）生长 3 棵领春木，胸径分别为 12 cm、4 cm、6 cm，均高 10 m；在纸厂河（31°19′25.67″N，110°34′13.76″E，海拔 908 m）生长 3 棵领春木，胸径分别为 5 cm、6 cm、3 cm，均高 3 m；在三叉沟（31°17′07.07″N，110°35′29.77″E，海拔 1 473 m）生长有 10 棵领春木，胸径分别为 7 cm、8 cm、5 cm、6 cm、3 cm、4 cm、7 cm、8 cm、7 cm、8 cm，均高 10 m；在梳子厂（31°16′59.24″N，110°35′27.93″E，海拔 1 525 m）有 1 棵领春木，胸径 6 cm，高 5 m；在万朝山南坡的沙湾和梯儿岩一带有分布。

（31）青檀 *Ptemceltis tatarinowii* Maxim.

青檀被列为国家 3 级珍稀濒危植物，稀有种，为我国特有单种属树种，对研究榆科系统发育有重要学术价值。该物种在石灰岩山地生长快，长势好，木材坚重，是优良的造林树种。青檀零星或成片分布于我国东部、黄河及长江流域，分布海拔为 100～1 500 m。在湖北万朝山自然保护区纸厂河（31°15′04.18″N，110°33′13.40″E，海拔 760 m）生长着一丛青檀；在小河口（31°20′26.41″N，110°30′28.15″E，海拔 747 m）生长 3 棵青檀，胸径分别为 12 cm、9 cm、7 cm，均高 8 m；在小河口（31°20′25.14″N，110°30′26.03″E，海拔 752 m）生长 3 棵青檀，胸径分别为 20 cm、18 cm、18 cm，均高 16 m；在塘垭（31°18′42.72″N，110°39′11.36″E，海拔 611 m；31°18′42.72″N，110°39′15.01″E，海拔 608 m）处有零星分布。在仙女山南坡沟谷地带也常有零星分布。

（32）大叶榉树 *Zelkova schneideriana*（Thunb.）Makino

大叶榉树属榆科，国家 II 级重点保护野生植物，国家二级珍贵树种，中国特有种。在我国分布广泛，主要产于淮河流域和长江中下游及其以南地区，分布自秦岭、淮河流域，至广东、广西、贵州和云南。该物种性喜光，喜温暖气候和肥沃湿润土壤，多生长在海拔 800 m 以下的山坡上。在湖北万朝山自然保护区杨家河（31°19′28.19″N，110°34′18.66″E，海拔 891 m）生长有 5 棵榉树，其中有 2 棵基径为 22 cm 和 12 cm，另外 3 棵胸径分别为 8 cm、6 cm、12 cm，5 棵树均高 9 m；在小河口（31°20′25.14″N，110°30′26.03″E，海拔 752 m）生长 1 棵榉树，胸径 8 cm，高 8 m；保护区其他地方也有分布，常呈单株型零星分布。

（33）喜树 *Camptotheca acuminate* Decne.

喜树属蓝果树科，国家 II 级重点保护野生植物，我国特有种。其主要分布在长江流域及以南地区，生于海拔 1 000 m 以下的林缘、溪边。野生种稀少，也有栽培。在湖北万朝山自然保护区低海拔地区偶见于落叶阔叶林中。

（34）樟 *Cinnamomum camphora*（L.）Presl

樟属樟科，国家 II 级重点保护野生植物。樟是我国亚热带常绿阔叶林中的重要成分，其主要分布在长江流域以南地区，在海拔 800 m 以下的低山平原和丘陵。湖北省是其主产区之一。在湖北万朝山自然保护区纸厂河长渠（31°15′10.36″N，110°33′12.10″E，海拔 790 m）生长有 3 棵樟，其胸径分别为 38 cm、16 cm、44 cm，均高 15 m。保护区龙门河林场乱石窖、落步河、纸厂河等地有零星分布，由于树木珍贵，需加强保护，重点发展。

（35）闽楠 *Phoebe bournei*（Hemsl.）Yang

闽楠属樟科，国家 II 级重点保护野生植物，国家二级珍贵树种，国家 3 级珍稀濒危植物。闽楠主要分布在福建、江西、广东、广西、浙江、湖南、贵州等省（自治区）。闽楠在湖北万朝山自然保护区海拔为 500～1 000 m 的常绿阔叶林中分布。由于木材珍贵，保护区内古大树木日益稀少，要加强对中幼龄树木的保护。

（36）楠木 *Phoebe zhennan* S. Lee et F. N.Wei

楠木属樟科，国家 II 级重点保护野生植物，国家二级珍贵树种，国家 3 级珍稀濒危植物。楠木分布在川、鄂、黔等省。其在湖北万朝山自然保护区龙门河林场有零星分布，常与黄心夜合、闽楠、宜昌楠、川贵水丝梨混生，形成常绿阔叶林群落。

（37）红椿 *Toona ciliate* Roem.

红椿属楝科，国家 II 级重点保护野生植物，国家二级珍贵树种，国家 3 级珍稀濒危植物。红椿主要分布在粤、桂、黔、滇等省（自治区）。在湖北万朝山自然保护区的万朝山海拔 1 300～1 500 m 的地带有零星分布。在湖北万朝山自然保护区的三十六拐（31°19′04.35″N，110°29′35.32″E，海拔 1 608 m）生长 1 棵红椿，胸径 40 cm，高 22 m。

（38）巴山榧树 *Torreya fargeii* Franch.

巴山榧树属红豆杉科，国家 II 级重点保护野生植物。其主要分布于陕西南部、湖北西部及四川，生于在海拔 800～1 800 m 的山地上。其散生混交林中、山坡及灌丛中。在湖北万朝山自然保护区的黄连坝（31°18′34.17″N，110°28′41.76″E，海拔 1 456 m）生长 4 棵巴山榧树，胸径分别为 4 cm、3 cm、2 cm、2 cm，均高 2 m；在三十六拐（31°19′48.56″N，110°29′13.21″E，海拔 1 178 m）生长 1 棵，胸径 2 cm，高 2 m；在三十六拐（31°21′40.21″N，110°29′10.27″E，海拔 1 187 m）生长 4 棵，胸径分别为 4 cm、6 cm、8 cm、10 cm，均高 4 m；在三十六拐（31°21′42.48″N，110°29′12.17″E，海拔 1 192 m）生长 5 棵，胸径分别为 12 cm、16 cm、12 cm、14 cm、12 cm，均高 8 m；在响钟石（31°19′02.80″N，110°29′41.88″E，海拔 1 743 m）生长 3 棵，胸径分别为 3 cm、2 cm、4 cm，均高 2 m；此外在薄刀梁子及万朝山南坡的沙湾和梯儿岩一带有分布。

（39）呆白菜 *Triaenophora rupestris*（Hemsl.）Soler

呆白菜属玄参科，国家 II 级重点保护野生植物。呆白菜是华中特有种。呆白菜主要分布在四川东部及湖北，多生长于海拔 300～1 500 m 的岩壁上。其在湖北万朝山自然保护区内的龙门河、落步河、纸厂河的崖壁上零星分布。

（40）川黄檗 *Phellodendron chinense* Sctumid.

川黄檗属芸香科，国家 II 级重点保护野生植物，中国特有。川黄檗主要分布在湖北、湖南、四川及云南等省，分布在海拔 500～2 100 m 的山坡林中及灌丛中。在湖北万朝山自然保护区的三十六拐（31°19′21.72″N，110°28′18.18″E，海拔 1 395 m）生长 1 棵川黄檗；此外，保护区内龙门河林场、万朝山等地分布较广泛，林农也有栽培。

（41）紫茎　*Stewartia simnsis* Rehd. et Wils.

紫茎被列为国家 3 级珍稀濒危植物，渐危种。紫茎为东亚—北美间断分布，在研究东亚—北美植物区系上有一定的科学意义。紫茎星散分布在长江流域一带，海拔在 600～1 900 m。在湖北万朝山自然保护区内的付家湾（31°16′49.14″N，110°26′19.50″E，海拔 1 625 m）生长 1 棵紫茎，胸径 20 cm，树高 15 m；在黑垭子（31°17′41.22″N，110°32′26.76″E，海拔 1 710 m）生长有 1 棵紫茎，胸径 22 cm，高 17 m；在赵家湾（31°15′40.03″N，110°28′58.69″E，海拔 1 680 m）生长有 1 棵紫茎，胸径 58 cm，树高 20 m；在黄连坝（31°18′19.76″N，110°28′21.47″E，海拔 1 633 m）生长 2 棵紫茎，胸径分别为 25 cm、35 cm，均高 22 m；在三十六拐（31°19′12.92″N，110°26′49.06″E，海拔 1 764 m）生长 1 棵紫茎，胸径 7 cm，高 8 m；在三十六拐（N31°19′51.76″，E110°29′21.50″，海拔 1 162 m）生长 2 棵紫茎，胸径分别为 24 cm、26 cm，高均为 18 m；在响钟石（31°18′52.33″N，110°30′27.83″E，海拔 1 750 m）生长 1 棵紫茎，胸径 75 cm，高 20 m；在响钟石（31°19′01.92″N，110°29′42.24″E，海拔 1 790 m）20 m×30 m 的面积内生长近 50 棵紫茎，胸径大多在 5 cm 以下，其中部分稍大的紫茎胸径分别为 35 cm、28 cm、23 cm、22 cm、18 cm、10 cm、23 cm，均高 20 m。此外在万朝山南坡的沙湾和梯儿岩一带有分布。

（42）伞花木　*Eurycorymbus cavaleriei*（Levl.）Rehd. et H. -M.

伞花木属无患子科，国家 II 级重点保护野生植物，国家 2 级珍稀濒危植物，中国特有属。其在我国湖北、云南、贵州、广东、广西、湖南、江西、福建、台湾等省（自治区）有分布，生长在海拔 250～1 400 m 的山地阔叶林中。其在保护区内万朝山有零星分布。

（43）刺楸　*Kalopanax septemlobus*（Thunb.）Koidz.

刺楸属五加科，国家二级珍贵树种。刺楸适应性很强，从中国东北到华南都有分布。在湖北万朝山自然保护区的三十六拐（31°19′51.14″N，110°29′18.60″E，海拔 1 154 m）生长 1 棵刺楸，胸径 30 cm，高 20 m；在三十六拐（31°19′47.87″N，110°29′13.25″E，海拔 1 170 m）生长 3 棵刺楸，胸径分别为 20 cm、15 cm、10 cm，均高 15 m；在三十六拐（31°19′47.36″N，110°29′13.82″E，海拔 1 174 m）生长 3 棵刺楸，胸径分别为 14 cm、14 cm、12 cm，均高 18 m；在三十六拐（31°19′48.33″N，110°29′12.71″E，海拔 1 175 m）生长 2 棵刺楸，胸径分别为 15 cm、18 cm，高均为 20 m；在庙垭子（31°18′49.57″N，110°34′22.09″E，海拔 1 186 m）生长 1 棵刺楸；萝卜园（31°17′39.08″N，110°34′55.22″E，海拔 1 036 m）生长 1 棵刺楸；在珍珠潭（31°20′09.88″N，110°29′37.52″E，海拔 1 078 m）生长 1 棵刺楸，胸径 12 cm，高 14 m；在纸厂河（31°19′54.83″N，110°29′22.70″E，海拔 1 195 m）生长 5 棵刺楸，胸径分别为 4 cm、5 cm、5 cm、6 cm、6 cm，均高 8 m；在纸厂河（31°19′19.25″N，110°34′01.86″E，海拔 920 m）生长 2 棵刺楸，胸径分别为 8 cm、3 cm，高分别为 10 m、6 m；在纸厂河（31°19′33.02″N，110°34′50.03″E，海拔 801 m）生长 1 棵，胸径 14 cm，高 9 m；在后坪（31°17′26.74″N，110°38′29.59″E，海拔 1 031 m；31°17′25.88″N，110°38′28.92″E，海拔 1 024 m；31°17′24.62″N，110°38′27.86″E，海拔 1 019 m）等处有零星分布，在万朝

山南坡的沙湾和梯儿岩一带也有分布。

（44）椴树 *Tilia tuan* Szyszyl.

椴树属椴树科，国家二级珍贵树种。其主要产于湖北、四川、云南、贵州、广西、湖南、江西等省的山地，生长在海拔 1 000～2 100 m 的山坡杂木林中。湖北万朝山自然保护区的付家湾（31°16′49.14″N，110°26′19.50″E，海拔 1 625 m）生长有 10 棵椴树，其胸径分别为 26 cm、20 cm、14 cm、12 cm、6 cm、8 cm、26 cm、26 cm、14 cm、20 cm，均高 20 m；在薄刀梁子（31°16′52.99″N，110°36′03.37″E，海拔 2 152 m）生长 1 棵椴树；在黑垭子（31°17′26.79″N，110°32′58.76″E，海拔 1 689 m）生长 3 棵椴树，胸径分别为 16 cm、12 cm、10 cm，均高 12 m；在黄连坝（31°18′19.13″N，110°28′21.39″E，海拔 1 626 m）生长 1 棵，胸径 50 cm，高 22 m；此外在万朝山南坡的沙湾和梯儿岩一带有零星分布。

（45）延龄草 *Trillium tschonoskii* Maxim.

延龄草又名"头顶一颗珠"，属延龄草科，国家 3 级珍稀濒危植物，渐危种。延龄草属间断分布于东亚与北美，在我国安徽、浙江、福建、湖北、陕西、甘肃、四川、云南、西藏等省（自治区）的海拔 1 000～3 000 m 的林下分布，多生长在山谷、山坡林下阴湿处。林下土质疏松、腐殖质层厚，不耐强光与土壤的干燥瘠薄。该属形态解剖较特殊，对于研究延龄草属的系统位置及植物区系等均有科学意义。由于延龄草挖掘过量和种子发芽率很低，其种群数量逐渐减少。其在万朝山南坡的沙湾和梯儿岩一带有分布。

（46）狭叶瓶尔小草 *Ophioglossum thermale* Kom

狭叶瓶尔小草属瓶尔小草科，国家 3 级珍稀濒危植物，渐危。狭叶瓶尔小草在研究蕨类植物的系统发育和东亚蕨类植物区系分布上都有一定的价值。其分布于我国河南、陕西、江西、贵州、江苏等地，零星生长在海拔 600～1 200 m 的林下阴湿处。其在华中区内产于湖北的神农架、兴山、利川等地。由于森林被破坏，使其失去了生存环境而致数量稀少，在龙门河偶见，急需加强保护。

（47）金荞麦 *Fagopyrum dibotrys*（D. Don）Hara

金荞麦属蓼科，国家 II 级重点保护野生植物。金荞麦是重要的种质资源。金荞麦是中国荞麦属野生种类中分布最广的一种，在我国从大巴山以南到中国南部均有分布，主要分布在海拔 1 000 m 以下的低山丘陵、路旁、沟边。在湖北万朝山自然保护区的纸厂河（31°19′34.60″N，110°35′42.22″E，海拔 640 m）生长有金荞麦；在猴子包（31°21′52.81″N，110°35′43.11″E，海拔 404 m）生长有金荞麦。

湖北万朝山自然保护区内还广泛分布着叉叶蓝，在三叉沟（31°17′03.25″N，110°35′28.17″E，海拔 1 502 m）沿着沟谷两岸生长着多片叉叶蓝；在梳子厂（31°16′59.24″N，110°35′27.93″E，海拔 1 525 m）生长 4 株叉叶蓝；在薄刀梁子（31°16′55.03″N，110°35′44.41″E，海拔 1 784 m）生长几株叉叶蓝；在三十六拐（31°19′49.35″N，110°29′12.27″E，海拔 1 168 m；31°18′39.64″N，110°28′47.50″E，海拔 1 464 m）也发现生长有叉叶蓝。除此之外，保护区内还广泛分布着兰科植物（扇脉杓兰、长阳虾脊兰、斑叶兰等）。这些都需要注意对其的保护。

3.3.3　保护措施

湖北万朝山自然保护区内珍稀濒危及重点保护植物数量多，分布相对集中，在保护上应注重以下几点。

① 湖北万朝山自然保护区内珍稀濒危及重点保护植物多分布在核心区，要加强核心区的监测与管理，对核心区实行绝对的保护。

② 湖北万朝山自然保护区内珍稀濒危及重点保护植物中，有一些呈群落分布，如金钱槭林、光叶珙桐林、水青树林等，对这些珍稀植物群落要设置固定样地进行长期的定位观测研究。特别是对一些处于衰退型种群在开展保护监测的同时，积极开展繁殖研究。

③ 加强社区共管，在保护区周围积极开展科普宣传教育，减少人类活动对珍稀濒危及重点保护植物生境的影响。加强管理人员的专业素质培养，对一些珍稀濒危及重点保护植物实现科学保护。

④ 严格执法，严厉打击采伐珍稀树木和破坏珍稀植物生态环境的违法行为。

4 湖北万朝山自然保护区的动物资源

对湖北万朝山自然保护区的动物资源的调查有较长的历史。

1979 年,华中师范学院生物系黎德武教授,结合"湖北省陆栖脊椎动物区系研究"对兴山县的兽类进行了初步考察;20 世纪 80 年代至 90 年代,在神农架林区科学考察过程中,也多次深入该地区进行零星考察。

1992 年,华中师范大学张如松等对保护区内的熊类资源进行了专项调查。

1996～2003 年,湖北万朝山自然保护区成为"长江三峡地区陆生脊椎动物本底资源调查与监测"项目的实施范围,由中国林业科学研究院、华中师范大学、武汉大学、湖北省野生动植物保护总站的专家,在当地林业局的配合下,于 1996～1998 年完成了保护区范围内的兽类资源本底调查,龙门河林场是湖北省 8 个监测点之一;1999～2003 年又进行了 5 年的跟踪监测。

1997～2000 年,湖北省统一组织开展了陆生野生动物资源调查,对兴山县的兽类做了较系统的普查。

2005 年 8 月,华中师范大学生命科学学院吴法清、戴宗兴等研究人员和湖北省野生动植物保护总站的曹国斌对保护区范围内龙门河林场、南阳镇百羊寨村、高桥乡龚家桥村等地的兽类资源进行了综合考察。

2014 年 7～8 月,湖北万朝山自然保护区申报晋升国家级自然保护区,兴山县政府委托湖北大学资源环境学院汪正祥教授主持,组成了综合科学考察队,对湖北万朝山自然保护区的动物资源再次进行综合科学考察。综合科学考察内容涵盖脊椎动物(野生)资源和昆虫资源。其中脊椎动物资源包括鱼类、两栖类、爬行类、鸟类、兽类。相比历年的科学考察,本次科考内容特别增加了鱼类资源与昆虫资源的调查。调查内容除了物种多样性以外,还增加了对夏季易见种类的数量统计分析。

4.1 脊 椎 动 物

4.1.1 鱼类

1. 调查方法

调查方法主要采用网捕、市场调查、访问调查,查阅文献,对捕捉到及目击到的种类鉴定、统计、拍摄照片。

2. 物种多样性

1) 数据来源

网捕到（拍到照片）14 种、市场调查到（目击到、拍到照片）18 种，其中相同的种有 5 种，因此共 27 种表 4-1。

表 4-1　湖北万朝山自然保护区鱼类名录

目、科、种	依据		关键物种
	采到标本	市场调查	
一、鲤形目 Cypriniformes			
（一）鲤科 Cyprinidae			
1. 宽鳍鱲 *Zacco platypus*	●		
2. 马口鱼 *Opsariichthys bidens*	●	●	
3. 中华细鲫 *Aphyocypris chinensis*		●	
4. 尖头鱥 *Phoxinus oxycephalus*	●		
5. 翘嘴鲌 *Culter alburnus*		●	
6. 拟尖头鲌 *Culter oxycephaloides*		●	
7. 团头鲂 *Megalobrama amblycephala*		●	
8. 银鲴 *Xenocypris argentea*		●	
9. 中华鳑鲏 *Rhodeus sinensis*		●	
10. 小口白甲鱼 *Onychostoma lini*	●		
11. 齐口裂腹鱼 *Schizothorax prenanti*	●		
12. 麦穗鱼 *Pseudorasbora parva*		●	
13. 草鱼 *Ctenopharyngodon idellus*		●	
14. 鲤 *Cyprinus carpio*		●	
15. 鲫 *Carassius auratus*		●	
16. 宜昌鳅鮀 *Gobiobotia filifer*	●	●	
（二）花鳅科 Cobitidae			
17. 泥鳅 *Misgurnus anguillicaudatus*	●	●	
（三）沙鳅科 Botidae	●		
18. 花斑副沙鳅 *Parabotia fasciata*			
（四）爬鳅科 Balitoridae			
19. 汉水后平鳅 *Metahomaloptera hangshuiensis*	●		省级保护
二、鲇形目 Siluriformes			
（五）鲇科 Siluridae			
20. 鲇 *Silurus asotus*		●	

续表

目、科、种	依据		关键物种
	采到标本	市场调查	
（六）鲿科 Bagridae			
21. 黄颡鱼 *Pelteobagrus fulvidraco*	●		
22. 瓦氏黄颡鱼 *Pelteobagrus vachelli*	●		
23. 粗唇拟鲿 *Pseudobagrus crassilabris*		●	
（七）钝头鮡科 Amblycipitidae			
24、白缘鮠 *Liobagrus marginatus*	●		
三、鲈形目 Perciformes			
（八）真鲈科 Percichthyidae			
25. 斑鳜 *Siniperca scherzeri*		●	
（九）塘鳢科 Eleotridae			
26. 暗色沙塘鳢 *Odontobutis obscurus*	●		
（十）鰕虎鱼科 Gobiidae			
27. 神农吻鰕虎鱼 *Rhinogobius shennongensis*			●

注：本表的分类体系及拉丁文采用《中国动物志》，并参考《中国脊椎动物红色名录》（蒋志刚等，2016）

2）多样性现状

通过分类鉴定，湖北万朝山自然保护区的鱼类有 3 目 10 科 27 种。

被记录到的鱼种中，以鲤形目鱼类最多，共 4 科、19 种，分别占总数的 40.00%、70.37%。从种数的多少来评价优势科，鲤科鱼类为优势科，共 16 种，占 59.25%；其次是鲿科，共 3 种，占 11.11%；其他 8 科（花鳅科、沙鳅科、爬鳅科、鮡科、钝头鮡科、真鲈科、塘鳢科、鰕虎鱼科）各 1 种，分别占 3.70%。

3. 类群特征

由于山区梯级水电站的开发，河流被片段化，流水被阻断，水量减少甚至断流，湖北万朝山自然保护区鱼类类群以定居性及半洄游性鱼类占主体，缺乏洄游性鱼类；缓流性和流溪性鱼类相混杂；以小型鱼类占主体。

4. 种群数量统计

1）渔获物分析

2014 年 7 月，在香溪河支流当阳河、落水河等多河段捕鱼，渔获物统计见表 4-2。

表 4-2　湖北万朝山自然保护区渔获物统计

种名	种群数量/尾	优势种群	常见种群	少见种群
1. 尖头鱥 *Phoxinus oxycephalus*	2 000	●		
2. 黄颡鱼 *Pelteobagrus fulvidraco*	2			●

续表

种名	种群数量/尾	优势种群	常见种群	少见种群
3. 瓦氏黄颡鱼 *Pelteobagrus vachelli*	65		●	
4. 汉水后平鳅 *Metahomaloptera hangshuiensis*	1			●
5. 宜昌鳅鮀 *Gobiobotia filifer*	3 000	●		
6. 麦穗鱼 *Pseudorasbora parva*	200	●		
7. 白缘鿎 *Liobagrus marginatus*	500	●		
8. 马口鱼 *Opsariichthys bidens*	100	●		
9. 泥鳅 *Misgurnus anguillicaudatus*	200	●		
10. 暗色沙塘鳢 *Odontobutis obscurus*	1			●
11. 小口白甲鱼 *Onychostoma lini*	5			●
12. 宽鳍鱲 *Zacco platypus*	2			●
13. 齐口裂腹鱼 *Schizothorax prenanti*	1			●
14. 花斑副沙鳅 *Parabotia fasciata*	2			●

共网捕到 14 种鱼，根据各种鱼捕获的数量，将鱼类划分为优势种群（100 尾以上）、常见种群（10~99 尾）、少见种群（1~9 尾）。

统计的结果是：优势种群 6 个，为尖头鿫、宜昌鳅鮀、麦穗鱼、白缘鿎、马口鱼、泥鳅；常见种群 1 个，为瓦氏黄颡鱼；少见种群 7 个，为黄颡鱼、汉水后平鳅、暗色沙塘鳢、宽鳍鱲、齐口裂腹鱼、花斑副沙鳅、小口白甲鱼。

在 14 种捕获物中，有 9 种是在渔市场调查中未发现的种类，为黄颡鱼、瓦氏黄颡鱼、汉水后平鳅、白缘鿎、暗色沙塘鳢、小口白甲鱼、宽鳍鱲、齐口裂腹鱼、花斑副沙鳅。

2）市场调查

2014 年 7 月，对兴山县的鱼市场进行了调查，鱼源来自香溪河及其支流（表 4-3）。

表 4-3 兴山县鱼市场野生鱼类调查统计

种名	种群数量/尾	优势种群	常见种群	少见种群
1. 翘嘴鲌 *Culter alburnas*	80		●	
2. 拟尖头鲌 *Culter oxycephaloides*	50		●	
3. 斑鳜 *Siniperca scherzeri*	10		●	
4. 草鱼 *Ctenopharyngodon idellus*	1			●
5. 鲤 *Cyprinus carpio*	1			●
6. 鲫 *Carassius auratus*	50		●	
7. 麦穗鱼 *Pseudorasbora parva*	200	●		
8. 马口鱼 *Opsariichthys bidens*	1 000	●		
9. 中华鳑鲏 *Rhodeus sinensis*	500	●		
10. 团头鲂 *Megalobrama amblycephala*	10		●	
11. 银鲴 *Xenocypris argentea*	500	●		

续表

种名	种群数量/尾	优势种群	常见种群	少见种群
12. 宜昌鳅鮀 *Gobiobotia filifer*	300	●		
13. 神农吻鰕虎鱼 *Rhinogobius shennongensis*	1 000	●		
14. 中华细鲫 *Aphyocypris chinensis*	5			●
15. 鲇 *Silurus asotus*	6			●
16. 粗唇拟鲿 *Pseudobagrus crassilabris*	5			●
17. 泥鳅 *Misgurnus anguillicaudatus*	1 000	●		
18. 尖头鱥 *Phoxinus oxycephalus*	8			●

2014 年 7 月中旬，兴山县鱼市场调查共统计野生鱼类 18 种，其中 13 种为网捕到的种类，翘嘴鲌、拟尖头鲌、斑鳜、草鱼、鲤、鲫、中华鳑鲏、团头鲂、宜昌鳅鮀、神农吻鰕虎鱼、中华细鲫、鲇、粗唇拟鲿。

按照 100 尾以上为优势种群、10～99 尾为常见种群、1～9 尾为少见种群的标准进行统计，鱼市场调查到的 18 种鱼中，有 7 个优势种群，为麦穗鱼、马口鱼、中华鳑鲏、银鮈、宜昌鳅鮀、神农吻鰕虎鱼、泥鳅；5 个常见种群，为翘嘴鲌、拟尖头鲌、斑鳜、鲫、团头鲂；6 个少见种群，为草鱼、鲤鱼、中华细鲫、鲇、粗唇拟鲿、尖头鱥。

综合渔获物和鱼市场统计结果，湖北万朝山自然保护区在 2014 年 7 月中旬野生鱼类种群数量等级为优势种群的有 9 个，为尖头鱥、宜昌鳅鮀、麦穗鱼、白缘䰅、马口鱼、泥鳅、中华鳑鲏、银鮈、神农吻鰕虎鱼。优势种群占整个鱼类种群的 33.33%，而少见种群有 13 个，占 48.15%，表明湖北万朝山自然保护区的鱼类以少见种群占优势，应加强保护力度。

5. 关键物种

在 27 种鱼类中，有 2 种被列为湖北省重点保护野生动物：汉水后平鳅（*Metahomaloptera hangshuiensis*）、小口白甲鱼（*Onychostoma lini*）。这两种鱼在保护区都属于少见种群，数量很少。

6. 价值分析

湖北万朝山自然保护区的河流地处水源源头，其海拔高、水温低。河流中野生鱼类的个体虽小，但因其生长期长，营养价值高，深受人们喜爱。

4.1.2 两栖类

1. 调查方法

调查方法主要采取野外探查、样线法调查、访问调查、查阅文献，对捕捉到的种类进行数量统计、拍照、收集标本。

野外探查：在进行鸟兽类调查的同时，沿途调查和记录所见两栖动物的实体及其他信息，如产卵、蝌蚪等。因白天活动频度低，夜间进行 2 h 左右的补充调查。

样线法调查：在调查所经路径设若干样线重点调查，样线长度为 1 000~2 000 m，宽度为 10~20 m。记录所见实体及活动痕迹，记录样线内的地形、生境等各种要素。对所获数据进行统计分析。

访问调查：走访当地有经验的猎人、干部和村民；对所经地带的餐馆、农贸市场进行调查。

查阅文献：查阅湖北省及邻近地区已发表的文献资料，参考多年野外考察累积的资料，分析该地区两栖类的种类、数量、分布及其种群动态。

2. 物种多样性

1) 数据来源

拍到照片有 7 种，目击到 8 种、访问到 3 种、文献记载 20 种，其中有相同种，因此共 31 种。

2) 多样性现状

湖北万朝山自然保护区的两栖动物有 2 目 9 科 31 种（表 4-4），以无尾目的科数、种数最多，共 6 科、27 种，分别占总数的 66.67%、87.10%，而无尾目中蛙科的种类最多，共 14 种，占无尾目种数的 51.85%，其他 8 科依种类排序为：锄足蟾科和姬蛙科并列第 2；小鲵科、蟾蜍科、雨蛙科并列第 3；隐鳃鲵科、蝾螈科、树蛙科并列第 4。

表 4-4　湖北万朝山自然保护区两栖类多样性

	有尾目			无尾目					
	小鲵科	隐鳃鲵科	蝾螈科	锄足蟾科	蟾蜍科	雨蛙科	蛙科	树蛙科	姬蛙科
种数/种	2	1	1	4	2	2	14	1	4
占总种数的比例/%	6.45	3.23	3.23	12.9	6.45	6.45	45.16	3.23	12.9
序位	3	4	4	2	3	3	1	4	2

3. 区系特征

湖北万朝山自然保护区的 31 种两栖类动物中，按区系成分分为东洋种 25 种，占80.65%；跨界种 6 种，占 19.35%。以东洋种占绝对优势，古北种匮缺。

31 种两栖动物全部为华中区分布型，其中仅为华中区分布型的有 8 种，兼西南区分布型的有 16 种；兼华南区分布型的有 11 种，从地理分布型的角度说明其两栖动物具有西南区和华南区的区系特征（表 4-5）。

表 4-5　湖北万朝山自然保护区两栖类区系成分及分布型

| | 区系成分 | | | 分布型 | | |
	东洋种	古北种	跨界种	仅华中区分布型	华中区分布型兼西南区分布型	华中区分布型兼华南区分布型
种数/种	25	0	6	8	16	11
占总种数的比例/%	80.65	0	19.35	25.81	51.61	35.48

区系成分和分布型特征与湖北万朝山自然保护区所处的地理位置相一致。

4. 类群特征

将湖北万朝山自然保护区的两栖动物划分为流溪型、静水型、陆栖型、树栖型 4 种生态类群（表 4-6）。

表 4-6　湖北万朝山自然保护区两栖类生态类群

类群	流溪型	静水型	陆栖型	树栖型
种数/种	14	9	5	3
占总种数的比例/%	45.16	29.03	16.13	9.68

有尾目的巫山北鲵、大鲵、无斑肥螈，无尾目的臭蛙类、棘蛙类及湍蛙类、锄足蟾类属于流溪型两栖动物。由于湖北万朝山自然保护区地处河流上游源头，流溪环境很丰富，流溪型两栖动物最多，共 14 种，占保护区两栖动物总种数的 45.16%。有尾目的中国小鲵，无尾目的侧褶蛙类、水蛙类及狭口蛙类属于静水型两栖动物，共 9 种，占保护区两栖动物总种数的 29.03%，仅次于流溪型两栖动物，这说明保护区内的静水环境也相当丰富；蟾蜍类、林蛙类、姬蛙类属于陆栖型两栖动物，共 5 种，占 16.13%；雨蛙类、树蛙类属于树栖型两栖动物，共 3 种，占 9.68%。

4 种生态类群的两栖动物在湖北万朝山自然保护区都有存在，说明该保护区各种两栖动物生存所需的栖息地环境丰富。

5. 种群数量分析

2014 年 7～8 月在湖北万朝山自然保护区进行两栖动物调查统计，共捕捉到 8 种两栖动物，共 151 只。数量统计表明，种群数量超过 10% 的有 3 种，为巫山北鲵、隆肛蛙、花臭蛙，这是保护区两栖动物的优势种群，特别是巫山北鲵和隆肛蛙，两者所占比例加和超过 60%，是当地的绝对优势种群；中华大蟾蜍、巫山角蟾、绿臭蛙各所占比例在 1%～9%，是常见种群；大鲵、棘腹蛙所占比例在 1% 以下，是少见种群（表 4-7）。

表 4-7　湖北万朝山自然保护区调查期间两栖类数量统计

种名	巫山北鲵	中华大蟾蜍	隆肛蛙	巫山角蟾	花臭蛙	大鲵	棘腹蛙	绿臭蛙
数量/只	58	10	40	2	29	1	1	10
占总数量的比例/%	38.41	6.62	26.49	1.32	19.21	0.66	0.66	6.62
序位	1	4	2	5	3	6	6	4

从种群数量的角度来分析湖北万朝山自然保护区两栖动物的生态类群，以流溪型两栖动物占绝对优势，数量比例高达 93.37%（巫山北鲵 38.41%+隆肛蛙 26.49%+巫山角蟾 1.32%+花臭蛙 19.21%+大鲵 0.66%+棘腹蛙 0.66%+绿臭蛙 6.62%）。

6. 关键物种

湖北万朝山自然保护区的 31 种两栖动物中，有 2 种国家 II 级重点保护动物，大鲵、虎纹蛙；有 6 种中国濒危动物（《中国濒危动物红皮书》记载），中国小鲵、大鲵、峨眉髭蟾、中国林蛙、棘腹蛙、棘胸蛙；有 16 种中国特有两栖动物，中国小鲵、巫山北鲵、大鲵、无斑肥螈、峨眉髭蟾、小角蟾、巫山角蟾、华西蟾蜍、中国雨蛙、镇海林蛙、沼水蛙、湖北侧褶蛙、花臭蛙、隆肛蛙、华南湍蛙、合征姬蛙（表 4-8）。

表 4-8　湖北万朝山自然保护区两栖类关键物种

种名	国家保护动物	濒危动物	中国特有种
1. 中国小鲵 *Hynobius chinensis*		濒危	特有
2. 巫山北鲵 *Ranodon shihi*			特有
3. 大鲵 *Andrias davidianus*	II	极危	特有
4. 无斑肥螈 *Pachytriton labiatus*			特有
5. 峨眉髭蟾 *Vibrissaphora boringii*		濒危	特有
6. 小角蟾 *Megophrys minor*			特有
7. 巫山角蟾 *Megophrys wushanensis*			特有
8. 华西蟾蜍 *Bufo gargarizans andrewsi*			特有
9. 中国雨蛙 *Hyla chinensis*			特有
10. 中国林蛙 *Rana chensinensis*		易危	
11. 镇海林蛙 *Rana zhenhaiensis*			特有
12. 湖北侧褶蛙 *Pelophylax hubeiensis*			特有
13. 沼水蛙 *Hylarana guentheri*			特有
14. 虎纹蛙 *Hoplobatrachus rugulosus*	II		
15. 花臭蛙 *Odorrana schmackeri*			特有
16. 棘腹蛙 *Paa boulengeri*		易危	
17. 棘胸蛙 *Paa spinosa*		易危	
18. 隆肛蛙 *Paa quadrana*			特有
19. 华南湍蛙 *Amolops ricketti*			特有
20. 合征姬蛙 *Microhyla mixtura*			特有

关于大鲵，龙门河国家森林公园在 1993 年开发溶洞时发现一条大鲵幼苗，饲养在公园内，现长成长 1.3 m、体重 11.8 kg 的成鲵，据说是我国目前饲养最大的野生大鲵。

此外，在记录的 31 种两栖动物中，还有 13 种湖北省重点保护野生动物和 29 种国家三有保护动物（国家保护的有益的或者有重要经济、科学研究价值的陆生野生动物）（表 4-9）。

表 4-9　湖北万朝山自然保护区两栖类动物名录

目、科、种	依据				区系成分			中国特有种	濒危等级	保护类型		
	拍到照片	目击	访问	文献记载	古北种	东洋种	跨界种			国家重点	省级重点	三有保护
一、有尾目 Caudata（Urodela）												
（一）小鲵科 Hynobiidae												
1. 中国小鲵 *Hynobius chinensis*				●		●		特有	濒危			●
2. 巫山北鲵 *Ranodon shihi*	●	●				●		特有				●
（二）隐鳃鲵科 Cryptobranchidae												●
3. 大鲵 *Andrias davidianus*	●	●					●	特有	极危	II		
（三）蝾螈科 Salamandridae												
4. 无斑肥螈 *Pachytriton labiatus*				●		●		特有				●
二、无尾目 Salientia												
（四）锄足蟾科 Pelobatidae												
5. 红点齿蟾 *Oreolalax rhodostigmatus*				●		●					●	●
6. 峨眉髭蟾 *Vibrissaphora boringii*				●		●		特有	濒危			●
7. 小角蟾 *Megophrys minor*				●		●		特有				●
8. 巫山角蟾 *Megophrys wushanensis*	●	●				●		特有				●
（五）蟾蜍科 Bufonidae												
9. 中华蟾蜍 *Bufo gargarizans*	●	●					●				●	●
10. 华西蟾蜍 *Bufo gargarizans andrewsi*				●		●		特有				●
（六）雨蛙科 Hylidae												
11. 无斑雨蛙 *Hyla immaculata*				●			●					●
12. 中国雨蛙 *Hyla chinensis*				●		●						●
（七）蛙科 Ranidae												
13. 中国林蛙 *Rana chensinensis*				●			●		易危		●	●
14. 镇海林蛙 *Rana zhenhaiensis*				●		●		特有				●
15. 黑斑侧褶蛙 *Pelophylax nigromaculata*			●			●					●	●
16. 湖北侧褶蛙 *Pelophylax hubeiensis*				●			●	特有			●	●
17. 沼水蛙 *Hylarana guentheri*				●		●		特有				●
18. 泽陆蛙 *Fejervarya multistriata*			●			●					●	●
19. 虎纹蛙 *Hoplobatrachus rugulosus*				●		●					II	
20. 绿臭蛙 *Odorrana margaretae*	●	●				●						●
21. 花臭蛙 *Odorrana schmackeri*	●	●				●		特有				●
22. 棘腹蛙 *Paa boulengeri*			●			●			易危		●	●
23. 棘胸蛙 *Paa spinosa*			●			●			易危		●	●
24. 隆肛蛙 *Paa quadrana*	●	●				●		特有				●

续表

目、科、种	依据				区系成分			中国特有种	濒危等级	保护类型		
	拍到照片	目击	访问	文献记载	古北种	东洋种	跨界种			国家重点	省级重点	三有保护
25. 棘皮湍蛙 *Amolops granulosus*				●		●						●
26. 华南湍蛙 *Amolops ricketti*				●		●		特有				
（八）树蛙科 Rhacophoridae												
27. 斑腿树蛙 *Rhacophorus megacephalus*				●		●					●	●
（九）姬蛙科 Microhylidae												
28. 合征姬蛙 *Microhyla mixtura*				●		●		特有				
29. 花姬蛙 *Microhyla pulchra*				●		●					●	●
30. 饰纹姬蛙 *Microhyla ornata*				●		●					●	●
31. 北方狭口蛙 *Kaloula borealis*				●		●						●

注：本名录的分类体系依据《中国动物志》，并参考《中国两栖动物图鉴》（中国野生动物保护协会，1999）；文献记载指 2005 年科考报告记载；濒危等级指《中国濒危动物红皮书》所列等级（以下同）

7. 价值分析

野生的大鲵已很难见到，但在鄂西山区人工养殖大鲵很普遍，对大鲵的繁殖和饲养有丰富的经验，为今后野生种群的恢复打下了基础；此外，山区特有的棘蛙类（棘腹蛙、棘胸蛙、隆肛蛙），个体大、肉质细嫩，其食用价值很高，为今后开展人工养殖提供了充足的种源。

两栖动物是典型的食虫动物，它们是农林害虫的天敌动物，对保护绿色植被的健康起着重要的生物防治作用。

4.1.3 爬行类

1. 调查方法

调查方法主要采取野外探查、样线法调查、访问调查、查阅文献，对捕捉到和目击到的种类进行数量统计、拍照、收集标本。

2. 物种多样性

1）数据来源

照片拍到 12 种、目击到 14 种、访问到 5 种、文献记载 18 种，其中有相同种，因此共有 37 种。

2）多样性现状

湖北万朝山自然保护区有爬行动物 3 目 10 科 37 种（表 4-10），以蜥蜴目和蛇目的科数最多，各 4 科，龟鳖目仅 2 科；以蛇目的种数最多，共 26 种，占总种数的 70.27%。

蛇目中以游蛇科的种类最多，共 19 种，占蛇目种数的 73.07%。蝮科为 4 种，石龙子科、蜥蜴科各为 3 种，鬣蜥科、眼镜蛇科各为 2 种，鳖科、龟科、壁虎科、蝰科各为 1 种。

表 4-10　湖北万朝山自然保护区爬行类多样性

目	科	种数/种	占总种数的比例/%	序位
龟鳖目 Testudoformes	鳖科 Trionychidae	1	2.7	5
	龟科 Emydidae	1	2.7	5
蜥蜴目 Lacertiformes	鬣蜥科 Agamidae	2	5.4	4
	壁虎科 Gekkonidae	1	2.7	5
	石龙子科 Scincidae	3	8.11	3
	蜥蜴科 Lacertidae	3	8.11	3
蛇目 Serpentiformes	游蛇科 Colubridae	19	51.35	1
	眼镜蛇科 Elapidae	2	5.4	4
	蝰科 Viperidae	1	2.7	5
	蝮科 Crotalidae	4	10.81	2

3. 区系特征

湖北万朝山自然保护区的 37 种爬行动物中，区系成分为东洋种的有 28 种，占总种数的 75.68%，跨界种的有 9 种，占总种数的 24.32%。以东洋种占绝对优势，古北种匮缺（表 4-11）。

表 4-11　湖北万朝山自然保护区爬行类区系成分及分布型

	区系成分			分布型		
	东洋种	古北种	跨界种	仅华中区分布型	华中区分布型兼西南区分布型	华中区分布型兼华南区分布型
种数/种	28	0	9	1	28	32
占总种数的比例/%	75.68	0	24.32	2.7	75.68	86.49

37 种爬行动物全部为华中区分布型，其中仅华中区分布型的为 1 种，兼西南分布型的为 28 种，兼华南分布型的为 32 种（表 4-11）。从地理分布型角度说明该保护区的爬行动物具有西南区和华南区的区系特征。

区系成分和分布型特征与湖北万朝山自然保护区所处的地理位置相一致，其区系特征与两栖类相似。

4. 分布特征

爬行动物完全解决了在陆地繁殖和生活两方面的问题，能够在远离水环境的各种陆地环境中生活。在长期对环境的适应辐射中，不同的类群形成了对不同小生境的倾向性。

部分种类如多疣壁虎、黑眉锦蛇、赤链蛇经常出没于住宅及其周围，与人类伴生；黑脊蛇、钝尾两头蛇生活在土中，当气候不适时也到地面活动；中华鳖、乌龟、红点锦蛇喜欢在水中觅食；多数蛇类经常活动在森林边缘有水源的地方，如山间溪流旁的灌丛、草丛中，因为在这种环境中既容易找到食物如小型啮齿类动物、蛙类、蜥蜴等，又容易避敌；少数种类如草蜥、竹叶青、菜花烙铁头、翠青蛇喜欢在树上活动觅食，属于树栖爬行动物。

5. 种群数量分析

在 2014 年的综合科考中，共发现 6 种爬行动物，虽然数量都不多（表 4-12），但在较短的野外考察时间里能发现它们，说明它们的随机遇见率比较高，它们是该保护区中数量比较多的种类，而那些没有被遇见的种类则应该是种群数量比较少的种类。

上述 6 种爬行动物包括蜥蜴目 2 种、蛇目 4 种，其中有毒蛇 2 种（虎斑游蛇、尖吻蝮），无毒蛇 2 种（黑脊蛇、乌梢蛇）。在鄂西最常见的 3 种无毒蛇中（王锦蛇、黑眉锦蛇、乌梢蛇），只捕到乌梢蛇，说明这种蛇的种群数量比较多，王锦蛇、黑眉锦蛇的种群数量比较少。

表 4-12　湖北万朝山自然保护区调查期间爬行类数量统计

种名	黑脊蛇	虎斑游蛇	尖吻蝮	乌梢蛇	蠊蜓	北草蜥
数量/只	1	1	1	1	2	1

6. 关键物种

湖北万朝山自然保护区的 37 种爬行动物中，有 13 种中国濒危动物：白头蝰被列为极危物种；滑鼠蛇、尖吻蝮被列为濒危物种；中华鳖、王锦蛇、玉斑锦蛇、紫灰锦蛇、黑眉锦蛇、眼镜蛇、银环蛇、短尾蝮被列为易危物种；乌龟被列为依赖保护；乌梢蛇被列为需予关注。草绿龙蜥、丽纹龙蜥、中国石龙子、蓝尾石龙子、北草蜥、平鳞钝头蛇、钝头蛇为中国特有种（表 4-13）。

表 4-13　湖北万朝山自然保护区爬行类关键种

种名	濒危动物	中国特有种
1. 中华鳖 *Pelodiscus sinensis*	易危	
2. 乌龟 *Chinemys reevesii*	依赖保护	
3. 草绿龙蜥 *Japalura flaviceps*		特有
4. 丽纹龙蜥 *Japalura splendida*		特有
5. 中国石龙子 *Eumeces chinensis*		特有
6. 蓝尾石龙子 *Eumeces elegans*		特有

续表

种名	濒危动物	中国特有种
7. 北草蜥 *Takydromus septentrionalis*		特有
8. 平鳞钝头蛇 *Pareas boulengeri*		特有
9. 钝头蛇 *Pareas chinensis*		特有
10. 王锦蛇 *Elaphe carinata*	易危	
11. 玉斑锦蛇 *Elaphe mandarina*	易危	
12. 紫灰锦蛇 *Elaphe porphyacea*	易危	
13. 黑眉锦蛇 *Elaphe taeniura*	易危	
14. 滑鼠蛇 *Ptyas mucosus*	濒危	
15. 乌梢蛇 *Zaocys dhumnades*	需予关注	
16. 眼镜蛇 *Naja naja*	易危	
17. 银环蛇 *Bungarus multicinctus*	易危	
18. 白头蝰 *Azemiops feae*	极危	
19. 短尾蝮 *Agkistrodon brevicaudus*	易危	
20. 尖吻蝮 *Deinagkistrodon acutus*	濒危	

此外，万朝山自然保护区的 37 种爬行动物全部为国家三有保护动物，10 种为湖北省重点保护野生动物（表 4-14）。

表 4-14 湖北万朝山自然保护区爬行动物名录

目、科、种	依据				区系成分			中国特有种	濒危等级	保护类型		
	拍到照片	目击	访问	文献记载	古北种	东洋种	跨界种			国家重点	省级重点	三有保护
一、龟鳖目 Testudoformes												
（一）鳖科 Trionychidae												
1. 中华鳖 *Pelodiscus sinensis*	●						●		易危			●
（二）龟科 Emydidae												
2. 乌龟 *Chinemys reevesii*	●						●		依赖保护			●
二、蜥蜴目 Lacertiformes												
（三）鬣蜥科 Agamidae												
3. 草绿龙蜥 *Japalura flaviceps*		●		●		●					●	●
4. 丽纹龙蜥 *Japalura splendida*		●		●		●					●	●
（四）壁虎科 Gekkonidae												
5. 多疣壁虎 *Gekko japonicus*		●				●						●

续表

目、科、种	依据				区系成分			中国特有种	濒危等级	保护类型		
	拍到照片	日击	访问	文献记载	古北种	东洋种	跨界种			国家重点	省级重点	三有保护
（五）石龙子科 Scincidae												
6. 蓝尾石龙子 *Eumeces elegans*				●		●		●				●
7. 中国石龙子 *Eumeces chinensis*				●		●		●				●
8. 铜蜓蜥 *Lygosoma indicum*	●	●				●						●
（六）蜥蜴科 Lacertidae												
9. 南草蜥 *Takydromus sexlineatus*				●		●						●
10. 北草蜥 *Takydromus septentrionalis*				●			●	●				●
11. 白条草蜥 *Takydromus wolteri*				●		●						●
三、蛇目 Serpentiformes												
（七）游蛇科 Colubridae												
12. 黑脊蛇 *Achalinus spinalis*	●	●				●		●				●
13. 钝头蛇 *Pareas chinensis*				●		●		●				●
14. 平鳞钝头蛇 *Pareas boulengeri*				●		●		●				
15. 钝尾两头蛇 *Calamaria septentrionalis*				●		●						●
16. 赤链蛇 *Dinodon rufozonatum*	●	●				●						●
17. 紫灰锦蛇 *Elaphe porphyacea*				●		●			易危			●
18. 黑眉锦蛇 *Elaphe taeniura*	●	●					●		易危		●	●
19. 红点锦蛇 *Elaphe rufodorsata*				●		●						●
20. 王锦蛇 *Elaphe carinata*			●			●			易危		●	●
21. 玉斑锦蛇 *Elaphe mandarina*	●	●				●			易危			●
22. 翠青蛇 *Cyclophiops major*	●	●				●						●
23. 黑背白环蛇 *Lycodon ruhstrati*				●		●						●
24. 斜鳞蛇 *Pseudoxenodon macrops*				●		●						●
25. 滑鼠蛇 *Ptyas mucosus*	●	●				●			濒危		●	●
26. 颈槽蛇 *Rhabdophis nuchalis*				●		●						●
27. 虎斑颈槽蛇 *Rhabdophis tigrinus*	●						●					●
28. 黑头剑蛇 *Sibynophis chinensis*				●		●						●
29. 渔游蛇 *Xenochrophis piscator*				●		●						●
30. 乌梢蛇 *Zaocys dhumnades*	●	●				●			需予关注		●	●
（八）眼镜蛇科 Elapidae												
31. 银环蛇 *Bungarus multicinctus*	●	●				●			易危		●	●
32. 舟山眼镜蛇 *Naja atra*	●	●	●			●			易危		●	●

续表

目、科、种	依据				区系成分			中国特有种	濒危等级	保护类型		
	拍到照片	目击	访问	文献记载	古北种	东洋种	跨界种			国家重点	省级重点	三有保护
（九）蝰科 Viperidae												
33. 白头蝰 Azemiops feae			•			•			极危			•
（十）蝮科 Crotalidae												
34. 尖吻蝮 Deinagkistrodon acutus	•	•				•			濒危			•
35. 短尾蝮 Agkistrodon brevicaudus		•					•		易危			•
36. 菜花烙铁头 Trimeresurus jerdonii		•				•						•
37. 竹叶青 Trimeresurus stejnegeri				•		•						•

注：本名录的分类体系依据《中国动物志》，参考《中国爬行动物图鉴》（中国野生动物保护协会，2002）

7. 价值分析

1）天敌动物

蜥蜴类爬行动物是典型的食虫动物，是农林害虫的天敌。蛇类是鼠类的天敌，能帮助人类控制鼠害的数量，不但对农林有益，而且在控制鼠类传播的自然疫源性疾病方面具有重要的作用。

2）药用动物

湖北万朝山自然保护区的 37 种爬行动物中，文献记载的药用动物有 31 种（薛慕光等，1991），它们都是传统的中药材原动物，如中药材龟板（乌龟的腹甲）、鳖甲（鳖的背甲）、乌梢蛇（乌梢蛇干全体）、蕲蛇（尖吻蝮干全体）、金钱白花蛇（银环蛇干幼体）等。

中医药市场对动物药材的需求量大，只有加强人工养殖，才能广辟药源，而且能够保护野生动物资源。龟鳖养殖已取得很成熟的经验，蛇类的养殖也有开展。湖北万朝山自然保护区丰富的爬行动物资源为今后开展爬行动物的养殖提供了条件。

4.1.4　鸟类

1. 调查方法

野外观察：利用双筒望远镜、数码相机进行野外观察和拍摄，对沿线所见鸟类、所听鸣叫声及观察到的鸟巢、粪便、羽毛等进行统计分析，并对所拍资料进行鉴定。

样带调查：上午 8～12 时，以步行调查为主，步行速度一般为 1～3 km/ h。记录所见鸟类实体及活动痕迹至样带中线的垂直距离；记录样带内的地形、生境等各种要素。样带长 4～6 km，宽 50～100 m。夜间进行补充调查。

访问调查与查阅文献：对以往发表的文献和近年保护区的科考资料进行整理分析；对林业部门历年执法收缴鸟类进行分析统计；与当地居民进行座谈、访问等。

2. 物种多样性

1）数据来源

拍到照片 40 种、目击到 52 种、访问到 45 种、文献记载 131 种。其中有相同种，因此共 228 种。

2）多样性现状

万朝山自然保护区的鸟类共有 16 目 51 科 228 种（表 4-15）。雀形目的科数、种数最多，有 28 科、123 种，分别占保护区鸟类总种数和总科数的 54.90%、53.95%；其次是隼形目，共 24 种，占保护区鸟类总种数和总科数的 10.53%，隼形目鸟类全部为国家重点保护野生动物，其种类多，说明湖北万朝山自然保护区的珍稀鸟类多样性好；排列第三的鸮形目和鸽形目，各 12 种，占保护区鸟类总种数和总科数的 5.26%。鸮形目鸟类同样全部为国家重点保护野生动物，再一次证明了其珍稀物种的多样性；在 7 种鸡形目鸟类中，4 种属于国家重点保护野生动物。

表 4-15　湖北万朝山自然保护区鸟类多样性组成

目名	䴙䴘目	鹳形目	雁形目	隼形目	鸡形目	鹤形目	鸻形目	鸽形目
科数/科	1	1	1	2	1	2	4	1
种数/种	1	9	3	24	7	6	12	4

目名	鹃形目	鸮形目	夜鹰目	雨燕目	佛法僧目	戴胜目	䴕形目	雀形目
科数/科	1	2	1	1	2	1	2	28
种数/种	10	12	1	2	4	1	9	123

3. 区系组成、季节型（居留型）

湖北万朝山自然保护区的鸟类区系组成为：东洋种 112 种，占 49.12%；古北种 78 种，占 34.21%；跨界种 38 种，占 16.67%（表 4-16）。其区系特征以东洋种占优势，并呈现东洋种和古北种相混杂的格局。

湖北万朝山自然保护区的鸟类季节型为：留鸟 100 种，占 43.86%；夏候鸟 78 种，占 34.21%；冬候鸟 24 种，占 10.53%；旅鸟 26 种，占 11.40%（表 4-16）。其季节型的特征是以繁殖鸟类占主体，留鸟和夏候鸟加和占 78.07%。从季节型的角度反映了湖北万朝山自然保护区的鸟类具有稳定的多样性，因为繁殖鸟类随着每年不断地繁殖新的个体而得到补充。

表 4-16　湖北万朝山自然保护区鸟类区系组成及季节型

	区系组成			季节型			
	东洋种	古北种	跨界种	留鸟	夏候鸟	冬候鸟	旅鸟
种数/种	112	78	38	100	78	24	26
占保护区鸟类总种数的比例/%	49.12	34.21	16.67	43.86	34.21	10.53	11.40

4. 类群特征

（1）鸟类生态类群齐全

中国鸟类被划分为 6 种生态类群，在湖北万朝山自然保护区 6 种鸟类生态类群齐全。游禽有鹏䴙目 1 种、雁形目 3 种，共 4 种；涉禽有鹳形目 9 种、鹤形目 6 种、鸻形目 12 种，共 27 种；陆禽有鸡形目 7 种、鸽形目 4 种，共 11 种；猛禽有隼形目 24 种、鸮形目 12 种，共 36 种；攀禽有鹃形目 10 种、雨燕目 2 种、夜鹰目 1 种、佛法僧目 4 种、戴胜目 1 种、䴕形目 9 种，共 27 种；鸣禽有雀形目 123 种。

根据表 4-17 的统计结果，排在前三位的是鸣禽 123 种、猛禽 36 种、攀禽 27 种，占湖北万朝山自然保护区鸟类总种数 81.58%，充分说明湖北万朝山自然保护区的鸟类具有山区森林鸟类的特征。

表 4-17　湖北万朝山自然保护区的鸟类生态类群

生态类群	游禽	涉禽	陆禽	猛禽	攀禽	鸣禽
目数/目	2	3	2	2	6	1
种数/种	4	27	11	36	27	123
序位	5	3	4	2	3	1

（2）湿地鸟类多样性丰富

除了鱼类和两栖类这些典型的湿地动物的多样性丰富以外，湿地鸟类的多样性丰富又是一个亮点，它从另一个方面证明水系源头湿地保护的重要性。

湿地鸟类包括游禽、涉禽及傍水型鸟类三种类型（表 4-18）。傍水型鸟类是指那些喜欢在水边活动觅食的鸟类，包括鸮形目 1 种（毛腿渔鸮），全部佛法僧目鸟类 4 种，戴胜目鸟类 1 种，以及雀形目鸟类 16 种（家燕、金腰燕、岩沙燕、白鹡鸰、灰鹡鸰、黄鹡鸰、树鹨、田鹨、白颈鸦、褐河乌、鹊鸲、北红尾鸲、红尾水鸲、黑背燕尾、紫啸鸫、乌鸫）。

表 4-18　湖北万朝山自然保护区的湿地鸟类

类群	游禽		涉禽			傍水型鸟类			
目	鹏䴙目	雁形目	鹳形目	鹤形目	鸻形目	鸮形目	佛法僧目	戴胜目	雀形目
种数/种	1	3	9	6	12	1	4	1	16
合计/种	4		27			22			

上述湿地鸟类游禽 4 种、涉禽 27 种、傍水型鸟类 22 种，共 53 种，占湖北万朝山自然保护区鸟类总种数的 23.25%。

5. 夏季易见鸟类数量统计

使用百分率统计法对湖北万朝山自然保护区夏季易见鸟类的数量进行统计，其等级标准为：个体数占个体总数的 10% 以上者为优势种群、1%～9% 为常见种群、1% 以下为稀有种群，统计结果见表 4.19。

表 4-19 湖北万朝山自然保护区夏季易见鸟类数量统计

种名	数量/只	占保护区鸟类总种数的比例/%	优势种群	常见种群	稀有种群
1. 白领凤鹛 *Yuhina diademata*	68	11.45	●		
2. 领雀嘴鹎 *Spizixos semitorques*	65	10.94	●		
3. 北红尾鸲 *Phoenicurus auroreus*	62	10.44	●		
4. 黄臀鹎 *Pycnonotus xanthorrhous*	60	10.1	●		
5. 白鹭 *Egretta garzetta*	30	5.05		●	
6. 家燕 *Hirundo rustica*	25	4.21		●	
7. 冠纹柳莺 *Phylloscopus reguloides*	22	3.7		●	
8. 灰鹡鸰 *Motacilla cinerea*	21	3.54		●	
9. 山斑鸠 *Streptopelia orientalis*	20	3.37		●	
10. 大嘴乌鸦 *Corvus macrorhynchus*	20	3.37		●	
11. 强脚树莺 *Cettia fortipes*	20	3.37		●	
12. 白鹡鸰 *Motacilla alba*	18	3.03		●	
13. 棕头鸦雀 *Paradoxornis webbianus*	18	3.03		●	
14. 金腰燕 *Cecropis daurica*	15	2.53		●	
15. 山麻雀 *Passer rutilans*	10	1.68		●	
16. 麻雀 *P.montanus*	10	1.68		●	
17. 喜鹊 *Pica pica*	8	1.35		●	
18. 红腹锦鸡 *Chrysolophus pictus*	8	1.35		●	
19. 蓝喉太阳鸟 *Aethopyga gouldiae*	8	1.35		●	
20. 红嘴蓝鹊 *Urocissa erythrorhyncha*	6	1.01		●	
21. 红尾水鸲 *Rhyacornis fuliginosa*	6	1.01		●	
22. 大鹰鹃 *Cuculus sparverioides*	6	1.01		●	
23. 黄腹柳莺 *Phylloscopus affinis*	6	1.01		●	
24. 灰胸竹鸡 *Bambusicola thoracicus*	5	0.17			●
25. 大山雀 *Parus major*	5	0.17			●
26. 黑卷尾 *Dicrurus macrocercus*	5	0.17			●
27. 褐河乌 *Cinclus pallasii*	4	0.67			●
28. 环颈雉 *Phasianus colchicus*	4	0.67			●
29. 白颊噪鹛 *Garrulax sannio*	4	0.67			●
30. 绿背山雀 *Parus monticolus*	4	0.67			●
31. 黑背燕尾 *Enicurus leschenaulti*	4	0.67			●
32. 画眉 *Garrulax canorus*	4	0.67			●
33. 黑领噪鹛 *G. pectoralis*	2	0.34			●
34. 黑短脚鹎 *Hypsipetes leucocephalus*	2	0.34			●
35. 白腰文鸟 *Lonchura striata*	2	0.34			●

续表

种名	数量/只	占保护区鸟类总种数的比例/%	优势种群	常见种群	稀有种群
36. 普通鸸 *Sitta europaea*	1	0.17			●
37. 酒红朱雀 *Carpodacus vinaceus*	1	0.17			●
38. 褐灰雀 *Pyrrhula nipalensis*	1	0.17			●
39. 黄喉鹀 *Emberiza elegans*	1	0.17			●
40. 白胸苦恶鸟 *Amaurornis phoenicurus*	1	0.17			●
41. 灰翅噪鹛 *Garrulax cineraceus*	1	0.17			●
42. 斑头鸺鹠 *Glaucidium cuculoides*	1	0.17			●
43. 金雕 *Aquila chrysaetos*	1	0.17			●
44. 紫啸鸫 *Myophonus caeruleus*	1	0.17			●
45. 四声杜鹃 *Cuculus micropterus*	1	0.17			●
46. 大杜鹃 *Cuculus canorus*	1	0.17			●
47. 棕背伯劳 *Lanius schach*	1	0.17			●
48. 红尾伯劳 *L.cristatus*	1	0.17			●
49. 三道眉草鹀 *Emberiza cioides*	1	0.17			●
50. 松鸦 *Garrulus glandarius*	1	0.17			●
51. 噪鹃 *Eudynamys scolopacea*	1	0.17			●
52. 黑喉石鹏 *Saxicola torquata*	1	0.17			●
合计	594				

在 2014 年 7 月的综合考察中，共统计到 52 种夏季鸟类 594 只，其中优势种群共 4 个，白领凤鹛、领雀嘴鹎、北红尾鸲、黄臀鹎；常见种群 19 个；稀有种群 29 个（表 4-19）。鸟类统计分析表明，稀有种群鸟类多于优势种群和常见种群鸟类，说明多数种类的种群数量不多，应分析原因、加强保护。

6. 关键物种

湖北万朝山自然保护区的鸟类中，有国家重点保护野生动物 42 种，其中 I 级 2 种、II 级 40 种；中国濒危动物 10 种（《中国濒危动物红皮书》记载种）；中国特有鸟类 8 种（张荣祖，1999）。

（1）国家重点保护野生动物

I 级 2 种：金雕、白肩雕；II 级 40 种：褐冠鹃隼、黑冠鹃隼、凤头蜂鹰、黑鸢、栗鸢、苍鹰、赤腹鹰、雀鹰、松雀鹰、普通鵟、毛脚鵟、灰脸鵟鹰、秃鹫、林雕、白尾鹞、鹊鹞、白腹鹞、游隼、燕隼、红脚隼、红隼、灰背隼、红腹角雉、勺鸡、白冠长尾雉、红腹锦鸡、红翅绿鸠、褐翅鸦鹃、东方草鸮、红角鸮、领角鸮、雕鸮、毛腿渔鸮、鹰鸮、纵纹腹小鸮、领鸺鹠、斑头鸺鹠、灰林鸮、长耳鸮、短耳鸮。

关于金雕：

科考队员任茂魁（兴山县雅典艺林影像工坊经理），于 2014 年 7 月 18 日中午 1 点钟左右在龙门河村（海拔 1800 m）的山梁上看到一只金雕，个体很大，飞得很低，来不及拍照。

龙门河村上河的刘家国，曾参加北京林大马教授的科研团队观鸟达 4 年之久，他称金雕为大老鹰，翼展达 1.2 m，在龙门河村，他每年都可以看到金雕。

龙门河村一组治保主任刘子刚，说大湾后面的山顶上经常发现大雕（金雕）叼走农民饲养的鸡。

龚家桥人陈孝宽，说潘家坡、井家沟一带经常可以看见金雕在山崖上盘旋。

以上表明金雕在湖北万朝山自然保护区具有一定的数量。

（2）中国濒危动物

中国濒危动物有 10 种，其中濒危动物 1 种，白冠长尾雉；易危动物 4 种，金雕、红腹角雉、红腹锦鸡、褐翅鸦鹃；稀有动物 5 种，褐冠鹃隼、栗鸢、灰脸鵟鹰、红翅绿鸠、雕鸮（表 4-20）。

（3）中国特有种

中国特有种有 8 种灰胸竹鸡、白冠长尾雉、红腹锦鸡、白头鹎、橙翅噪鹛、三趾鸦雀、酒红朱雀、蓝鹀（表 4-20）。

表 4-20　湖北万朝山自然保护区鸟类关键物种

种名	国家保护动物	中国濒危动物	中国特有种
1. 金雕 *Aquila chrysaetos*	I	易危	
2. 白肩雕 *Aquila heliaca*	I		
3. 褐冠鹃隼 *Aviceda jerdoni*	II	稀有	
4. 黑冠鹃隼 *Aviceda leuphotes*	II		
5. 凤头蜂鹰 *Pernis ptilorhyncus*	II		
6. 黑鸢 *Milvus migrans*	II		
7. 栗鸢 *Haliastur indus*	II	稀有	
8. 苍鹰 *Accipiter gentiles*	II		
9. 赤腹鹰 *Accipiter soloensis*	II		
10. 雀鹰 *Accipiter nisus*	II		
11. 松雀鹰 *Accipiter virgatus*	II		
12. 普通鵟 *Buteo buteo*	II		
13. 毛脚鵟 *Buteo lagopus*	II		
14. 灰脸鵟鹰 *Butastur indicus*	II	稀有	
15. 秃鹫 *Aegypius monachus*	II		
16. 林雕 *Ictinaetus malayensis*	II		
17. 白尾鹞 *Circus cyaneus*	II		
18. 鹊鹞 *Circus melanoleucos*	II		

续表

种名	国家保护动物	中国濒危动物	中国特有种
19. 白腹鹞 *Circus spilonotus*	II		
20. 游隼 *Falco peregrinus*	II		
21. 燕隼 *Falco subbuteo*	II		
22. 红脚隼 *Falco amurensis*	II		
23. 红隼 *Falco tinnunculus*	II		
24. 灰背隼 *Falco columbarius*	II		
25. 红腹角雉 *Tragopan temminckii*	II	易危	
26. 勺鸡 *Pucrasia macrolopha*	II		
27. 白冠长尾雉 *Syrmaticus reevesii*	II	濒危	特有
28. 红腹锦鸡 *Chrysolophus pictus*	II	易危	特有
29. 灰胸竹鸡 *Bambusicola thoracicus*			特有
30. 红翅绿鸠 *Treron sieboldii*	II	稀有	
31. 褐翅鸦鹃 *Centropus sinensis*	II	易危	
32. 东方草鸮 *Tyto capensis*	II		
33. 红角鸮 *Otus scops*	II		
34. 领角鸮 *Otus lettia*	II		
35. 雕鸮 *Bubo bubo*	II	稀有	
36. 毛腿渔鸮 *Ketupa blakistoni*	II		
37. 鹰鸮 *Ninox scutulata*	II		
38. 纵纹腹小鸮 *Athene noctua*	II		
39. 领鸺鹠 *Glaucidium brodiei*	II		
40. 斑头鸺鹠 *Glaucidium cuculoides*	II		
41. 灰林鸮 *Strix aluco*	II		
42. 长耳鸮 *Asio otus*	II		
43. 短耳鸮 *Asio flammeus*	II		
44. 白头鹎 *Pycnonotus sinensis*			特有
45. 橙翅噪鹛 *Garrulax elliotii*			特有
46. 三趾鸦雀 *Paradoxornis paradoxus*			特有
47. 酒红朱雀 *Carpodacus vinaceus*			特有
48. 蓝鹀 *Latoucheornis siemsseni*			特有

此外，湖北万朝山自然保护区的 228 种鸟类中，还有湖北省重点保护野生动物 50 种、国家三有保护动物 169 种（表 4-21）。

表 4-21　湖北万朝山自然保护区鸟类名录

目、科、种	依据				区系成分			居留型				中国特有种	濒危等级	保护类型		
	拍到照片	目击	访问	文献记载	古北种	东洋种	跨界种	留鸟	冬候鸟	夏候鸟	旅鸟			国家重点	省级重点	三有保护
一、鹏鷉目 Podicipediformes																
（一）鹏鷉科 Podicipedidae																
1. 小鹏鷉 *Tachybaptus ruficollis*	●						●	●								●
二、鹳形目 CICONIIFORMES																
（二）鹭科 Ardeidae																
2. 苍鹭 *Ardea cinerea*		●					●			●					●	●
3. 绿鹭 *Butorides striatus*				●		●				●						●
4. 池鹭 *Ardeola bacchus*				●		●				●						●
5. 牛背鹭 *Bubulcus ibis*				●		●				●						●
6. 白鹭 *Egretta garzetta*	●	●				●				●					●	●
7. 中白鹭 *Egretta intermedia*		●				●				●					●	●
8. 夜鹭 *Nycticorax nycticorax*				●		●				●						●
9. 栗苇鳽 *Ixobrychus cinnamomeus*				●		●				●						●
10. 大麻鳽 *Botaurus stellaris*				●		●			●							●
三、雁形目 Anseriformes																
（三）鸭科 Anatidae																
11. 斑嘴鸭 *Anas poecilorhyncha*		●					●		●							●
12. 绿头鸭 *Anas platyrhynchos*		●			●				●						●	●
13. 红胸秋沙鸭 *Mergus serrator*		●			●				●							●
四、隼形目 Falconiformes																
（四）鹰科 Accipitridae																
14. 褐冠鹃隼 *Aviceda jerdoni*						●					●		稀有	II		
15. 黑冠鹃隼 *Aviceda leuphotes*						●				●				II		
16. 凤头蜂鹰 *Pernis ptilorhynchus*						●					●			II		
17. 黑鸢 *Milvus migrans*						●	●	●						II		
18. 栗鸢 *Haliastur indus*						●				●			稀有	II		
19. 苍鹰 *Accipiter gentilis*				●	●					●				II		
20. 赤腹鹰 *Accipiter soloensis*		●				●				●				II		
21. 雀鹰 *Accipiter nisus*	●					●				●				II		
22. 松雀鹰 *Accipiter virgatus*				●		●	●							II		
23. 普通鵟 *Buteo buteo*				●		●				●	●			II		

续表

目、科、种	依据				区系成分			居留型				中国特有种	濒危等级	保护类型		
	拍到照片	目击	访问	文献记载	古北种	东洋种	跨界种	留鸟	冬候鸟	夏候鸟	旅鸟			国家重点	省级重点	三有保护
24. 毛脚鵟 *Buteo lagopus*			●	●	●				●					II		
25. 灰脸鵟鹰 *Butastur indicus*			●	●	●						●		稀有	II		
26. 金雕 *Aquila chrysaetos*	●	●		●	●			●					易危	I		
27. 白肩雕 *Aquila heliaca*				●			●	●						I		
28. 秃鹫 *Aegypius monachus*				●			●				●			II		
29. 林雕 *Ictinaetus malayensis*			●	●		●		●						II		
30. 白尾鹞 *Circus cyaneus*			●	●	●				●					II		
31. 鹊鹞 *Circus melanoleucos*			●	●	●				●					II		
32. 白腹鹞 *Circus spilonotus*			●	●	●				●					II		
（五）隼科 Falconidae																
33. 游隼 *Falco peregrinus*			●	●	●						●			II		
34. 燕隼 *Falco subbuteo*			●	●	●					●				II		
35. 红脚隼 *Falco amurensis*			●	●	●					●				II		
36. 红隼 *Falco tinnunculus*		●					●	●						II		
37. 灰背隼 *Falco columbarius*			●	●	●				●					II		
五、鸡形目 Galliformes																
（六）雉科 Phasianidae:																
38. 鹌鹑 *Coturnix coturnix*			●		●				●							●
39. 灰胸竹鸡 *Bambusicola thoracicus*	●					●		●				●			●	●
40. 红腹角雉 *Tragopan temminckii*			●			●		●					易危	II		
41. 勺鸡 *Pucrasia macrolopha*			●	●		●		●						II		
42. 环颈雉 *Phasianus colchicus*	●	●				●		●							●	●
43. 白冠长尾雉 *Syrmaticus reevesii*			●			●		●				●	濒危	II		
44. 红腹锦鸡 *Chrysolophus pictus*	●	●				●		●				●	易危	II		
六、鹤形目 Gruiformes																
（七）三趾鹑科 Turnicidae																
45. 黄脚三趾鹑 *Turnix tanki*				●		●				●					●	
（八）秧鸡科 Rallidae																
46. 普通秧鸡 *Rallus aquaticus*			●	●					●							●
47. 红脚苦恶鸟 *Amaurornis akool*			●	●						●						●
48. 白胸苦恶鸟 *Amaurornis phoenicurus*	●	●				●				●						●

续表

目、科、种	依据				区系成分			居留型				中国特有种	濒危等级	保护类型		
	拍到照片	目击	访问	文献记载	古北种	东洋种	跨界种	留鸟	冬候鸟	夏候鸟	旅鸟			国家重点	省级重点	三有保护
49. 董鸡 *Gallicrex cinerea*			•			•				•					•	•
50. 白骨顶 *Fulica atra*			•			•				•						•
七、鸻形目 Charadriiformes																
（九）鹮嘴鹬科 Ibidorhynchae																
51. 鹮嘴鹬 *Ibidorhyncha struthersii*				•	•						•					•
（十）燕鸻科 Glareolidae							•									
52. 普通燕鸻 *Glareolia maldivarum*			•		•		•			•						•
（十一）鸻科 Charadriidae																
53. 凤头麦鸡 *Vanellus vanellus*				•	•						•				•	•
54. 灰头麦鸡 *Vanellus cinereus*				•	•						•					•
55. 剑鸻 *Charadrius hiaticula*				•	•			•								•
56. 金眶鸻 *Charadrius dubius*				•		•		•								•
57. 扇尾沙锥 *Gallinago gallinago*				•	•			•								•
（十二）鹬科 Scolopacidae																
58. 丘鹬 *Scolopax rusticola*				•	•						•				•	•
59. 泽鹬 *Tringa stagnatilis*				•	•						•					•
60. 白腰草鹬 *Tringa ochropus*			•		•						•					•
61. 林鹬 *Tringa glareola*				•	•						•					•
62. 矶鹬 *Actitis hypoleucos*				•	•						•					•
八、鸽形目 Columbiformes																
（十三）鸠鸽科 Columbidae																
63. 山斑鸠 *Streptopelia orientalis*	•	•					•	•								•
64. 珠颈斑鸠 *Streptopelia chinensis*			•			•		•								•
65. 火斑鸠 *S.tranquebarica*			•			•		•								•
66. 红翅绿鸠 *Treron sieboldii*			•			•		•					稀有	II		
九、鹃形目 Cuculiformes																
（十四）杜鹃科 Cuculidae																
67. 红翅凤头鹃 *Clamator coromandus*			•			•				•					•	•
68. 大鹰鹃 *Cuculus sparverioides*		•				•				•						•
69. 棕腹杜鹃 *Cuculus nisicolor*			•				•			•						•
70. 四声杜鹃 *Cuculus micropterus*		•				•				•					•	•

续表

目、科、种	依据				区系成分			居留型				中国特有种	濒危等级	保护类型		
	拍到照片	目击	访问	文献记载	古北种	东洋种	跨界种	留鸟	冬候鸟	夏候鸟	旅鸟			国家重点	省级重点	三有保护
71. 大杜鹃 *Cuculus canorus*	●					●				●					●	●
72. 中杜鹃 *Cuculus saturatus*				●		●				●						●
73. 小杜鹃 *Cuculus poliocephalus*				●		●				●					●	●
74. 翠金鹃 *Chrysococcyx maculatus*				●		●				●					●	●
75. 噪鹃 *Eudynamys scolopacea*	●					●				●						●
76. 褐翅鸦鹃 *Centropus sinensis*				●		●		●					易危	II		
十、鸮形目 Strigiformes																
（十五）草鸮科 Tytonidae																
77. 东方草鸮 *Tyto capensis*		●						●						II		
（十六）鸱鸮科 Strigidae																
78. 红角鸮 *Otus scops*		●				●				●				II		
79. 领角鸮 *Otus lettia*		●				●		●						II		
80. 雕鸮 *Bubo bubo*			●	●				●					稀有	II		
81. 毛腿渔鸮 *Ketupa blakistoni*			●			●		●						II		
82. 鹰鸮 *Ninox scutulata*			●			●				●				II		
83. 纵纹腹小鸮 *Athene noctua*			●			●		●						II		
84. 领鸺鹠 *Glaucidium brodiei*			●			●		●						II		
85. 斑头鸺鹠 *Glaucidium cuculoides*	●					●		●						II		
86. 灰林鸮 *Strix aluco*		●				●		●						II		
87. 长耳鸮 *Asio otus*		●	●								●			II		
88. 短耳鸮 *Asio flammeus*			●	●							●			II		
十一、夜鹰目 Caprimulgiformes																
（十七）夜鹰科 Caprimulgidae																
89. 普通夜鹰 *Caprimulgus indicus*		●								●						●
十二、雨燕目 APODIFORMES																
（十八）雨燕科 Apodidae																
90. 短嘴金丝燕 *Aerodramus brevirostris*		●				●				●					●	●
91. 白腰雨燕 *Apus pacificus*		●	●							●					●	●
十三、佛法僧目 Coraciiformes																
（十九）翠鸟科 Alcedinidae																

续表

目、科、种	依据				区系成分			居留型				中国特有种	濒危等级	保护类型		
	拍到照片	目击	访问	文献记载	古北种	东洋种	跨界种	留鸟	冬候鸟	夏候鸟	旅鸟			国家重点	省级重点	三有保护
92. 普通翠鸟 *Alcedo atthis*			●				●	●								●
93. 冠鱼狗 *Megaceryle lugubris*				●		●		●								
94. 蓝翡翠 *Halcyon pileata*				●		●				●					●	●
（二十）佛法增科 Coraciidae																
95. 三宝鸟 *Eurystomus orientalis*				●		●				●					●	●
十四、戴胜目 Upupiformes																
（二十一）戴胜科 Upupidae																
96. 戴胜 *Upupa epops*			●				●			●					●	●
十五、鴷形目 Piciformes																
（二十二）拟鴷科 Capitonidae																
97. 大拟啄木鸟 *Megalaima virens*			●			●		●								●
（二十三）啄木鸟科 picidae																
98. 蚁鴷 *Jynx torquilla*				●	●			●								●
99. 斑姬啄木鸟 *Picumnus innominatus*				●		●		●							●	●
100. 大斑啄木鸟 *Dendrocopos major*			●			●		●							●	●
101. 赤胸啄木鸟 *Dendrocopos cathpharius*				●		●		●							●	●
102. 棕腹啄木鸟 *Dendrocopos hyperythrus*				●	●						●				●	●
103. 小斑啄木鸟 *Dendrocopos minor*				●	●			●							●	●
104. 星头啄木鸟 *Dendrocopos canicapillus*				●		●		●							●	●
105. 灰头绿啄木鸟 *Picus canus*			●				●	●							●	●
十六、雀形目 Passeriformes																
（二十四）百灵科 Alaudidae																
106. 云雀 *Alauda arvensis*				●	●				●							●
107. 小云雀 *Alauda gulgula*				●		●										●
（二十五）燕科 Hirundinidae																
108. 崖沙燕 *Riparia riparia*				●			●			●						●
109. 家燕 *Hirundo rustica*	●	●					●			●						●
110. 金腰燕 *Cecropis daurica*	●	●					●			●						●
111. 毛脚燕 *Delichon urbicum*				●			●			●					●	●

续表

目、科、种	依据				区系成分			居留型				中国特有种	濒危等级	保护类型		
	拍到照片	目击	访问	文献记载	古北种	东洋种	跨界种	留鸟	冬候鸟	夏候鸟	旅鸟			国家重点	省级重点	三有保护
（二十六）鹡鸰科 Motacillidae																
112. 山鹡鸰 *Dendronanthus indicus*				●		●				●						●
113. 黄鹡鸰 *Motacilla flava*				●	●					●						●
114. 灰鹡鸰 *Motacilla cinerea*	●	●			●						●					●
115. 白鹡鸰 *Motacilla alba*	●	●					●	●								●
116. 田鹨 *Anthus richardi*				●	●				●							●
117. 树鹨 *Anthus hodgsoni*				●		●					●					●
118. 山鹨 *Anthus sylvanus*				●		●										●
（二十七）山椒鸟科 Campephagidae																
119. 暗灰鹃鵙 *Coracina melaschistos*				●		●				●						●
120. 粉红山椒鸟 *Pericrocotus roseus*				●		●				●						●
121. 灰山椒鸟 *Pericrocotus divaricatus*				●	●						●					●
122. 长尾山椒鸟 *Pericrocotus ethologus*				●		●										●
（二十八）鹎科 Pycnonotidae																
123. 领雀嘴鹎 *Spizixos semitorques*	●	●				●		●								●
124. 黄臀鹎 *Pycnonotus xanthorrhous*	●	●				●		●								●
125. 白头鹎 *P.sinensis*				●		●		●				●				●
126. 黑短脚鹎 *Hypsipetes leucocephalus*	●	●				●				●						●
127. 绿翅短脚鹎 *H.mcclellandii*				●		●		●								●
（二十九）伯劳科 Laniidae																
128. 虎纹伯劳 *Lanius tigrinus*				●	●					●					●	
129. 红尾伯劳 *L.cristatus*		●			●					●					●	
130. 棕背伯劳 *L.schach*	●	●				●		●							●	
（三十）黄鹂科 Oriolidae																
131. 黑枕黄鹂 *Oriolus chinensis*			●			●				●					●	●
（三十一）卷尾科 Dicruridae																
132. 黑卷尾 *Dicrurus macrocercus*	●	●				●				●					●	●

续表

目、科、种	依据				区系成分			居留型				中国特有种	濒危等级	保护类型		
	拍到照片	目击	访问	文献记载	古北种	东洋种	跨界种	留鸟	冬候鸟	夏候鸟	旅鸟			国家重点	省级重点	三有保护
133. 灰卷尾 *D.leucophaeus*			●			●				●						●
134. 发冠卷尾 *D.hottentottus*			●			●				●					●	●
（三十二）椋鸟科 Sturnidae																
135. 丝光椋鸟 *Sturnus sericeus*			●				●	●							●	●
136. 灰椋鸟 *S. cineraceus*			●		●	●			●							●
137. 八哥 *Acridotheres cristatellus*			●				●	●							●	●
（三十三）鸦科 Corvidae																
138. 红嘴蓝鹊 *Urocissa erythrorhyncha*	●	●													●	
139. 灰喜鹊 *Cyanopica cyana*			●		●			●							●	
140. 喜鹊 *Pica pica*	●	●					●	●							●	
141. 灰树鹊 *Dendrocitta formosae*			●					●							●	
142. 松鸦 *Garrulus glandarius*	●	●					●	●							●	
143. 大嘴乌鸦 *Corvus macrorhynchos*	●	●						●							●	
144. 白颈鸦 *Corvus pectoralis*			●				●	●							●	
145. 寒鸦 *Corvus monedula*			●					●								
146. 星鸦 *Nucifraga caryocatactes*			●		●			●								
147. 秃鼻乌鸦 *Corvus frugilegus*			●		●			●								●
（三十四）河乌科 Cinclidae																
148. 褐河乌 *Cinclus pallasii*	●	●				●		●								●
（三十五）岩鹨科 Prunellidae																
149. 棕胸岩鹨 *Prunella strophiata*			●		●			●								
（三十六）鸫科 Turdidae																
150. 红喉歌鸲 *Luscinia calliope*			●		●						●					●
151. 红胁蓝尾鸲 *Tarsiger cyanurus*			●		●				●							●
152. 鹊鸲 *Copsychus saularis*		●				●		●								●
153. 红尾水鸲 *Rhyacornis fuliginosa*	●							●								●
154. 黑背燕尾 *Enicurus scouleri*	●	●						●								
155. 北红尾鸲 *Phoenicurus auroreus*	●	●			●			●								●
156. 黑喉石䳭 *Saxicola torquata*		●					●	●								●
157. 紫啸鸫 *Myiophoneus caeruleus*	●	●						●								●

续表

目、科、种	依据				区系成分			居留型				中国特有种	濒危等级	保护类型		
	拍到照片	目击	访问	文献记载	古北种	东洋种	跨界种	留鸟	冬候鸟	夏候鸟	旅鸟			国家重点	省级重点	三有保护
158. 白眉地鸫 *Zoothera sibirica*				●		●					●					●
159. 虎斑地鸫 *Zoothera dauma*				●			●	●								●
160. 乌鸫 *Turdus merula*				●		●		●							●	●
161. 灰背鸫 *Turdus hortulorum*				●	●					●						●
162. 斑鸫 *Turdus naumanni*				●	●					●						●
（三十七）鹟科 Muscicapidae																●
163. 棕腹仙鹟 *Niltava sundara*				●		●				●						
164. 蓝喉仙鹟 *Cyornis rubeculoides*				●		●				●						
165. 铜蓝鹟 *Eumyias thalassina*		●				●				●						
166. 方尾鹟 *Culicicapa ceylonensis*				●		●				●						
（三十八）王鹟科 Monarchinae																
167. 寿带[鸟] *Terpsiphone paradisi*				●		●				●					●	●
（三十九）画眉科 Timaliidae																
168. 棕颈钩嘴鹛 *Pomatorhinus ruficollis*				●		●		●								
169. 锈脸钩嘴鹛 *Pomatorhinus erythrogenys*																
170. 矛纹草鹛 *Babax lanceolatus*				●		●		●								●
171. 黑脸噪鹛 *Garrulax perspicillatus*			●			●		●								●
172. 白喉噪鹛 *Garrulax albogularis*			●			●		●								●
173. 黑领噪鹛 *Garrulax pectoralis*			●			●		●								●
174. 眼纹噪鹛 *Garrulax ocellatus*				●		●		●								●
175. 画眉 *Garrulax canorus*			●			●		●							●	●
176. 白颊噪鹛 *Garrulax sannio*	●	●				●		●								●
177. 橙翅噪鹛 *Garrulax elliotii*			●			●		●				●				●
178. 灰翅噪鹛 *Garrulax cineraceus*	●	●				●		●								●
179. 褐顶雀鹛 *Alcippe brunnea*																
180. 红嘴相思鸟 *Leiothrix lutea*			●			●		●							●	●
181. 白领凤鹛 *Yuhina diademata*	●	●				●		●								
（四十）鸦雀科 Paradoxornithidae																●
182. 红嘴鸦雀 *Conostoma aemodium*				●		●		●								●

续表

目、科、种	依据				区系成分			居留型				中国特有种	濒危等级	保护类型		
	拍到照片	目击	访问	文献记载	古北种	东洋种	跨界种	留鸟	冬候鸟	夏候鸟	旅鸟			国家重点	省级重点	三有保护
183. 三趾鸦雀 *Paradoxornis paradoxus*			●			●		●				●				●
184. 棕头鸦雀 *Paradoxornis webbianus*	●	●				●		●								●
（四十一）莺科 Sylviidae																
185. 强脚树莺 *Cettia fortipes*		●					●			●						●
186. 大苇莺 *Acrocephalus arundinaceus*				●		●				●						●
187. 黄腹柳莺 *Phylloscopus affinis*		●				●				●						●
188. 棕腹柳莺 *Phylloscopus subaffinis*				●		●				●						●
189. 褐柳莺 *Phylloscopus fuscatus*				●	●					●						●
190. 黄眉柳莺 *Phylloscopus inornatus*				●	●					●						●
191. 黄腰柳莺 *Phylloscopus proregulus*				●	●					●						●
192. 暗绿柳莺 *Phylloscopus trochiloides*				●		●				●						●
193. 冠纹柳莺 *Phylloscopus reguloides*	●	●				●				●						●
（四十二）戴菊科 Regulidae																
194. 戴菊 *Regulus regulus*				●	●			●								●
（四十三）绣眼鸟科 Zosteropidae																
195. 暗绿绣眼鸟 *Zosterops japonicus*				●		●				●						●
196. 红胁绣眼鸟 *Z. erythropleura*				●	●						●					●
（四十四）长尾山雀科 Aegithalidae																
197. 银喉长尾山雀 *Aegithalos caudatus*				●	●			●								●
198. 红头长尾山雀 *Aegithales concinnus*				●	●			●								●
（四十五）山雀科 Paridae																
199. 大山雀 *Parus major*		●					●	●							●	●
200. 绿背山雀 *P.monticolus*	●	●				●		●								●
201. 黄腹山雀 *P.venustulus*				●		●		●								●
202. 煤山雀 *P.ater*				●	●			●								●
203. 沼泽山雀 *P.palustris*				●	●			●								●

续表

目、科、种	依据				区系成分			居留型				中国特有种	濒危等级	保护类型		
	拍到照片	目击	访问	文献记载	古北种	东洋种	跨界种	留鸟	冬候鸟	夏候鸟	旅鸟			国家重点	省级重点	三有保护
204. 红腹山雀 *P.davidi*		•			•			•								•
（四十六）鴫科 Sittidae																
205. 普通鴫 *Sitta europaea*	•	•			•			•								•
（四十七）花蜜鸟科 Nectariniidae																
206. 蓝喉太阳鸟 *Aethopyga gouldiae*	•	•				•				•					•	•
（四十八）雀科 Passeridae																
207. 麻雀 *Passer montanus*		•				•		•								•
208. 山麻雀 *P.rutilans*	•	•				•		•								•
（四十九）梅花雀科 Estrildidae																
209. 白腰文鸟 *Lonchura striata*		•				•		•								•
210. 斑文鸟 *Lonchura punctulata*				•		•		•								•
（五十）燕雀科 Fringillidae																
211. 燕雀 *Fringilla montifringilla*				•	•						•					•
212. 金翅雀 *Carduelis sinica*				•	•			•								•
213. 黄雀 *Carduelis spinus*				•	•						•					•
214. 褐灰雀 *Pyrrhula nipalensis*	•	•			•			•								•
215. 暗胸朱雀 *Carpodacus nipalensis*				•		•				•						•
216. 酒红朱雀 *Carpodacus vinaceus*				•		•				•		•				•
217. 普通朱雀 *Carpodacus erythrinus*	•	•		•			•			•						•
218. 黑头蜡嘴雀 *Eophona personata*				•	•					•						•
219. 黑尾蜡嘴雀 *Eophona migratoria*				•	•					•						•
220. 锡嘴雀 *Coccothraustes coccothraustes*				•	•					•						•
（五十一）鹀科 Emberizidae																
221. 黄喉鹀 *Emberiza elegans*	•	•			•					•						•
222. 黄胸鹀 *Emberiza aureola*				•	•						•					•
223. 灰头鹀 *Emberiza spodocephala*				•	•				•							•
224. 灰眉岩鹀 *Emberiza godlewskii*				•		•		•								•
225. 三道眉草鹀 *Emberiza cioides*	•	•			•			•								•
226. 小鹀 *Emberiza pusilla*				•	•				•							•
227. 蓝鹀 *Latoucheornis siemsseni*				•	•				•			•				•
228. 凤头鹀 *Melophus lathami*				•		•		•							•	•

注：本名录的分类体系依据《中国动物志》，参考《中国鸟类分类与分布名录》（第二版）（郑光美，2011）

7. 价值分析

（1）天敌动物

和两栖动物、爬行动物一样，鸟类主要以昆虫为食，猛禽能捕食大量的小型啮齿动物，是害虫、害鼠的天敌，它们在控制害虫、害鼠的种群数量增长，防治农林虫害、鼠害方面起着不可替代的生物防治作用。

（2）种质资源

野生的鸡形目、雁形目及雀形目的部分鸟类（观赏），是主要的养殖种质资源，但目前被人类驯化养殖的种类不多，湖北万朝山自然保护区丰富的鸟类资源为今后进行更多的驯化养殖提供了重要条件。

（3）维护生态平衡

在湖北万朝山自然保护区的脊椎动物多样性中，鸟类的种类最多，是保护区脊椎动物多样性中最重要的组成部分，鸟类种类和数量的变化，对保护区的多样性将产生重大影响，所以加强对鸟类的保护显得格外重要。

4.1.5 兽类

1. 调查方法

野外观察：在动物栖息地内寻找实体或活动痕迹，如洞穴、食迹、足迹、粪便及毛发等，再加以鉴定。

样带调查：与鸟类调查同步进行。上午 8～12 时，以步行调查为主，步行速度一般为 1～3 km/h。记录所见兽类实体及活动痕迹至样带中线的垂直距离；记录样带内的地形、生境等各种要素。样带长 4～6 km，宽 50～100 m。夜间进行补充调查。

访问调查与查阅文献：在调查大中型兽类时访问调查是一种常用方法，对珍稀种类的调查尤为重要，即走访有兽类识别经验的猎人、干部和村民。对以往发表的文献和近年保护区的科考资料进行整理分析；对林业部门历年执法收缴兽类进行统计分析。

2. 物种多样性

（1）数据来源

拍到照片 2 种、目击到 3 种、访问到 36 种、文献记载 29 种，其中有相同种，因此共 69 种。

（2）多样性现状

湖北万朝山自然保护区的兽类共有 7 目 25 科 69 种，其中啮齿目的科数、种数最多，分别为 5 科 24 种，占保护区兽类，总科数和总种数的 20.00%、34.78%；其次是食肉目，共 7 科 22 种，分别占保护区兽类，总科数和总种数的 28.00%、31.88%（表 4-22）。

表 4-22　湖北万朝山自然保护区兽类多样性组成

目	食虫目	翼手目	灵长目	兔形目	啮齿目	食肉目	偶蹄目
科数/科	3	3	1	2	5	7	4
种数/种	8	4	3	2	24	22	6

3. 区系组成

湖北万朝山自然保护区兽类的区系组成：东洋种 45 种，占保护区兽类总种数的 65.22%；古北种 12 种，占保护区兽类总种数的 17.39%；跨界种 12 种，占保护区兽类总种数的 17.39%（表 4-23）。东洋种占绝对优势，其区系特征与鸟类相似。

表 4-23　湖北万朝山自然保护区兽类区系组成

目名	种数	区系组成		
		东洋种	古北种	跨界种
食虫目 Insectivora	8	3	4	1
翼手目 Chiroptera	4	4		
灵长目 Primates	3	3		
兔形目 Lagomorpha	2	2		
啮齿目 Rodentia	24	13	7	4
食肉目 Carnivora	22	15	1	6
偶蹄目 Artiodactyla	6	5		1
合计	69	45	12	12
占保护区兽类总种数的比例/%	100	65.22	17.39	17.39

4. 类群特征

（1）啮齿目和食肉目的兽类存在密切的食物链关系，啮齿动物为食肉动物提供了食物来源，两者的多样性都高，所以食肉类能保持稳定的多样性。

（2）由于多年对野生动物的保护，部分繁殖能力强的野生动物（如野猪、野兔）的数量有很大的增长，使农业生产受到一定的影响，应控制其种群数量的增长；食肉目和偶蹄目兽类是有史以来重要的狩猎对象，由于长期过度捕猎及环境破坏，许多种类的数量大幅下降，因而被列为国家重点保护野生动物。通过较长时间的保护，部分种类的数量有所回升，但大型猫科动物有的在野外已基本消失，有的已极为罕见，应继续加大保护力度。

5. 关键物种

湖北万朝山自然保护区有 15 种国家重点保护野生兽类：Ⅰ级 4 种，川金丝猴、金钱豹、云豹、林麝；Ⅱ级 11 种，猕猴、短尾猴、豺、黑熊、水獭、黄喉貂、大灵猫、小灵

猫、金猫、鬣羚、斑羚。有 17 种中国濒危动物：稀有级 1 种，甘肃鼹；易危级 13 种，
猕猴、短尾猴、复齿鼯鼠、狼、豺、黑熊、水獭、大灵猫、豹猫、金猫、鬣羚、斑羚、
云豹；濒危级 3 种，金丝猴、金钱豹、林麝。有 7 种中国特有兽类：长吻鼹、藏鼠兔、
复齿鼯鼠、岩松鼠、小麂、林麝、金丝猴（表 4-24）。

表 4-24　湖北万朝山自然保护区兽类关键物种

种名	国家保护动物	中国濒危动物	中国特有种
1. 长吻鼹 *Talpa micrura*			特有
2. 甘肃鼹 *Scapanulus oweni*		稀有	
3. 猕猴 *Macaca mulatta*	II	易危	
4. 短尾猴 *Macaca arctoides*	II	易危	
5. 川金丝猴 *Rhinopithecus roxellanae*	I	濒危	特有
6. 藏鼠兔 *Ochotona thibetana*			特有
7. 复齿鼯鼠 *Trogopterus xanthipes*		易危	特有
8. 岩松鼠 *Sciurotamias davidianus*			特有
9. 狼 *Canis lupus*		易危	
10. 豺 *Cuon alpinus*	II	易危	
11. 黑熊 *Selenarctos thibetanus*	II	易危	
12. 水獭 *Lutra lutra*	II	易危	
13. 黄喉貂 *Martes flavigula*	II		
14. 大灵猫 *Viverra zibetha*	II	易危	
15. 小灵猫 *Viverricula indica*	II		
16. 豹猫 *Felis bengalensis*		易危	
17. 金猫 *Profelis temminckii*	II	易危	
18. 金钱豹 *Panthera pardus*	I	濒危	
19. 云豹 *Neofelis nebulosa*	I	易危	
20. 小麂 *Muntiacus reevesi*			特有
21. 林麝 *Moschus berezovskii*	I	濒危	特有
22. 鬣羚 *Capricornis sumatraensis*	II	易危	
23. 斑羚 *Naemorhedus goral*	II	易危	

关于 3 种国家 I 级重点保护野生动物（川金丝猴、金钱豹、林麝）的讯息：

川金丝猴：两河口村马学良 2014 年 6 月在小坪子河至狮子垭看到一只川金丝猴并
跟踪了 3 天；两河口村陈世云、谭子宽、郑远喜多次看到川金丝猴；两河口村黄光荣在
20 世纪 70 年代曾用川金丝猴皮做了一件马甲（衣服）。

金钱豹：龙门河村治保主任刘子刚 2013 年农历十一月在打柴的路上，发现在龙门
河村一组大湾的雪地上有几十个金钱豹的脚印，其大小为 12 cm×12 cm，金钱豹在雪地
上徘徊，还听见其吼叫声。

林麝：龙门河村 2 组宋朝庭 2012 年在尹家屋看到一只公獐子（当地称林麝为香獐）采食松子；万朝山邬光照在山上挖天麻经常发现林麝的粪便；百羊寨李和平 2013 年用绳子套到 1 只林麝。

此外，在湖北万朝山自然保护区的 69 种兽类中，还有 16 种湖北省重点保护野生动物和 27 种国家三有保护动物（表 4-25）。

表 4-25　湖北万朝山自然保护区兽类名录

目、科、种	依据				区系成分			中国特有种	濒危等级	保护类型		
	拍到照片	目击	访问	文献记载	古北种	东洋种	跨界种			国家重点	省级重点	三有保护
一、食虫目 Insectivora												
（一）猬科 Erinaceidae												
1. 刺猬 *Erinaceus europaeus*				●		●						●
（二）鼩鼱科 Soricidae												
2. 灰麝鼩 *Crocidura attenuata*				●		●						
3. 短尾鼩 *Anourosorex squamipes*				●		●						
4. 水麝鼩 *Chimarogale platycephala*				●		●						
5. 中麝鼩 *Crocidura russula*				●								
6. 北小麝鼩 *Crocidura suaveolens*				●			●					
（三）鼹鼠科 Talpidea												
7. 长吻鼹 *Talpa micrura*				●		●		特有				
8. 甘肃鼹 *Scapanulus oweni*				●	●			稀有				
二、翼手目 chiroptera												
（四）菊头蝠科 Rhinolophidae												
9. 中菊头蝠 *Rhinolophus affinis*				●		●						
10. 鲁氏菊头蝠 *Rhinolophus rouxii*				●		●						
（五）蹄蝠科 Hipposideridae												
11. 普氏蹄蝠 *Hipposideros pratti*				●		●						
（六）蝙蝠科 Vespertilionidae												
12. 普通伏翼 *Pipistrellus abramus*			●			●						
三、灵长目 Primates												
（七）猴科 Cercopithecidae												
13. 猕猴 *Macaca mulatta*	●	●				●			易危	II		
14. 短尾猴 *Macaca arctoides*			●			●			易危	II		
15. 川金丝猴 *Rhinopithecus roxellanae*		●	●			●		特有	濒危	I		
四、兔形目 Lagomorpha												

续表

目、科、种	依据				区系成分			中国特有种	濒危等级	保护类型		
	拍到照片	日击	访问	文献记载	古北种	东洋种	跨界种			国家重点	省级重点	三有保护
（八）兔科 Leporidae												
16. 草兔 *Lepus capensis*			●			●						●
（九）鼠兔科 Ochotonidae												
17. 藏鼠兔 *Ochotona thibetana*				●		●		特有				
五、啮齿目 Rodentia												
（十）松鼠科 Sciuridae												
18. 赤腹松鼠 *Callosciurus erythraeus*				●		●					●	●
19. 隐纹花松鼠 *Tamiops swinhoei*		●				●						●
20. 珀氏长吻松鼠 *Dremomys pernyi*				●		●						●
21. 红颊长吻松鼠 *Dremomys rufigenis*				●		●						●
22. 岩松鼠 *Sciurotamias davidianus*			●			●		特有				●
（十一）鼯鼠科 Petaurisstadae												
23. 复齿鼯鼠 *Trogopterus xanthipes*			●				●	特有	易危		●	●
24. 棕鼯鼠 *Petaurista petaurista*				●		●					●	●
25. 红白鼯鼠 *Petaurista alborufus*	●	●				●					●	●
（十二）仓鼠科 Cricetidae												
26. 洮州绒鼠 *Caryomys eva*				●		●						
27. 黑线仓鼠 *Cricetulus barabensis*				●	●							
28. 黑腹绒鼠 *Eothenomys melanogaster*				●		●						
29. 棕背鼠平 *Clethrionomys rufocanus*				●	●							
30. 罗氏鼢鼠 *Myospalax rothschildi*			●				●					
（十三）猪尾鼠科 Platacanthomyidae												
31. 猪尾鼠 *Typhlomys cinereus*				●			●					
（十四）鼠科 Muridae												
32. 黑线姬鼠 *Apodemus agrarius*				●			●					
33. 大林姬鼠 *A.peninsulae*				●	●							
34. 巢鼠 *Micromys minutus*				●	●							
35. 白腹巨鼠 *Rattus edwardsi*			●			●						
36. 针毛鼠 *Rattus fulvescens*				●		●						
37. 褐家鼠 *Rattus norvegicus*			●			●						

续表

目、科、种	依据				区系成分			中国特有种	濒危等级	保护类型		
	拍到照片	目击	访问	文献记载	古北种	东洋种	跨界种			国家重点	省级重点	三有保护
38. 黄胸鼠 *Rattus flavipectus*				●		●						
39. 大足鼠 *Rattus nitidus*				●		●						
40. 社鼠 *Rattus niviventer*			●			●						●
41. 小家鼠 *Mus musculus*				●			●					
六、食肉目 Carnivora												
（十五）竹鼠科 Rhizomyidae												
42. 中华竹鼠 *Rhizomys sinensis*			●			●					●	●
（十六）豪猪科 Hystricidae												
43. 豪猪 *Hystrix brachyura*			●			●					●	●
（十七）犬科 Canidae												
44. 狼 *Canis lupus*			●				●		易危		●	●
45. 赤狐 *Vulpes vulpes*			●				●				●	●
46. 貉 *Nyctereutes procyonoides*			●			●					●	●
47. 豺 *Cuon alpinus*			●		●				易危	II		
（十八）熊科 Ursidae												
48. 黑熊 *Selenarctos thibetanus*			●				●		易危	II		
（十九）鼬科 Mustelidae												
49. 香鼬 *Mustela altaica*				●		●						●
50. 黄腹鼬 *M.kathiah*			●			●						●
51. 黄鼬 *M.sibirica*			●				●					●
52. 鼬獾 *Melogale moschata*			●			●					●	●
53. 狗獾 *Meles meles*			●			●					●	●
54. 猪獾 *Arctonyx collaris*						●					●	●
55. 水獭 *Lutra lutra*				●			●		易危	II		
56. 黄喉貂 *Martes flavigula*			●				●			II		
（二十）灵猫科 Viverridae												
57. 大灵猫 *Viverra zibetha*			●			●			易危	II		
58. 小灵猫 *Viverricula indica*			●			●				II		
59. 果子狸 *Paguma larvata*			●			●					●	●
（二十一）猫科 Felidae												
60. 豹猫 *Felis bengalensis*			●			●			易危		●	●

续表

目、科、种	依据				区系成分			中国特有种	濒危等级	保护类型		
	拍到照片	目击	访问	文献记载	古北种	东洋种	跨界种			国家重点	省级重点	三有保护
61. 金猫 *Profelis temminckii*			●			●			易危	II		
62. 金钱豹 *Panthera pardus*			●			●			濒危	I		
63. 云豹 *Neofelis nebulosa*			●			●			易危	I		
七、偶蹄目 Artiodactyla												
（二十二）猪科 Suidae												
64. 野猪 *Sus scrofa*			●				●					●
（二十三）麝科 Moschidae												
65. 林麝 *Moschus berezovskii*			●			●		特有	濒危	I		
（二十四）鹿科 Cervidae												
66. 毛冠鹿 *Elaphodus cephalophus*			●			●						●
67. 小麂 *Muntiacus reevesi*			●			●		特有			●	●
（二十五）牛科 Bovidae												
68. 鬣羚 *Capricornis sumatraensis*			●			●			易危	II		
69. 斑羚 *Naemorhedus goral*			●			●			易危	II		

注：本名录的分类体系依据《中国动物志》，并参考《中国脊椎动物大全》（刘明玉等，2000）

6. 价值分析

（1）种质资源

湖北万朝山自然保护区的中华竹鼠资源丰富，这是一种良好的毛皮兽和肉用兽。龙门河村 2 组的宋朝庭从饲养 7 只野生中华竹鼠开始，已饲养 4 年，并繁殖 22 只，喂食竹子（主食）及玉米、胡萝卜、甘蔗，取得了丰富的饲养及繁殖经验。猕猴是主要的观赏、医学实验及太空实验动物，龙门河森林公园饲养的当地野生猕猴已成功繁殖，猕猴小群体达 6 只。

湖北万朝山自然保护区的野生兽类为今后开展人工养殖提供了种质资源。

（2）天敌动物

食虫目、翼手目兽类是典型的食虫动物，能消灭大量的农林害虫；鼬科的小型食肉兽主要食鼠，对控制鼠害有重要作用。

（3）药用动物

以粪便入药的种类如翼手目、兔形目、鼬科兽类，及以分泌物入药的种类如林麝、大灵猫、小灵猫，都具有药用开发价值，通过人工养殖，可以广辟药源。

4.2 昆　　虫

昆虫多样性是生物多样性的重要组成部分，它是地球生物圈一类重要的生物类群，在维持生态平衡、农作物传粉、生物防治、医疗保健及作为轻工业原料等方面起着重要作用。湖北万朝山自然保护区位于湖北省兴山县境内，森林覆盖率达 90% 以上，多样化的生境也为众多的昆虫提供了良好的栖息地。

为了查清湖北万朝山自然保护区昆虫资源，加强对该区域昆虫资源的保护和利用，2013～2014 年，兴山县林业局对保护区的昆虫进行了标本采集；2014 年 5～11 月，湖北生态工程职业技术学院、湖北大学、华中师范大学、兴山县林业局联合对湖北万朝山自然保护区的昆虫资源进行科学考察，获得了昆虫组成和结构等方面的基础资料。依据这些基础材料，结合有关文献资料，对湖北万朝山自然保护区昆虫组成和区系进行全面总结。

4.2.1　调查方法及资料来源

1. 调查方法

（1）调查时间和地点

根据昆虫野外活动的规律，分别在 2013 年夏秋季（7～10 月）、2014 年春夏季（4～7 月）、2014 年秋季（8～10 月）进行调查和昆虫标本采集。按照保护区的植被和地理条件、垂直分布特征，在湖北万朝山自然保护区设置了 10 个调查和采集点：锁子沟（110°39′16″E，31°18′52″N，海拔 458 m）；纸厂河（110°35′40.52″E，31°19′33.64″N，海拔 611 m）；小河口（110°30′26.03″E，31°20′25.14″N，海拔 752 m）；珍珠潭（110°29′37.52″E，31°20′09.88″N，海拔 1 078 m）；瓦屋坪（110°29′01.27″E，31°19′30.27″N，海拔 1 312 m）；黄连坝（110°28′41.21″E，31°18′32.99″N，海拔 1 485 m；110°28′38.72″E，31°18′30.46″N，海拔 1 519 m）；沙槽（110°29′06.01″E，31°19′00.30″N，海拔 1 631 m）；园岭（110°29′08.22″E，31°19′01.43″N，海拔 1 768 m）；秀水沟（110°26′46.18″E，31°19′12.70″N，海拔 1 819 m）；薄刀梁子（110°35′52.08″E，31°16′56.58″N，海拔 1 961 m；110°36′00.77″E，31°16′55.13″N，海拔 2 094 m；110°36′06.68″E，31°16′44.68″N，海拔 2 265 m）

（2）调查工具

采用的主要工具有 GPS 定位仪、捕虫网、毒瓶、镊子、采集袋、指形管、大试管、广口瓶、1.5 m×1.5 m 白布、40 W 的航科诱虫灯等。

（3）调查方法

调查以路线调查、标准地调查及灯诱三种方式进行。

路线调查是进行保护区昆虫资源普查的主要方式，调查过程以采集标本为目的，并掌握昆虫群落的分布情况。按照预先设置的路线以大约 1 km/h 的速度行进，用捕虫网采集路线两侧的昆虫。

标准地调查以调查该地昆虫群落结构特征为目的。每处标准地取 5 个样地，每个样地为 2 m×2 m，在样地灌丛上网扫 20 次，目测和采集样地中植物上的昆虫，把采得的昆虫用毒瓶毒死后装入广口瓶中。

诱集方法：在无风天黑的夜晚，选择林分茂盛、有水的林带附近，张挂一块 1.5 m×1.5 m 的白布，在白布中间挂一盏 40 W 的航科诱虫灯，待昆虫附在白布上时轻轻将其扫入毒瓶毒死，用镊子将其取出后用三角纸包好。

标本制作、保存与鉴定：将采回的昆虫制成针插标本，蛾类、蝶类须用展翅板展翅，制作时注意保存标本的完整。针插好的标本放入干燥箱，50℃下烘干保存。其他昆虫标本放入装有昆虫浸泡液的广口瓶保存。

2. 资料来源

①自然保护区观察或采集到的昆虫。2013～2014 年在湖北万朝山自然保护区各调查点累计采集昆虫标本 16 200 余个，经鉴定有 813 种。

②宜昌市森林病虫害普查昆虫资料。1979～1982 年湖北生态工程职业技术学院森林保护专业的师生在宜昌市连续 3 年进行森林病虫害调查，获得了兴山县森林昆虫种类资料。

③兴山县森林昆虫调查历史资料。

3. 数据处理与分析

根据调查记录和采集的标本，分别统计不同生境、不同海拔采集的昆虫数量，运用相关公式进行多样性分析，在 Excel 和 DPS 数据处理平台上进行相关运算。

①物种丰富度指数：即物种的数目，可直接用生境中物种数表示，也可用物种数与个体数的比例来表示，本书采用前者。

②优势度指数：采用 Berger-Parker 优势度公式：$D=N_{max}/N$。式中：D 为优势度指数；N_{max} 为优势种的种群数量；N 为所有物种的种群数量。

③多样性指数：本书用 Shannon-Wiener 多样性公式：$H=-\Sigma P_i \ln P_i$。式中：$P_i=N_i/N$；P_i 为群落中属于第 i 种的个体比例；N 为物种总个数；N_i 为第 i 种个体数。

④均匀度指数：采用 Pielou 均匀度公式：$J=H/\ln S$。式中：J 为群落的均匀度指数；H 为实测群落的生物多样性指数；S 为物种数目。

4.2.2 结果与分析

1. 湖北万朝山自然保护区昆虫资源

根据 2013～2014 年的实地调查及上述相关文献资料，汇总万朝山自然保护区昆虫名录，共计 27 目 268 科 2102 种。

（1）湖北万朝山自然保护区昆虫组成

湖北万朝山自然保护区的 2102 种昆虫隶属 27 目 268 科。其物种组成见表 4-26。

从表 4-26 可以看出，湖北万朝山自然保护区鳞翅目昆虫种数最多，40 科 619 种，占湖北万朝山自然保护区总种数的 29.45%；鞘翅目昆虫次之，47 科 451 种，占湖北万朝山自然保护区总种数的 21.46%；缨尾目、浮游目和蛇蛉目为单种目。

表 4-26　湖北万朝山自然保护区昆虫各目种数比较

目名	科数/科	种数/种	种数占总数的比例/%	目名	科数/科	种数/种	所占比例/%
1. 原尾目	4	18	0.86	15. 虱目	4	7	0.33
2. 弹尾目	1	3	0.14	16. 同翅目	26	121	5.76
3. 双尾目	2	4	0.19	17. 半翅目	24	181	8.61
4. 缨尾目	1	1	0.048	18. 缨翅目	3	18	0.86
5. 浮游目	1	1	0.048	19. 广翅目	1	3	0.14
6. 蜻蜓目	7	20	0.95	20. 脉翅目	6	37	1.76
7. 襀翅目	2	6	0.29	21. 蛇蛉目	1	1	0.048
8. 蜚蠊目	4	9	0.43	22. 鞘翅目	47	451	21.46
9. 螳螂目	2	9	0.43	23. 毛翅目	3	5	0.24
10. 直翅目	15	70	3.33	24. 鳞翅目	40	619	29.45
11. 虫脩目	3	3	0.14	25. 双翅目	22	267	12.70
12. 革翅目	3	5	0.24	26. 膜翅目	32	172	8.18
13. 等翅目	3	11	0.52	27. 蚤目	5	31	1.47
14. 虫齿虫目	6	29	1.38	合计	268	2102	100

（2）湖北万朝山自然保护区昆虫与湖北省昆虫各目种数比较

湖北万朝山自然保护区与湖北省昆虫各目种数比较结果见表 4-27。

表 4-27　湖北万朝山自然保护区与湖北省昆虫各目种数比较

目名	万朝山昆虫种数/种	湖北省昆虫种数/种	占湖北省对应目的总种数的比例/%	目名	万朝山昆虫种数/种	湖北省昆虫种数/种	占湖北省对应目的总种数的比例/%
1. 原尾目	18	21	85.71	15. 虱目	7	10	70.00
2. 弹尾目	3	4	75.00	16. 同翅目	121	277	43.68
3. 双尾目	4	7	57.14	17. 半翅目	181	430	42.09
4. 缨尾目	1	1	100.00	18. 缨翅目	18	40	45.00
5. 浮游目	1	2	50.00	19. 广翅目	3	8	37.50
6. 蜻蜓目	20	76	26.32	20. 脉翅目	37	77	48.05
7. 襀翅目	6	10	60.00	21. 蛇蛉目	1	2	50.00
8. 蜚蠊目	9	12	75.00	22. 鞘翅目	451	1 453	31.04
9. 螳螂目	9	15	60.00	23. 毛翅目	5	48	10.42
10. 直翅目	70	135	51.85	24. 鳞翅目	619	1 779	34.79
11. [虫脩]目	3	4	75.00	25. 双翅目	267	703	37.98
12. 革翅目	5	29	17.24	26. 膜翅目	172	536	32.09
13. 等翅目	11	59	18.64	27. 蚤目	31	57	54.39
14. 虫齿虫目	29	72	40.28	合计	2102	5 735	36.65

　　表 4-27 表明，湖北万朝山自然保护区昆虫总种数占湖北省昆虫总种数（雷朝亮和周志伯 1998）的 36.65%，其中湖北万朝山自然保护区鳞翅目、鞘翅目两个大目的昆虫总种数分别占湖北省对应目的总种数的 34.79% 和 31.04%。

2. 湖北万朝山自然保护区昆虫区系分析

　　我国的动物区系分属于东洋界和古北界两大区系，根据各个种在世界动物区系中的分布记载情况，将湖北万朝山自然保护区区系昆虫分为东洋种、古北种和广布种 3 大类，各目区系种数比较见表 4-28。

表 4-28　湖北万朝山自然保护区昆虫各目区系种数比较

序号	目名	种数	东洋种		古北种		广布种	
			数量/种	比例/%	数量	比例/%	数量	比例/%
1	原尾目	18	13	72.22	0	0.00	5	27.78
2	弹尾目	3	0	0.00	0	0.00	3	100.00
3	双尾目	4	2	50.00	0	0.00	2	50.00
4	缨尾目	1	1	100.00	0	0.00	0	0.00
5	浮游目	1	1	100.00	0	0.00	0	0.00
6	蜻蜓目	20	14	70.00	0	0.00	6	30.00
7	襀翅目	6	4	66.67	0	0.00	2	33.33
8	蜚蠊目	9	5	55.56	0	0.00	4	44.44
9	螳螂目	9	5	55.56	1	11.11	3	33.33
10	直翅目	70	29	41.43	5	7.14	36	51.43
11	[虫脩]目	3	2	66.67	0	0.00	1	33.33
12	革翅目	5	3	60.00	0	0.00	2	40.00
13	等翅目	11	7	63.64	0	0.00	4	36.36
14	[虫齿]虫目	29	23	79.31	1	3.45	5	17.24
15	虱目	7	4	57.14	1	14.29	2	28.57
16	同翅目	121	48	39.67	7	5.79	66	54.55
17	半翅目	181	114	62.98	10	5.52	57	31.49
18	缨翅目	18	10	55.56	0	0.00	8	44.44
19	广翅目	3	3	100.00	0	0.00	0	0.00
20	脉翅目	37	16	43.24	0	0.00	21	56.76
21	蛇蛉目	1	1	100.00	0	0.00	0	0.00
22	鞘翅目	451	345	76.50	14	3.10	92	20.40
23	毛翅目	5	3	60.00	1	20.00	1	20.00
24	鳞翅目	619	455	73.51	43	6.95	121	19.55
25	双翅目	267	167	62.55	12	4.49	88	32.96
26	膜翅目	172	109	63.37	10	5.81	53	30.81
27	蚤目	31	17	54.84	2	6.45	12	38.71
	合计	2 102	1 401	66.65	107	5.09	594	28.26

从表4-28可以看出，湖北万朝山自然保护区昆虫区系以东洋种最多，有1401种，占总种数的66.65%；其次是广布种，有594种，占总种数的28.26%；古北种最少，仅有107种，占总种数的5.09%。说明湖北万朝山自然保护区昆虫以东洋种和广布种为主，兼有少量古北种。

3. 湖北万朝山自然保护区主要昆虫群落结构分析

（1）山麓昆虫群落

在海拔900 m以下，植被以黑壳楠林、水丝梨林、宜昌楠林、青冈栎林等为主，在沟谷地带也镶嵌生长有喜湿的林分，如枫杨林，还有一些黄荆灌丛、毛黄栌灌丛等，也有一些暖温性针叶林如马尾松林、杉木林、铁坚油杉林在这一基带混生。在此区域共采集到昆虫14目53科219种，主要由鳞翅目12科68种、鞘翅目12科35种、膜翅目17科47种、双翅目11科32种，其他37种构成。该区域昆虫群落的多样性指数为$H=3.234\,2$、$D=0.096\,4$、$J=0.714\,7$。

（2）中下坡常绿落叶阔叶混交林昆虫群落

在海拔900~1600 m，植被主要为曼青冈-短柄枹林、多脉青冈-短柄枹林、多脉青冈-米心水青冈林等混交林，分布较广，面积较大。并镶嵌有一些落叶阔叶林和耐寒的常绿阔叶林，如柄枹栎林、栓皮栎林、多脉青冈栎林、曼青冈林等。在此区域共采集到18目93科356种昆虫，主要由鳞翅目22科126种、鞘翅目19科72种、膜翅目11科45种、双翅目9科23种、同翅目9科25种、其他65种构成。该区域昆虫群落的多样性指数为$H=3.652\,6$、$D=0.076\,4$、$J=0.786\,3$。

（3）山坡中上部昆虫群落

在海拔1600~2400 m，植物群落主要有锐齿槲栎林、米心水青冈林、亮叶水青冈林、巴山水青冈林、山杨林、亮叶桦林、灯台树林、川陕鹅耳枥林、华椴林等，还有较多的珍稀濒危植物群落，如珙桐林、光叶珙桐林、连香树林、金钱槭林等，还有高山杜鹃林分布。在此区域共采集到昆虫10目46科148种，主要由膜翅目19科48种、双翅目7科23种、鳞翅目9科28、鞘翅目8科23种、其他26种构成。该区域昆虫群落的多样性指数为$H=2.826\,3$、$D=0.196\,8$、$J=0.626\,7$。

对以上3个群落结构进行分析可知，中下坡常绿阔叶落叶阔叶混交林昆虫群落丰富度、多样性指数和均匀度指数均最高，分别为356、3.652 6和0.786 3，而优势度指数为0.076 4，在各群落中最低；山坡中上部昆虫群落丰富度、多样性指数和均匀度指数均最低，分别为148、2.826 3和0.626 7，而优势度指数最高，为0.196 8；山麓昆虫群落丰富度、多样性指数、优势度指数和均匀度指数居中，分别为219、3.234 2、0.096 4、0.714 7（图4-1）。

在调查中发现，从山麓疏林起，随着海拔升高到1500 m中坡常绿落叶阔叶混交林，森林植被越来越复杂，但其后随着海拔的升高森林植被反而越发单一。一般认为，植被越复杂的生境越适合不同种的昆虫生长、繁殖，所以其昆虫种群较植被单一的生境复杂，本书不同海拔昆虫群落的调查分析结果也证明了这一观点。

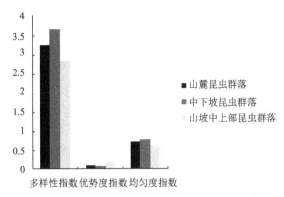

图 4-1 湖北万朝山自然保护区昆虫群落结构特征

4. 湖北万朝山自然保护区昆虫保护物种

湖北万朝山自然保护区昆虫调查中没有记录到国家重点保护昆虫，但有碧蝉（*Hea fasciata*）、田鳖（*Lethocerus indicus*）、中华脉齿蛉（*Neuromus sinensis*）、双锯球胸虎甲（*Therates biserratus*）、狭步甲（*Carabus augustus*）、艳大步甲（*Carabus lafossei coelestis*）、丽叩甲（*Camposoternus auratus*）、朱肩丽叩甲（*Campsosternus gemma*）、木棉梳角叩甲（*Pectocera fortunei*）、双叉犀金龟（*Allomyrina dichotoma*）、宽尾凤蝶（*Agehana elwesi*）、双星箭环蝶（小鱼纹环蝶）（*Stichophthalma neumogeni*）、黑紫蛱蝶（*Sasakia funebris*）、天牛茧蜂（*Parabrulleia shibuensis*）、白绢蝶（*Parnassius glacialis*）、中华蜜蜂（*Apis cerana*）等为"三有"（有益的或者有重要经济、科学研究价值）昆虫。

5. 湖北万朝山自然保护区资源昆虫

资源昆虫是指直接或间接被人类利用的昆虫，也就是直接或间接有益于人类的昆虫。在湖北万朝山自然保护区，资源昆虫分为以下类别。

（1）天敌昆虫

湖北万朝山自然保护区天敌昆虫十分丰富，有捕食性和寄生性天敌昆虫 186 种。如捕食性天敌昆虫有七星瓢虫（*Coccinella septempunctata*）、黄斑瓢虫（*Coccinella transversoguttata*）、异色瓢虫（*Harmonia axyridis*）、中华盾瓢虫（*Hyperaspii chinensis*）、薄翅螳螂（*Mantis religiosa*）、大刀螳螂（*Tenodera aridifolia*）、中华螳螂（*Tenodera sinensis*）、大草蛉（*Chrysopa septempunctata*）、丽草蛉（*Chrysopa formosa*）、全北褐蛉（*Hemerobius humuli*）、中华草蛉（*Chrysoperla sinica*）、红蜻（*Crocothemis servilia*）、白尾灰蜻（*Orthetrum albistylum*）、褐顶赤蜻（*Sympetrum infuscatum*）、狭腹灰蜻（*Orthetrum sabina*）、黑光猎蝽（*Ectrychotes andreae*）、日月猎蝽（*Pirates arcuatus*）、黑条窄胸步甲（*Agonum daimio*）、双斑青步甲（*Chlaenius bioculatus*）、中国豆芫菁（*Epicauta chinensis*）、绿芫菁（*Lytta caraganae*）等。寄生性天敌昆虫有喜马拉雅聚瘤姬蜂（*Gregopimpla himalayensis*）、盘背菱室姬蜂（*Meschorus discitergus*）、日本黑瘤姬蜂（*Coccygomimus parnarae*）、满点黑瘤姬蜂（*Coccygomimus aethiops*）、中国齿腿姬蜂（*Pristomerus chinensis*）、螟黄足绒茧蜂（*Apanteles flavipes*）、菲岛长距茧蜂（*Macrocentrus philillinensis*）、黄色白茧蜂

（*Phanerotoma flava*）、广大腿小蜂（*Brachymeria lasus*）、粘虫广肩小蜂（*Eurytoma vertillata*）、松毛虫赤眼蜂（*Trichogramma dendrolimi*）、日本追寄蝇（*Exorista japonica*）、稻苞虫赛寄蝇（*Pseuaoperichaeta insidiosa*）、稻苞虫鞘寄蝇（*Thecocarcelia parnarus*）等。这些天敌昆虫对农林害虫起到很好地控制和抑制作用。

（2）观赏昆虫

湖北万朝山自然保护区可供观赏的昆虫种类极为丰富，有美丽多姿的蝶类，如巴黎翠凤蝶（*Papilio paris*）、碧凤蝶（*Papilio bianor*）、斐豹蛱蝶（*Argyeus hyperbius*），和绿尾大蚕蛾（*Acrias selene ningpoana*）等蛾类，还有形态奇异的虫脩、金龟、天牛、瓢虫、蜻蜓、象甲、异色瓢虫（*Harmonia axyridis*）、红蜻（*Crocothemis servilia*）等。

（3）药用昆虫

药用昆虫在湖北万朝山自然保护区也非常丰富，这些昆虫主要是利用昆虫虫体及其产品作为中医药源来治疗人体疾病，如中华真地鳖（*Eupolyphaga sinensis*）、中华螳螂（*Tenodera sinensis*）、黑胸大蠊（*Periplaneta fuliginosa*）、兜蝽（*Coridus chinensis*）、鸣蝉（*Oncotympana maculaticollis*）、大斑芫菁（*Mylabris phalerata*）、神农洁蜣螂（*Catharsius molossus*）、星天牛（*Anoplophora chinensis*）、米缟螟（*Aglossa dimidiata*）、栎掌舟蛾（*Phalera assimilis*）、金凤蝶（*Papilio machaon*）、蓝目天蛾（*Smerinthus planus planus*）、角马蜂（*Polistes chinensis antennalis*）等。

（4）食用昆虫

一些昆虫具有蛋白质含量高、蛋白纤维少、营养成分易被人体吸收、繁殖世代短、繁殖指数高、适于工厂化生产、资源丰富等特点，成为理想的食物资源。湖北万朝山自然保护区的食用昆虫十分丰富，如东亚飞蝗（*Locusta migratoria*）、蝼蛄（*Gryllotalpa* ssp.）、短翅鸣螽（*Gampsocleis inflata*）、蟋蟀（*Gryllus chinensis*）、白蚁（*Odontotermes* ssp.）、蜻蜓（*Rhyothemis* ssp.）、龙虱（*Hydaticus* ssp.）、天牛（*Anoplophora* ssp.）、胡蜂（*Vespa* ssp.）、鳞翅目蚕蛾科、天蛾科部分种类的幼虫和蛹等。

（5）农林害虫

湖北万朝山自然保护区的 2 102 种昆虫中，危害农林果蔬的害虫约有 726 种，其中农业害虫约 81 种，如短额负蝗、玉米蚜、纹蓟马科、蚕豆象、稻纵卷叶螟、小地老虎、银纹夜蛾等；油料作物害虫约 28 种，如油菜蚜虫、芝麻蚜虫、花生蛴螬等；果树害虫约 163 种，如栗瘿蜂、栗象实、银杏大蚕蛾等；蔬菜害虫约 49 种，如菜青虫、绿刺蛾等；活立木害虫约 432 种，如星天牛、光星天牛、马尾松毛虫等；苗木害虫约 21 种，如蛴螬、蝼蛄等；卫生害虫约 167 种，如各种蚊蝇等。

6. 昆虫资源合理利用的问题与建议

昆虫是迄今为止地球上尚未被充分利用的最大的自然资源。湖北万朝山自然保护区的昆虫种类繁多，资源丰富，但是对它们的开发利用程度较低，除出产少量蜂蜜外，本区域没有其他昆虫产品，很多资源昆虫都有待开发利用。

为了科学合理地利用湖北万朝山自然保护区的昆虫资源，建议如下。

①深入开展对湖北万朝山自然保护区昆虫资源的调查。在保护区进行昆虫资源调查工作时，尽可能地在不同季节调查不同地理位置、不同植被区域，采用多种调查手段进行调查，尽量保证调查工作的完整性。

②湖北万朝山自然建立保护区昆虫标本馆，可及时保存和鉴定采集到的昆虫标本，为湖北万朝山自然保护区昆虫资源提供历史记录，开展广泛的研究交流工作。保护区内昆虫资源丰富，种类繁多，可能蕴涵大量的新种和新纪录。采集到的标本应及时制作并妥善保存，标本制作好后一定要附上标签，按制定的标准详细记录采集时间、地点、寄主、采集人等信息。标本鉴定工作量大且难度高，可将无法鉴定的种标本请国内相关分类专家鉴定。

③开展湖北万朝山自然保护区内昆虫重要种、稀有种生物学、生态学研究。开展跨学科的综合研究，昆虫对微环境变化有高度的敏感性，昆虫群落结构的变化可作为环境评价和监测的指标，开展这方面的研究工作将对湖北万朝山自然保护区的建设发挥积极作用。

④开展湖北万朝山自然保护区农林害虫的预测预报和监测工作，建立保护区农林害虫防治与虫情检测信息系统。要提倡多种防治措施有机协调，强调最大限度地利用自然调控因素，尽量少用化学农药。要提倡与农林害虫协调共存，强调对农林害虫数量的调控。防治措施的决策应全面考虑经济、社会、生态效益。在农林害虫治理过程中，应特别重视防止外来有害生物的入侵。

⑤昆虫资源的开发利用应该是在保护的基础上进行。对于那些具有观赏、食用、药用等价值的资源昆虫，应该在深入开展昆虫分类学、生物学、生态学、行为学等基础研究上进行合理利用，防止由于超量猎取而造成昆虫资源的枯竭。

5 湖北万朝山自然保护区的旅游资源

湖北万朝山自然保护区山体巨大的高差形成了明显的垂直生物气候带和多样化的生态环境，保护区及周边地区不仅有丰富的动植物资源，而且有丰富而独特的旅游资源，适于保护区开展生态旅游。

湖北万朝山自然保护区的旅游资源主要包括自然景观、人文景观、民俗风情等。

5.1 自 然 景 观

1. 山地景观

保护区内峰峦高峻，山高水长，大自然神工鬼斧造就了保护区很多奇特的山地景观。登高望远，风云雾交融随风聚散。保护区内熔岩地貌发育良好，溶洞资源十分丰富，奇峰异石千姿百态，大小山地景点上百处。主要形成山峰云海、石柱石笋、熔岩溶洞原始古朴的生态观光路线。

2. 水文景观

保护区内森林茂密，溪流密布，水源充足，东部汇入香溪河水系，西部汇入凉台河水系，孕育了千姿百态的溶洞暗河、地下涌泉、清溪幽谷连绵百十余处；特别是终年奔涌的山涧瀑布在山间岩石上跌宕而起的浪花如烟似雾，在阳光的照耀下折射出七色彩虹。区内众多的清溪、河流为探险漂流的理想场所。山不在高，有水则灵，由于香溪河是滋养王昭君的母亲河，因而满河是诗、满河是画、遍地是佳话，不仅具有较高的自然旅游资源价值，更具有水文旅游资源价值。

3. 生物景观

保护区内野生动植物资源十分丰富，有珍稀动物川金丝猴、林麝等，珍稀植物珙桐、红豆杉等。植被类型多样，植物群落丰富，森林覆盖率达 93.70 %。春季，万物由沟壑逐渐向山腰、山顶复苏，满山山花盛开，景色迷人。夏季，群山披绿，花翠欲滴，芳草萋萋，莺歌蝉鸣，清泉飞瀑，山风拂拂，鸟鸣山幽，蝴蝶翩跹，时常有红腹锦鸡穿梭，留候鸟栖息繁殖，增加了保护区的原始乐趣。秋季，秋风送爽，候鸟南归，野菊洒金，红枫映血，多姿多彩的生物季相，把金秋装点的五彩缤纷，变幻莫测。冬季，千山万壑，银装素裹，冰清玉润，雪伴青松显高洁，蜡梅吐蕊展芳华。四季景物，千姿百态，置身其间，宛如人间仙境，无处不体现自然景观的和谐之美。

5.2　人文景观

1. 李来亨抗清遗址

李来亨抗清遗址位于兴山县西部百羊寨，面积约 30 km²。明末清初，农民起义军首领李自成部将李来亨，从四川转战鄂西山区坚持抗清，李来亨率部坚守于此，清兵屡攻不克。入夜，清兵以数百只羊，角系灯笼，前来佯攻，清军尾其后，袭击李部主寨，被李来亨及其部将识破，让过羊群，诱敌深入，断其归路，前后夹击，大败清兵于此。目前尚存的遗迹和遗址有炮台、磨坊、兵器坊、碓窝子、戏场等。在永历九年（公元 1665 年），南明桂王朱由榔钦旨兵部尚书右侍郎毛登寿在碑坪为李来亨立"圣帝行宫之碑"，封李来亨为临国公，此碑高 3 m，宽 1.3 m。还有作为盘查哨卡所凿的"七步半"、士兵闲暇之时对弈的"棋盘亭"，目前保存完好，东距县城 35 km。

2. 锁子沟探险

兴山县南阳镇百羊寨，是小闯王李来亨抗清主要根据地。因清军在百只羊头上挂灯笼迷惑小闯王进攻山寨，被小闯王识破而得名。沿锁子沟而上，至百羊寨村委会，山峻、水碧、鱼戏、花艳、石奇、瀑叠，惊险刺激，妙趣无穷。沟的尽头，呈现圣帝行宫碑、炮台、七步半哨卡等小闯王抗清遗址，一览古战场风韵。相传途中某洞，藏有小闯王黄金印，至今尚未发现。小闯王百羊寨，现揭开"抗清遗址"神秘面纱，向社会开放探宝。

5.3　民俗风情

1. 兴山民歌

兴山民歌源远流长，音调奇特，不见经传，是独树于音乐之林的一株奇葩。20 多年前已被考证为巴楚古音的遗存，被誉为"巴楚古音活化石"。兴山民歌突出的特点是音阶（列）结构中含有一个介于大、小三度之间的音程，经中国艺术研究院音乐研究所声学实验室测定，音程多集中在 345 音分，游移幅度为 350±15 音分，被专家按国际惯例以兴山命名，称为"兴山特性三度音程"，简称"兴山三度音程"，被称为"钢琴缝里的音"。这种民歌的音阶称为"兴山特性三度音阶"，简称"兴山音阶"，这种音阶可有 2～3 个音"不准"（相对一般音阶而言）。这种民歌也被叫作"兴山特性三度体系民歌"，简称"兴山民歌"。以"兴山"之名来命名音乐俗语，这在我国尚属首例。巴楚古音被研究发现具有重要意义和价值。它力证了中国有自己本土的音乐，中国音乐并非"西来化"；它毫无辩驳地说明了我国传统音乐并未失传；它具有不同于欧洲大小调体系的乐、律学原理，无疑丰富了音乐理论；它苍凉的音调，揭示了巴、楚人民独特的审美特征；它是研究我国古代音乐难得的鲜活材料，已普遍引起国人的高度重视。

2. 薅草锣鼓

据《周礼·春官·龠章》等记载，薅草锣鼓至少有数千年的历史了。数千年前还未出现锣，用的是钲。现今有的地方仍叫"挖地鼓""挖山鼓"。兴山薅草锣鼓是兴山民歌良好的载体，正因如此，兴山民歌才得以越千年而原始地保存下米。它们有着密不可分的联系，薅草锣鼓是表演形式，兴山民歌是演唱内容，两者缺一不可。薅草锣鼓原本用于苞谷薅草，也被用到开荒等集体劳动。薅草锣鼓被兴山农民昵称为"农戏"，是农民在田中演唱的戏。它的功能主要是提高功效和提神解乏，素有"一鼓催三工"之说。纵观长江流域各地的薅草锣鼓，兴山薅草锣鼓的种类最多，保存的形态最为原始。它可分为唱情歌（也称花歌子、荤歌子）的花锣鼓和不唱情歌只唱传说、故事（包括《黑暗传》）的攒鼓。花锣鼓分布于兴山南部广大地区，攒鼓分布在北部的榛子乡及少数毗邻地。花锣鼓又分为三遍子锣鼓、四遍子锣鼓和五遍子锣鼓三种，民间也有大放声、小放声的分类。各种花锣鼓发声方法不同、当家号子不同、演奏锣鼓也不同。所有乐器只有大锣（锣面较大，无膛，锣边很宽）和小鼓两样，只是根据薅草人的多寡，使用的锣鼓数量有异，少者一锣一鼓，多达四锣三鼓。花锣鼓的题材极其广泛，可谓包罗万象，一句话概括："只要能唱的，就可打锣鼓"。其特点是按内容将歌词划分为"歌族"，如"太阳""花名""采茶"等。体裁丰富多样，从一句式到多句式，从整齐句到长短句应有尽有，特别是五句式较多，它不单演唱五句子，也常用于扬歌、号子等歌腔演唱。有人认为五句子富有艺术魅力，其实它和穿号子比起来只是小巫见大巫。兴山薅草锣鼓不但具有突出的艺术特色，更为我们保留了大量的古代音乐文化信息。

5.4　旅游规划

根据《兴山县"十二五"旅游业发展规划》，全县旅游发展目标是：抢抓"两圈一带""两山一江"实施与县内交通环境改善机遇，坚持"政府主导、部门联动、市场运作、企业主体"的原则，着眼大区域，营造大环境，开发大市场，以"接待百万游客、争创湖北旅游强县"为目标，优化旅游资源开发，加强旅游要素建设，完善旅游基础设施，扩大旅游营销推介，大力开拓客源市场，努力提升"昭君故里"品牌知名度，努力把旅游业发展成县域经济的重要支柱产业。突出发展城、漂、泉、园、港、廊。重点发展四区两廊（昭君文化旅游区、南阳生态旅游区、高岚自然风景区、古夫休闲度假区、香溪河景观廊道、高岚风景廊道）。

　　湖北万朝山自然保护区的实验区位于兴山县旅游发展规划中着力开发的南阳生态旅游区内。该旅游区以南阳温泉为中心，将龙门河国家森林公园、万朝山自然保护区、李来亨抗清遗址等景点进行有机串联，建成融观光游览、考察避暑、度假疗养等为一体的复合型生态旅游区。

6 湖北万朝山自然保护区社会经济发展及管理状况

6.1 历史沿革

湖北万朝山自然保护区最早于 2000 年 8 月经兴山县人民政府以〔2000〕29 号文批准成立龙门河自然保护区，兴山县开始全面实施天然林保护工程；2001 年 12 月，宜昌市人民政府以〔2001〕187 号文批准建立市级自然保护区，并全面实施退耕还林工程；2002 年 2 月，湖北省人民政府办公厅批复建立湖北省龙门河自然保护小区，保护类型为原始次生林，主要保护对象是金丝猴、黑熊及森林植被；2002~2004 年国务院三峡工程建设委员会投资 500 万元，建设龙门河亚热带常绿阔叶林保护工程，较好地保护了万朝山自然保护区内的森林资源。为了更好地保护万朝山自然保护区的生物多样性及典型亚热带常绿阔叶林生态系统，保护濒危珍稀野生物种，实现社会经济可持续发展，2005 年 4 月，宜昌市人民政府以[64]号文批准将龙门河市级保护区更名为湖北万朝山自然保护区，总面积 22 828 hm²，主要由龙门河、万朝山、仙女山组成。2011 年 11 月，为了强化保护区的保护与管理，扩大保护区管理成效，经省政府批准，建立湖北三峡万朝山省级自然保护区。2014 年 3 月，宜昌市编委批准成立湖北三峡万朝山省级自然保护区管理局，为县林业局管理的正科级事业单位；同年 11 月县编委批准成立万朝山保护区管理局，下辖有龙门河、百羊寨、仙女山管护站。

6.2 社区社会经济发展状况

6.2.1 社区的乡镇建制

湖北万朝山自然保护区包括龙门河林场，南阳镇的百羊寨村、店子坪村、两河口村、落步河村、石门村 5 个村，高桥乡的龚家桥村、伍家坪村、洛坪村 3 个村，昭君镇的滩坪村。

6.2.2 人口数量与民族组成

保护区内现有村民住户 948 户，人口 2 919 人，人口密度 13.95 人/km²。其中缓冲区 169 人，人口密度 4.23 人/km²；实验区 2 750 人，人口密度 29.52 人/km²。大部为汉族，有少数土家族。其中百羊寨村 308 户，1 016 人；店子坪村 148 户，426 人；两河口村 132 户，448 人；落步河村 135 户，353 人；石门村 35 户，105 人；伍家坪村 4 户，11 人；龚家桥村 14 户，29 人；滩坪村 16 户，42 人；龙门河林场 156 户，489 人。湖北万朝山自然保护区社会经济发展状况见表 6-1。

表 6-1　湖北万朝山自然保护区社会经济情况统计表

| 单位 | 面积/hm² | 户数/户 | | 人口/人 | | 劳动力/人 | | | 产值/万元 | | | | | | 人均纯收入/元 |
| | | | | | | | | | 第一产业 | | | | 第二产业 | 第三产业 | |
		合计	农业户	合计	农村	合计	男	女	合计	农业	林业	其他			
保护区	20 986	948	892	2 919	2 776	1 498	930	568	2 545	1 155	310.2	989.4	49.6	42.4	
龙门河林场	4 744	156	136	489	409	220	148	72	310	204	23	68	10	5	5 174
百羊寨村	3 706.9	308	296	1 016	989	458	289	169	969	173	230	544	0	22	6 267
石门村	377.1	35	35	105	105	83	46	37	91.7	39.9	3	38.6	1.3	8.9	5 265
店子坪村	2 042	148	137	426	387	265	138	127	394	260	40	92	2	0	5 035
两河口村	4 823	132	128	448	456	292	187	105	409	244	0	162	3	0	4 658
落步河村	1 826	135	126	353	348	138	97	41	305.8	193	5.4	73.6	28.8	5	5 810
伍家坪村	678	4	4	11	11	3	2	1	12.6	9.7	0.4	2	0.4	0.1	4 895
龚家桥村	1 417	14	14	29	29	21	13	8	27.3	17.5	0.4	4.9	3.1	1.4	4 716
洛坪村	1 039	0	0	0	0	0	0	0	0	0	0	0	0	0	0
滩坪村	333	16	16	42	42	18	10	8	25.8	13.5	8	4.3	1	0	4 788
核心区	7 671.63	0	0	0	0	0	0	0	0	0	0	0	0	0	
缓冲区	3 997.93	61	61	169	145	63	42	21	113.4	53.5	42	16.5	1	0.4	
实验区	9 316.44	887	857	2 750	2 631	1 435	888	547	2 432	1 101	268.2	972.9	48.6	42	

6.2.3 交通、通信

保护区内交通条件基础较好。主要干线有 209 国道和神农架生态旅游路，从神农架经龙门河、湘坪，经南阳、高桥至巴东县，在保护区范围内长 28 km。乡村道有 7 条，均为乡村护林道，大部为水泥路面，部分为沙土路面，全长 120 km，其中，小河口至太坪坝的龙门河林场林道长 35 km，两河口至茅湖村道 10 km，龙洞桥至两河口村道 43 km，长岭至庙垭、店子坪村道 5.5 km，南阳至百羊寨村道 10 km，落步河至黄龙洞村道 6 km，高桥至仙女村道 10 km。

保护区内供电状况良好，户户通电。随着通信事业的快速发展，自然村普遍使用光纤和移动电话。

6.2.4　土地资源现状

湖北万朝山自然保护区总面积 20 986 hm²，其中，陆地面积 20 958 hm²，占保护区总面积 99.9%，内陆水域面积 28 hm²，占保护区总面积 0.1%。从土地利用结构分析，现有林地 19 663.53 hm²，占保护区面积的 93.7%。其中乔木林面积 14 927.88 hm²，灌木林地面积 4 684.75 hm²，疏林地 8.57 hm²，经济林地 42.33 hm²。非林地面积共 1 322.47 hm²，其中有耕地 1 137.51 hm²。土地资源及利用结构现状见表 6-2。

表 6-2　湖北万朝山自然保护区土地资源及利用结构现状表（单位：hm²）

单位	总面积	林地									农地	水域	其他
		合计	森林					经济林	疏林地	灌木林地			
			合计	针叶林	常绿阔叶林	落叶阔叶林	针阔混交林						
合计	20 986	19 658.53	14 927.88	2 536.88	4 589.47	4 649.24	3 152.29	42.33	8.57	4 684.75	1 137.51	28	156.96
核心区	7 671.63	7 671.63	7 032.44	1 279.87	2 060.32	2 337.69	1 354.56		2.71	636.48			
缓冲区	3 997.93	3 958.84	2 929.03	541.58	1 202.34	473.22	711.89	13.98		1 015.83	29.56	1.19	8.34
实验区	9 316.44	8 028.06	4 966.41	715.43	1 326.81	1 838.33	1 085.84	28.35	5.86	3 032.44	1107.95	26.81	148.62

6.2.5　地方经济发展水平

保护区和周边地区主要经济来源为农业，以种植业、养殖业、林业、畜牧业为主，无工业。保护区内人均年收入达 4658 元。

6.2.6　社区发展状况

万朝山自然保护区内社会事业发展较快，人民生活逐步改善，解决了温饱问题。保护区周边各行政村实现了村村通电，广播电视较为普及，绝大多数家庭购置了高档家用电器。

但保护区内供水状况较差，据 2014 年统计，有 30% 的居民吃水困难，靠蓄积天然降水生活。

教育设施和师资力量在区内出现过剩状况，九年义务教育普及率达 100%。保护区周边地区均有中小学，共 2 所，学生总人数为 185 人。保护区内适龄儿童都在附近的村镇（主要是龚家桥村和落步河村）就近入学。适龄儿童入学率为 100%。

社区医疗事业近几年得到了较快发展，各乡镇有医院，各行政村有医务室。保护区社区共有医务人员 8 人，有医疗床位 16 个，但卫生设施较简陋。保护区文教卫生状况见表 6-3。

表 6-3　湖北万朝山自然保护区文教卫生状况统计表

统计单位	教育				医疗		
	中小学数量/所	教师人数/个	学生人数/个	入学率%	卫生机构/个	医务人员/人	医疗床位/个
合计	2	16	185	100	8	8	16
龙门河林场					1	1	2
百羊寨					1	1	2
店子坪					1	1	2
落步河	1	8	85	100	1	1	2
两河口					1	1	2
滩坪							
伍家坪					1	1	2
洛坪					1	1	2
龚家桥	1	8	100	100	1	1	2

6.3　保护区管理状况

湖北万朝山自然保护区建立以来，管理力度不断加大，机构逐步完善，管理水平不断提高。

6.3.1　政府支持，力度不断加大

兴山县是山区县、三峡库区县、森林资源大县，县委、县政府坚持以科学发展观为指导，以生态保护为前提，走可持续发展道路，不断强化对万朝山自然保护区的建设和管理，不断创新生物多样性保护的工作机制，在人、财、物及政策等方面对保护区给予大力支持。保护区属于天然林资源保护工程和退耕还林（草）工程区，县政府在资金和政策上都给保护区一定的倾斜，提高保护区内群众的保护意识，宣传建立保护区的重要性，让保护区内群众积极参与保护自然资源。

6.3.2　管理机构，基本完善健全

2000 年 8 月，兴山县人民政府以〔2000〕29 号文批准成立龙门河自然保护区，兴山县全面天然林保护工程；2001 年 12 月，宜昌市人民政府以〔2001〕187 号文批准建立市级自然保护区，并全面实施了退耕还林工程；2002 年 2 月，湖北省人民政府办公厅批复建立湖北省龙门河自然保护小区，保护类型为原始次生林，主要保护对象是金丝猴、

黑熊及森林植被；2002～2004 年国务院三峡工程建设委员会投资 500 万元，建设龙门河亚热带常绿阔叶林保护工程，较好地保护了万朝山自然保护区内的森林资源。为了更好地保护万朝山自然保护区野生动植物和生物多样性，拯救濒危珍稀物种，修复典型生态系统，实现社会经济可持续发展。2005 年 4 月，宜昌市人民政府以[64]号文批准将龙门河市级保护区更名为湖北万朝山自然保护区，总面积 22 828 hm²，主要由龙门河、万朝山、仙女山组成。2011 年 11 月，为了强化保护区的保护与管理，扩大保护区管理成效，经省政府批准，建立湖北省三峡万朝山省级自然保护区。2014 年 3 月，宜昌市编委批准成立湖北三峡万朝山省级自然保护区管理局，为县林业局管理的正科级事业单位；同年 11 月县编委批准成立万朝山保护区管理局，下辖有龙门河、百羊寨、仙女山管护站 3 个管护站。

6.3.3　夯实基础，增强保护能力

基础设施的建设是做好生态资源保护工作的重要保障。近年来，保护区管理局筹集资金 200 多万元用于保护区基础设施建设，保护区逐步完成了各区域保护基础设施的建设工作。2015 年，保护区管理局在加强保护区站点基础设施建设的基础上，进行生物防火林带的建设与维护，在三块石、黄泥垭新辟防火隔离带 12 km，目前累计建成防火隔离带和生物防火林带达 40 km。疏通维修小河口到茅葫坪森林防护林道 23 km。同时强化远程视频预警监控系统的运行维护工作和森林消防器材室的管理，为基层单位准备了部分灭火机具、防火服、对讲机、望远镜、巡护车等巡护系统。为切实做好管理工作，已配备 8 台数码相机和 GPS 定位仪，全面提高了生态资源保护的科技含量和快速处置能力，促使保护管理工作步入规范化、现代化轨道奠定了较好的物质基础。保护区内电力供应"户户通"、水泥路面"村村通"、无线通信信号全覆盖，极大地改善了干部群众工作和生产生活条件，基本能够满足生态环境保护工作需要。

但保护区总体上来讲，管护条件还较差，需要进一步强化基础设施建设，增添管护与监控设备，以适应保护区保护事业发展的需要。

6.3.4　建章立制，规范保护行为

建立省级自然保护区后，保护区管理局承担自然保护和社会管理双重职责，为切实加强保护区建设与发展，保护区管理局依据《中华人民共和国森林法》《中华人民共和国野生动物保护法》《中华人民共和国环境保护法》《中华人民共和国自然保护区条例》等法律法规，先后制定落实了社区共管制度、专（兼）职巡山管护制度、公安稽查制度、联护联防制度、森林防火预案、外来人员管理制度等一系列管理制度，建立保护管理新机制，专职巡护、公安查处、村组联防、社会监督的保护网络覆盖全境，并得到了深入的贯彻执行，使保护区的保护管理走上了规范化轨道。保护区先后与周边社区乡镇签订管护协议，明确保护区管理局对保护范围内的森林资源管辖权。通过签订资源代管协议和管护责任书，对区内社区进行资源联合管护，以村规民约的形式激发社区居民进行

资源管护的主动性和积极性。结合总体规划，保护区每年制定详细的年度工作目标和计划，并将工作计划按月分解，确保工作目标的实现。

6.3.5 加强管理，确保资源安全

湖北万朝山自然保护区分布保存有大面积的珍稀濒危植物群落和珍稀濒危动物及赖以生存的栖息地，资源保护责任重大。针对保护区资源管理特点，突出保护区核心区和缓冲区的资源保护与管理，先后围绕北部龙门河至茅葫坪至仙女山核心区，南阳河至百羊寨经堰淌坪、三岔口上祖师庙，落步河至茅鹿山、店子坪上狮子垭下小坪之河，茅草坝到潘家坡、张家山下老阴沟共建立了巡护管理线路 10 条，巡护总里程达 156 km，专职护林巡护员 20 名，聘用村级兼职护林员 10 人，按照科学、合理、具有可操作性的原则，保护区管理局将保护区的资源管理作为工作重心予以全面安排。重点加强对保护区巡护，实行科学规划、分片管理的办法，强化巡护质量，确保每片山头都有人管理。为切实做好巡护管理工作，已配备专用巡护摩托车 4 辆，数码相机 8 台，做到了分片分样线巡山责任到人到地块，保证巡护样线不留死角。为提高巡护质量，增强巡护员素质，保护区管理局于 2014 年 2 月举办了一期以巡护管理、森林防火及保护区相关法律法规为主的执法培训班。此外，保护区管理局还对保护区周边社区开展了以涉及保护区为主要内容的相关法律法规的宣传，使保护区内主要保护对象和重点保护区域得到充分保护，没有发生滥砍滥伐、滥捕滥猎、滥采滥挖和滥占林地的案件，保护区内资源保存良好，主要保护对象和重点保护区域得到有效管理。

6.3.6 社区共建，提高保护水平

2005 年以来，保护区先后实施生态移民 332 户，1108 人。全面实行天然林禁伐，并开展退耕还林和荒山造林 711 hm², 封山育林 1667 hm²; 收缴猎枪和各种猎捕工具 467 件，保护区内生态环境得到有效改善和恢复。2008 年保护区管理局、县林业局共同编写了《兴山县国家珍稀濒危植物保护概述》和《兴山县林业法律、政策、科技一本通》等科普读物，并发放到全体林农手中，有效地提高了广大林农的科技水平和保护意识。保护区鼓励居民出山，将生态迁移与群众增收进行有机结合，鼓励高山居民迁移到山下集镇居住。引导群众发展中药材种植业和特色养殖业，完成万朝山有机茶的产地认证，建立了保护区独立的优质农产品品牌。在保护生态环境的同时，促进群众增收致富，组织推广核桃、板栗嫁接技术和林药间作的生态经济种植模式，得到了保护区广大群众的热烈拥护和积极响应。保护区管理局还在保护区内大力推广替代能源。积极引导农村能源改革，大力推广煤、电、气、太阳能等替代能源，减少保护区群众对森林资源的长期依赖。据统计，通过推广替代能源，保护区年减少森林资源消耗 12 500 m³, 使森林资源的林相结构和林分质量得以优化。

6.3.7 科普宣传，广泛深入开展

保护区大力开展宣教工作。定期宣传《中华人民共和国自然保护区条例》《中华人民共和国森林法》、《中华人民共和国野生动物保护法》《中华人民共和国野生植物保护条例》《森林和野生动物类型自然保护区管理办法》《湖北省森林和野生动物类型自然保护区管理办法》等法律法规，增加周边社区公众的保护意识，保护区与当地社区关系良好，保护区内群众积极参与保护自然资源，专业人员的管理和公众的自觉参与在保护工作中得到良好的体现。

6.3.8 护林防火，建立安全机制

认真贯彻落实《湖北省森林防火管理办法》，保护区森林面积大，森林蓄积量快速增长，林下可燃物越积越多，森林火灾隐患突出，火源管理难度不断加大，加上干旱、大风等极端灾害性天气频繁发生，火灾防控任务越来越艰巨，调度处置更加困难。针对防火形势十分特殊、复杂和严峻的局面，保护区立足于防，牢固树立"保护就是建设，保护就是发展"的理念，坚持"预防为主，不留死角；责任到位，不留空缺；监管到人，不留空块"的管理原则。

强化责任意识，森林防火责任制落实到位；坚持层层签订责任状，保护区管理局与管理所、管理站、护林员签订责任状。与村社、农户、学校、坟主、智障监护人落实护林防火责任书。做到级级有责任，层层有压力，人人有义务。

强化预警意识，森林火灾防控措施落实到位；严格纪律，森林防火期内，实行24 h领导带班制度，并保持电话畅通及时反馈信息，做到纪律严明，高效运转。以管理站为单位建立了30名以青壮年为主的扑救队伍，对保护区居民进行森林火灾扑救知识培训，确保火警隐患早发现、早报告、早处置。

强化协作意识，协调联防机制落实到位；与神农架林区和巴东县林业局制定边界森林防火预案，签订边界联防协议。

强化危机意识，森林防火应急处置措施到位；完善防火设施配置，管理站、管理所配备了风力灭火机、对讲机、二号打火工具，并登记造册、专人管理定期维护。严防特大森林火灾和群死群伤事故发生，确保森林资源和人民生命财产安全。

强化宣传教育，森林防火知识技能普及到位。采用多形式进乡入村全面开展森林消防宣传工作，普及森林消防知识，努力提高全社会防火意识。2014年，全年共张贴防火宣传标语300余份，发放宣传资料1 000余份，悬挂横幅6条，增设不锈钢标牌8块，大力营造"人人参与，常年防火"的森林消防新局面。组织防火知识培训和扑火演练，出动宣传车20余次，召开群众会议120余次，通过宣传提高了保护区群众的森林防火意识，营造了浓厚的防火氛围。在全局干部职工和辖区群众的共同努力，在2014年干旱少雨、气温持续上升、火险等级居高不下的严峻形势下，无火警火灾发生，圆满完成了年初确定的目标任务。

6.3.9　立足长远，做好项目储备

针对国家高度重视生态建设，并在生态文明建设方面给予重点投入的大背景，保护区管理局积极开展项目申报和项目储备工作，加强与市、省、国家三级林业、财政、移民等部门联系，积极争取保护项目支持，取得一定成效。一是完成了保护区"十二五"规划编制，将保护区的建设发展纳入到兴山县县域国民经济发展的大格局中；二是编制完成了《三峡万朝山自然保护区扩展与完善项目规划》《龙门河国家森林公园完善规划》入围国家三峡库区后续项目发展规划。为保护区建设发展储备了一定的项目；三是做好天然林保护工程二期项目的建设和管理工作，为保护区的发展奠定了良好的基础。四是今年启动国家级保护的晋升工作，年内已完成科考报告、规划编制、科考片的摄制工作，为保护区晋升国家级做好前期的准备工作。

6.3.10　科研水平，不断得到提升

保护区不断加强与高校、科研院所的科研合作，取得了一批科研成果。在科研合作的过程中，保护区人员全程参与，大大提高了保护区工作人员的业务水平。

万朝山是三峡及华中地区生物多样性最丰富的地区，是模式标本的主要采集地，该区域一直是中外植物学家重点关注的地区之一，对该地区植物资源的调查研究一直未间断。1888 年，爱尔兰医药师亨利（Augustine Henry）最早到兴山一带采集植物标本；英国植物学者威尔逊（Ernest Henry Wilson）于 1899～1902 年、1907～1909 年、1910～1911年三度到兴山采走大量的植物标本和种子，并发现众多新种。自此以后，国内南京大学、华中师范学院、华中农业大学、中国科学院植物研究所、中国科学院武汉植物研究所、武汉大学的相关专家学者多次组成万朝山自然保护区科考队深入万朝山、龙门河、仙女山腹地对其森林生态及生物多样性进行科学考察，这些科学考察与当地林业管理部门紧密合作，取得了显著的成果。

在保护区管理上仍有许多工作待加强或开展。

①自身发展能力不足。由于万朝山自然保护区建立不久，基础差、底子薄，自我发展能力欠缺，至今尚无专项财政预算经费，保护区没有连续资金保障，又没有其他经济来源，保护工作上台阶上水平比较困难。

②科研设施亟待提高。保护区的科研、监测、宣教等设施设备不全，现有设备已处于淘汰状态。在珍稀物种监测、研究、培育、保护等方面，由于缺乏相应的设备，监测、科研等工作不能深化，科学保护水平难以提高。巡护工作必要的交通工具严重不足，致使保护工作强度大、效率低。

③人员培训严重不足。兴山县属于山区县、库区县、森林资源大县，万朝山自然保护区工作人员工作环境和工资待遇的都较差，技术员流动较大，也缺乏吸引高素质人才的政策措施。保护区工作人员文化素质起点低，加之缺乏各层次的培训，综合能力较差。人员素质问题集中表现：一是巡护执法人员缺乏保护法规及生物方面的知识，导致执法不严、不准，也不能对观察到的情况进行准确记录和分析；二是技术员严重不足，也缺

乏专业知识和基本训练，不能适应保护事业发展的要求，制约了湖北万朝山自然保护区的进一步发展。

针对保护区管理中存在的这些主要问题，建议如下。

①加大对保护区投入。全面提高保护区的管护能力离不开投入的增长。要在基础设施、保护设备、培训队伍、留住人才等方面舍得花钱。要进一步完善管理局、保护站、管护点、检查站、瞭望塔等设施的工程，尽快配置巡护、监测、防火等保护设备，建立巡护、防火、执法和监测等队伍，逐步培训、引进科研人才，使湖北万朝山自然保护区的发展走上良性发展的轨道。

②依靠湖北省科研院所和大专院校较多的优势，深入开展万朝山珍稀濒危物种的科学研究，特别是川金丝猴、七子花、独花兰的种群分布及生态环境的研究，全面开展保护区内野生动植物资源清查，进一步摸清资源家底。要通过设置固定样地开展定位研究与动态研究，在此基础上建立科学合理的监测网络。

③社区共管工作要强化。要充分调动社区群众的积极性，吸收社区群众参与保护工作，在保护区周边地区组建群众义务保护组织、联防组织和护林队伍，以乡规民约、保护公约的形式，组织群防群护。同时积极探索社区发展的道路，扶持社区发展，形成保护区与社区群众共同保护、齐抓共管的合力。

7 湖北万朝山自然保护区综合评价

7.1 自然环境及生物多样性评价

7.1.1 地理区位关键，生态地位重要

　　湖北万朝山自然保护区位于东经 110°25′16″ ～ 110°39′58″，北纬 31°12′44″ ～ 31°22′28″，地处我国地势第二阶梯向第三阶梯过渡区域，位于巫山—大巴山东延余脉—神农架的南坡，属大巴山系。这一地域也属于我国北亚热带地区，地理区位十分关键。该地域的生物多样性融合了巫山山脉与大巴山脉两个地理单元的区系特征，显示区地理交错区丰富的生物多样性。

　　湖北万朝山自然保护区位于大巴山系最东缘，保护区北与湖北神农架国家级自然保护区相连，西与湖北巴东金丝猴国家级自然保护区相接，三者形成一个保护区群。万朝山自然保护区的建立对于完善神农架区域乃至大巴山区域的生物多样性保护具有深远意义。特别是万朝山自然保护区的建立，拓展了神农架金丝猴这一旗舰保护物种的栖息地保护范围对于神农架金丝猴保护具有不可替代的作用。

　　万朝山自然保护区内万朝山与仙女山两峰对峙，周边三水系分流，域内河网密布，是香溪河水系、凉台河水系、沿渡河水系的主要发源地之一。三大水系的水资源均汇入长江三峡。万朝山自然保护区的建立对于长江三峡水生态安全具有深远的影响。

7.1.2 物种区系成分复杂，生物多样性十分丰富

　　万朝山自然保护区总面积为 20 986 hm²，动植物区系组成复杂多样，显示出丰富的生物多样性。据调查统计，保护区有维管束植物共 190 科、894 属、2 483 种，其中蕨类植物 28 科，56 属，127 种；裸子植物 6 科，20 属，33 种；被子植物 156 科，818 属，2 323 种。维管束植物分别占湖北省总科数的 78.84%、总属数的 61.57%、总种数的 41.25%；占全国总科数的 53.82%、总属数的 28.13%、总种数的 8.92%。野生脊椎动物种类也很丰富，共有 31 目 105 科 268 属 392 种，其中，鱼类有 3 目 10 科 25 属 27 种，两栖动物有 2 目 9 科 20 属 31 种，爬行动物有 3 目 10 科 25 属 37 种，鸟类 16 目 51 科 143 属 228 种，兽类 7 目 25 科 55 属 69 种。陆生野生脊椎动物占湖北省陆生野生脊椎动物总种数 687 种的 53.13%。另外还有昆虫 27 目 268 科 2 102 种。

　　从植物地理成分分析来看，中国的蕨类植物区系分为 13 个分布区类型，而湖北万

朝山自然保护区的蕨类植物分布有 10 个分布区类型。中国的种子植物科的区系分为 16 个分布区类型，湖北万朝山自然保护区的分布区类型有 12 个。中国的种子植物属的区系分为 15 个分布区类型，在湖北万朝山自然保护区这些分布区类型都存在，并且还有许多变型。植物区系成分以温带性质为主，但具有明显的过渡性特征。不同的地理区系成分相互渗透，充分显示了湖北万朝山自然保护区植物区系成分的复杂性和过渡性的特征。

从动物地理区系特征分析，湖北万朝山自然保护区的陆生野生脊椎动物中，两栖爬行类动物以东洋种占绝对优势，古北种匮缺。鸟类、兽类区系特征以东洋种占优势，并呈现东洋种和古北种相混杂的格局。

7.1.3 珍稀濒危与特有物种丰富，具有重要保护价值

植物资源调查统计显示，湖北万朝山自然保护区共有国家珍稀濒危保护野生植物 47 种，其中，国家重点保护野生植物种 26（I 级 5 种，II21 级种）；国家珍稀濒危植物 37 种（1 级 1 种，2 级 14 种，3 级 22 种）；国家珍贵树种 22 种（一级 5 种，二级 17 种）。此外，还广泛分布着叉叶蓝及兰科等珍稀植物。万朝山自然保护区也是许多模式标本重要采集地。

动物资源调查显示，万朝山自然保护区有国家重点保护野生动物共 59 种，其中国家 I 级保护野生动物有 6 种，国家 II 级保护的有 53 种。有列于中国濒危动物红皮书记载的濒危动物 46 种，有中国特有动物 38 种，有湖北省重点保护野生动物 91 种，有国家保护的有益的或者有重要经济、科学研究价值的陆生野生脊椎动物 262 种。

总体来看，湖北万朝山自然保护区是湖北省乃至全国珍稀动植物分布较集中的地域之一，具有重要保护意义。

7.1.4 植被类型多样，地带性特征典型

湖北万朝山自然保护区地处鄂西北山区神农架南坡，境内高峰迭起，地形复杂，气候多变，形成多样的生境类型。复杂的生境，也造就了该保护区丰富的植被类型。调查统计湖北万朝山自然保护区自然植被划分为 4 个植被型组，10 个植被型，58 个群系。

湖北万朝山自然保护区在植被分布规律上也表现出复杂性与多样性。在水平带谱上，以常绿阔叶林和常绿落叶阔叶混交林为主，镶嵌有暖性针叶林。在垂直带谱上，大体可分为 3 个植被带：900 m 以下为常绿阔叶林带，沟谷两旁也会形成一些喜湿的落叶林分；900～1 600 m 为常绿落叶阔叶混交林带；1 600～2 400 m 为落叶阔叶林带，混生有温性针叶林。

总体来看，保护区植被的原生性明显，特别是一些沟谷地带的常绿阔叶林、垂直带谱上的一些常绿落叶阔叶混交林及大面积的珍稀濒危植物群落，具有典型的地带性特征。

7.1.5 喀斯特地貌特征明显，生态系统具有较高的敏感性和脆弱性

从湖北万朝山自然保护区自然地理环境来看，保护区山地岩溶地貌发达，石灰岩分

布较广，天坑、溶洞较多，许多地表水明流一段后进入天坑、深洞形成暗流，地表水缺乏。同时由于长期的风化作用和流水的侵蚀作用，山体坡度变陡，地形切割变深，土层普遍瘠薄，植被一旦破坏，就难以恢复，生态系统将逆向演替。总体来看，湖北万朝山自然保护区相当部分山体的生态系统都较脆弱，该区域植被一旦破坏就会影响生态系统的稳定性，生态系统恢复就很困难，因此具有较高的保护价值。

7.1.6　保护区面积适宜，能够实施有效保护

保护区的总面积 20 986 hm²。其中核心区面积 7 671.63 hm²、缓冲区面积 3997.93 hm²、实验区面积 9 316.44 hm²，分别占保护区总面积的 36.56%、19.05% 和 44.39%。保护区主要保护对象分布在核心区与缓冲区，从保护管理的实践来看，保护区的面积的大小与形状可以满足保护对象的需要。

物种与面积存在一定的相关性，一般来说，种类相对数越高，说明保护的"质量"越高，"价值"越大，保护区面积越有效。具体方法可采用密度比较法，即每平方千米物种数（$D=S/A$，D 为密度，种/km²；S 为保护区物种数，种；A 为保护区面积，km²；D_P 为维管植物种密度，种/km²；D_a 为脊椎动物种密度，种/km²）。

将湖北万朝山自然保护区与同处于大巴山余脉东缘的 3 个国家级自然保护区的物种密度进行对比，见表 7-1。

表 7-1　湖北万朝山自然保护区与其他保护区物种密度比较

保护区	万朝山	神农架	堵河源	十八里长峡
面积/km²	20 986	70 467	47 173	30 459
维管植物/种	2 483	2 762	2 440	2 923
脊椎动物/（种/km²）	392	493	343	339
D_P（种/km²）	11.83	3.92	5.18	9.6
D_a（种/km²）	1.87	0.7	0.73	1.12

从表 7-1 可以看出，与同位于大巴山余脉东缘的 3 个国家级自然保护区相比，湖北万朝山自然保护区无论是在维管植物的种密度还是脊椎动物种密度方面都相对较高，从而反映湖北万朝山自然保护区面积的有效性。

当然，从另一个角度来看，保护区面积与保护区的自然生态系统和物种受到威胁的程度呈负相关。小面积的保护区生境较脆弱，物种多样性容易受到人为干扰而减少。因此，保护区面积的有效性必须考虑相应的生态风险，在规划保护区面积时，应结合保护管理的实践来考虑，必须满足保护对象稳定持续发展的要求。

7.2　保护区管理水平评价

在对湖北万朝山自然保护区管理现状进行调研的基础上，参照环境保护部南京环境

科学研究所提出的自然保护区管理质量定量化评定方法与标准，结合湖北万朝山自然保护区的实际状况，对湖北万朝山自然保护区进行定量评价，见表7-2。

表7-2　湖北万朝山自然保护区管理质量评价表

评价指标		评价等级				得分/分	分项得分/分
		I	II	III	IV		
管理 条件 （30分）	机构设置与人员配备		√			7	
	基础设施		√			7	21
	经费状况		√			7	
管理 制度 （21分）	管理目标与发展规划	√				9	
	法规建设		√			5	19
	年度管理计划		√			5	
科技 基础 （21分）	本底资源调查	√				7	
	专题科学研究		√			5	17
	科技力量		√			5	
管理 成效 （28分）	资源保护现状	√				7	
	自养能力		√			5	26
	日常管理秩序	√				7	
	与社区关系	√				7	
总计（100）						83	83

注：标准总分100分，评定等级为5级：86~100分，很好；71~85分，较好；51~70分，一般；36~50分，较差；35分以下，差。

　　评价总得分为83分，从管理质量评价来看，湖北万朝山自然保护区管理质量较好。具体表现在：政府支持保护区力度不断加大，在资金和政策上都给保护区一定的倾斜；管理机构基本完善健全，保护区管理局—管护站—管护点的管理体系已经建立，保护区逐步完善各区域保护基础设施的建设工作；保护区通过建章立制，规范保护行为，激发了社区居民进行资源管护的主动性和积极性；保护区内主要保护对象和重点保护区域得到充分保护，保护区内资源保存良好；社区共建提高了保护水平，广泛深入开展了科普宣传；强化责任意识，森林防火责任制、防控措施、应急处置措施落实到位；完成了万朝山自然保护区的科考报告、规划编制，科考片的摄制工作，为保护区晋升国家级做好前期的准备工作；保护区不断加强与高校、科研院所的科研合作，取得了一批科研成果。在科研合作的过程中，保护区人员全程参与，大大提高了保护区工作人员的业务水平。

　　但作为国家级自然保护区，在保护区管理上仍有许多工作待加强或开展，特别是在基础设施建设、保护工作水平、科研监测设施充实及保护管理人员培训方面还存在不足。今后要在基础设施、保护设备、培训队伍、留住人才等方面加大投入，进一步完善管理局、保护站、管护点、检查站、瞭望塔等设施的工程，建立巡护、防火、执法和监测等队伍，逐步培训、引进科研人才。要依靠湖北省科研院所和大专院校较多的优势，进一步开展万朝山珍稀濒危物种的科学研究，进一步摸清资源家底。要建立科学合理的监测网络，强化社区共管，使万朝山自然保护区的发展走上良性发展的轨道。

参 考 文 献

蔡荣权, 1979. 中国经济昆虫志(第十六册). 北京: 科学出版社.

陈灵芝, 1993. 中国的生物多样性现状及其保护对策. 北京: 科学出版社.

陈晓鸣, 冯颖, 1990. 中国食用昆虫. 北京: 中国科学技术出版社.

陈一心, 1985. 中国经济昆虫志(第三十二册). 北京: 科学出版社.

陈志远, 姚崇怀, 1996. 湖北省珍稀濒危植物区系地理研究. 华中农业大学学报, 15(3): 284-288.

丁冬荪, 曾志杰, 陈春发, 等, 2002. 江西九连山自然保护区昆虫区系分析. 华东昆虫学报, 11(2): 10-18.

范滋德, 等, 1988. 中国经济昆虫志(第三十七册). 北京: 科学出版社.

方承莱, 1985. 中国经济昆虫志(第三十三册). 北京: 科学出版社.

方元平, 葛继稳, 袁道临, 等, 2000. 湖北省国家重点保护野生植物名录及特点. 环境科学与技术, 2: 14-17.

费梁, 叶昌媛, 江建平, 2012. 中国两栖动物及其分布彩色图鉴. 成都: 四川科学技术出版社.

傅立国, 1989. 中国珍稀濒危植物. 上海: 上海教育出版社.

傅立国, 1991. 中国植物红皮书—稀有濒危植物(第 1 册). 北京: 科学出版社.

郜二虎, 汪正祥, 王志臣, 2012. 湖北堵河源自然保护区科学考察与研究. 北京: 科学出版社.

葛继稳, 吴金清, 朱兆泉, 等, 1998. 湖北省珍稀濒危植物现状及其就地保护. 生物多样性, 6(3): 220-228.

国家环境保护局, 中国科学院植物研究所, 1987. 中国珍稀濒危保护植物名录(第一册). 北京: 科学出版社.

国家林业局, 2000. 国家林业局令第七号——国家保护的有益的或者有重要经济、科学研究价值的陆生野生动物名录. 野生动物, 21(5): 49-82.

国务院, 1999. 国家重点保护野生植物名录(第一批). 植物杂志, 23 (5): 4-11.

《湖北林业志》编纂委员会, 1989. 湖北林业志. 武汉: 武汉出版社.

《湖北森林》编辑委员会, 1991. 湖北森林. 武汉: 湖北科学技术出版社.

湖北省林业厅, 湖北省水产局, 湖北省野生动物保护协会, 1996. 湖北省重点保护野生动物图谱. 武汉: 湖北科学技术出版社.

湖北省农业科学院植物保护研究所, 1978. 水稻害虫及其天敌图册. 武汉: 湖北人民出版社.

胡知定, 1993. 湖北珍古名木. 武汉: 湖北科学技术出版社.

湖南省林业厅, 1992. 湖南森林昆虫图鉴. 长沙: 湖南科学技术出版社.

季达明, 温世生, 2002. 中国爬行动物图鉴. 郑州: 河南科学技术出版社·

将书楠, 蒲富基, 华立中, 1985. 中国经济昆虫志(第三十五册). 北京: 科学出版社.

蒋有绪, 郭泉水, 马娟, 等, 1998. 中国森林群落分类及其群落学特征. 北京: 科学出版社.

蒋志刚, 江建平, 王跃招, 等, 2016. 中国脊椎动物红色名录. 生物多样性, 24 (5), 500-551.

蒋志刚, 马克平, 韩兴国, 1997. 保护生物学. 杭州: 浙江科学技术出版社.

乐佩琦, 陈宜瑜, 1998. 中国濒危动物红皮书鱼类. 北京: 科学出版社.

雷朝亮, 钟昌珍, 宗良柄, 1995. 关于昆虫资源的开发利用之设想. 昆虫知识, 32(5): 292-293.

雷朝亮, 周志伯, 1998. 湖北省昆虫名录. 武汉: 湖北科学技术出版社.

李铁生, 1988. 中国经济昆虫志(第三十八册). 北京: 科学出版社.

李铁生, 1985. 中国经济昆虫志(第三十册). 北京: 科学出版社.

李文英, 李汉萍, 刘绪生, 2007. 大贵寺国家森林公园鞘翅目昆虫调查初报. 中国森林病虫, 26(2): 24-27.

李锡文, 1996. 中国种子植物区系统计分析. 云南植物研究, 18(4): 363-384.

寥定熹, 李家骦, 庞雄飞, 等, 1985. 中国经济昆虫志(第三十四册). 北京: 科学出版社.

刘明玉, 解玉浩, 季达明, 2000. 中国脊椎动物大全. 沈阳: 辽宁大学出版社.

刘胜祥, 瞿建平, 2006. 湖北七姊妹山自然保护区科学考察与研究报告. 武汉: 湖北科学技术出版社.

刘友樵, 白九维, 1977. 中国经济昆虫志(第十一册). 北京: 科学出版社.

马强, 肖文发, 苏化龙. 2006. 湖北兴山县龙门河地区灰林(鵙)繁殖习性. 动物学杂志, 41(2): 43-47.

马文珍, 1995. 中国经济昆虫志(第四十六册). 北京: 科学出版社.

庞雄飞, 毛金龙, 1979. 中国经济昆虫志(第十四册). 北京: 科学出版社.

蒲富基, 1980. 中国经济昆虫志(第十九册). 北京: 科学出版社.

宋朝枢, 刘胜祥, 1999. 湖北省后河自然保护区科学考察集. 北京: 中国林业出版社.

宋朝枢, 张清华, 1989. 中国珍稀濒危保护植物. 北京: 中国林业出版社.

宋建中, 殷荣华. 1991. 湖北省辖自然保护区设置的植物区系地理学依据. 华中师范大学学报(自然科学版), 25(2): 203-208.

隋敬之, 孙洪国, 1986. 中国习见蜻蜓. 北京: 农业出版社.

谭娟杰, 虞佩玉, 李鸿兴, 等, 1985. 中国经济昆虫志(第十八册). 北京: 科学出版社.

田自强, 陈王月, 陈伟烈, 等, 2002. 神农架龙门河地区的植被制图及植被现状分析. 植物生态学报, 26(增刊): 30-39.

田自强, 陈王月, 陈伟烈, 等, 2002. 神农架龙门河地区基于植被的分析. 植物生态学报, 26(增刊): 40-45.

汪松, 1998. 中国濒危动物红皮书兽类. 北京: 科学出版社.

汪正祥, 蔡德军, 2013. 湖北五道峡自然保护区生物多样性及其保护研究. 北京: 中国林业出版社.

汪正祥, 何建平, 雷耘, 等, 2013. 湖北野人谷自然保护区生物多样性及其保护研究. 北京: 中国林业出版社.

汪正祥, 雷耘, 赵开德, 等, 2013. 湖北南河自然保护区生物多样性及其保护研究. 北京: 科学出版社.

汪正祥, 朱兆泉, 雷耘, 等, 2008. 湖北漳河源自然保护区生物多样性研究及保护. 北京: 科学出版社.

汪正祥, 2012. 湖北八卦山自然保护区生物多样性及其保护研究. 北京: 科学出版社.

王平远, 1980. 中国经济昆虫志(第二十一册). 北京: 科学出版社.

王诗云, 徐惠珠, 赵子恩, 等, 1995. 湖北及其邻近地区珍稀濒危植物保护的研究. 武汉植物学研究, 13(4): 354-368.

王诗云, 郑重, 彭辅松, 等, 1988. 湖北珍稀濒危植物保护现状及对今后开展研究的建议. 武汉植物学研究, 6(3): 285-298.

王维, 2007. 西南三个自然保护区蚁科昆虫的区系调查. 昆虫知识, 44(2): 267-270.

王献溥, 1996. 关于IUCN红色名录类型和标准的应用. 植物资源与环境, 5(3): 46-51.

王映明, 1995. 湖北植被地理分布的规律性(上). 武汉植物学研究, 13(1): 47-54.

王映明, 1995. 湖北植被地理分布的规律性(下). 武汉植物学研究, 13(2): 127-136.

王遵明, 1983. 中国经济昆虫志(第二十六册). 北京: 科学出版社.

吴征镒, 王荷生, 1983. 中国自然地理(上册). 北京: 科学出版社.

吴征镒, 1991. 中国种子植物属的分布区类型. 云南植物研究 (S4): 1-139.

吴征镒, 周浙昆, 李德珠, 等, 2003. 世界种子植物科的分布区类型系统. 植物分类与资源学报, 25(3): 245-257.

萧采瑜, 任树芝, 郑乐怡, 等, 1981. 中国蝽类昆虫鉴定手册(半翅目·异翅亚目)第二册. 北京: 科学出版社.

萧采瑜, 等, 1977. 中国蝽类昆虫鉴定手册(半翅目·异翅亚目)第一册. 北京: 科学出版社.

许再富, 陶国达, 1987. 地区性的植物受威胁及优先保护综合评价方法探讨. 云南植物研究(2): 193-202.

薛慕光, 王克勤, 1991. 湖北省常用动物药. 武汉: 华中师范大学出版社.

杨干荣, 1997. 湖北鱼类志. 武汉: 湖北科学技术出版社.

杨其仁, 王小立, 何定富, 等, 1999. 湖北省后河自然保护区的野生动物资源. 华中师范大学学报(自然科学版), 33(3): 412-419.

尹健, 熊建伟, 胡孔峰, 等, 2007. 鸡公山自然保护区药用昆虫资源的初步研究. 时珍国医国药, 18(9): 2178-2180.

查玉平, 骆启桂, 黄大钱, 等, 2004. 湖北省五峰后河国际级自然保护区蛾类昆虫调查初报. 华中师范大学学报(自然科学版), 38(4): 479-484.

查玉平, 骆启桂, 王国秀, 等, 2006. 后河国际级自然保护区蝴蝶群落多样性研究. 应用生态学报, 17(2): 265-268.

张荣祖, 1999. 中国动物地理. 北京: 科学出版社.

章士美, 等, 1985. 中国经济昆虫志(第三十一册). 北京: 科学出版社.

赵尔宓, 1998. 中国濒危动物红皮书两栖类和爬行类. 北京: 科学出版社.

赵升平, 徐啸谷, 罗治建, 等, 1993. 湖北森林昆虫名录. 湖北林业科技(增刊).

赵养昌, 陈元清, 1980. 中国经济昆虫志(第二十册). 北京: 科学出版社.

赵仲苓, 1978. 中国经济昆虫志(第十二册). 北京: 科学出版社.

郑光美, 王岐山, 1998. 中国濒危动物红皮书鸟类. 北京: 科学出版社.

郑光美, 2011. 中国鸟类分类与分布名录. 北京: 科学出版社.

郑重, 1986. 湖北的珍贵稀有植物. 武汉植物学研究, 4(3): 279-295.

郑重, 1993. 湖北植物大全. 武汉: 武汉大学出版社.

中国动物志编辑委员会. 中国动物志(各卷). 北京: 科学出版社.

中国科学院动物研究所, 浙江农业大学, 等, 1978. 天敌昆虫图册. 北京: 科学出版社.

中国科学院动物研究所, 1979. 蛾类幼虫图册(一). 北京: 科学出版社.

中国科学院动物研究所, 1983. 中国蛾类图鉴 VI. 北京: 科学出版社.

中国科学院动物研究所, 1983. 中国蛾类图鉴 IV. 北京: 科学出版社

中国科学院动物研究所, 1983. 中国蛾类图鉴 III. 北京: 科学出版社.

中国科学院动物研究所, 1982. 中国蛾类图鉴 II. 北京: 科学出版社.

中国林业科学研究院, 1983. 中国森林昆虫. 北京: 中国林业出版社.

《中国森林》编辑委员会, 1997. 中国森林(第 1 卷). 北京: 中国林业出版社.

《中国森林》编辑委员会, 1999. 中国森林(第 2 卷). 北京: 中国林业出版社.

《中国森林》编辑委员会, 2000. 中国森林(第 3 卷). 北京: 中国林业出版社.

《中国森林》编辑委员会, 2000. 中国森林(第 4 卷). 北京: 中国林业出版社.

中国生物多样性保护行动计划总报告编写组, 1994. 中国生物多样性保护行动计划. 北京: 中国环境科学出版社.

《中国药用动物志》协作组, 1983. 中国药用动物志(第二册). 天津: 天津科学出版社.

中国野生动物保护协会秘书处, 林业部野生动物和森林植物保护司, 国家濒危物种进出口管理办公室, 1990. 国家重点保护野生动物图谱. 长春: 东北林业大学出版社.

中国野生动物保护协会, 2002. 中国爬行动物图鉴. 郑州: 河南科学技术出版社.

中国野生动物保护协会, 1999. 中国两栖动物图鉴. 郑州: 河南科学技术出版社.

中国植被编辑委员会, 1980. 中国植被. 北京: 科学出版社.

周红章, 于晓东, 骆天宏, 等, 2000. 湖北神农架自然保护区昆虫数量变化与环境关系的初步研究. 生物多样性, 8(3): 262-270.

周俊, 王文凯, 李伟, 等, 2011. 湖北龙门河省级自然保护区天牛科昆虫初步研究. 长江大学学报(自然科学版), 8(5): 213-217.

周尧, 路进生, 黄桔, 等, 1985. 中国经济昆虫志(第三十六册). 北京: 科学出版社.

朱松泉, 1995. 中国淡水鱼类检索. 南京: 江苏科学技术出版社.

汪正祥. 2005. 中国の Fagus lucida 林と Fagus lucida 林に関する植物社会学的研究. 植物地理分類研究, 51(2): 137-157.

Harshberger J H, 1929. Pflanzensoziologie, Grundzüge der Vegetationskunde. Science, 69: 275-276.

Ellenberg H, 1956. Grundlagen der vegetationg lidrtung Teil 1. Einfuhrung in die phytoligie von H. Walter, VI-1, 136. Eugen Vlmer, Stuttgart.

Fujiwara K, 1987. Aims and methods of phytosociology or "vegetation science". Plant ecology and taxonomy to the memory of Dr. Satoshi Nakanishi, 607-628.

Primack R B, 1996. 保护生物学概论. 祁承经, 译. 长沙: 湖南科学技术出版社.

Wang Z X, Fujiwara K , 2003. A preliminary vegetation study of Fagus forests in central China: species composition, structure and ecotypes. Journal of Phytogeography and taxonomy, 51(2): 137-157.

附录　湖北万朝山自然保护区维管束植物名录

一、蕨类植物门　Pteridophyta

1. 石松科　Lycopodiaceae

 1）石松属　*Lycopodium* L.

  （1）蛇足石松　*Lycopodium serratum* Thunb.

  （2）多穗石松　*Lycopodium annotinum* L.

  （3）东北石松　*Lycopodium clavatum* L.

  （4）玉柏　*Lycopodium obscurum* L.

  （5）笔直石松　*Lycopodium obscurum* L. sp. Pl. *strictum* Nakai ex Hara

2. 卷柏科　Selaginellaceae

 2）卷柏属　*Selaginella*

  （6）薄叶卷柏　*Selaginella delicatula*（Desv.）Alston

  （7）兖州卷柏　*Selaginella involvens*（Sw.）Spring

  （8）布朗卷柏　*Selaginella braunii* Baker.

  （9）江南卷柏　*Selaginella moellendorfii* Hieron

  （10）疏叶卷柏　*Selaginella remotifolia* Spring

  （11）翠云草　*Selaginellauncinata*（Desv. ex Poir.）Spring

3. 木贼科　Equisetaceae

 3）木贼属　*Equisetum* L.

  （12）问荆　*Equisetum arvense* L.

 4）木贼属　*Hippochaete* L.

  （13）笔管草　*Equisetum ramosissimum Desf. subsp. debile*（Roxb. ex. vauch.）Hauke

  （14）木贼　*Equisetum hyemale*

  （15）节节草　*Commelina diffusa Burm. f.* Desf.

4. 瓶尔小草科　Ophioglossaceae

 5）瓶尔小草属　*Ophioglossum* L.

  （16）狭叶瓶尔小草　*Ophioglossum thermale* Kom.

5. 阴地蕨科　Botrychiaceae

 6）假阴地蕨属　*Botrypus* Chium Sw.

（17）劲直阴地蕨　*Botrychium strictum*（Underw.）Holub

（18）蕨萁　*Botrychium virginianum* L. Sw.

7）阴地蕨属　*Botrychium* Sw.

（19）阴地蕨　*Botrychium ternatum*（Thunb.）Sw.

6. 紫萁科　Osmundaceae

8）紫萁属　*Osmunda* L.

（20）紫萁　*Osmunda japonica* Thunb.

7. 瘤足蕨科　Plagiogyriaceae

9）瘤足蕨属　*Plagiogyria* Mett.

（21）镰叶瘤足蕨　*Plagiogyria distinctissima* Ching

8. 海金沙科 Lygodiaceae

10）海金沙属 *Lygodium* Sw.

（22）海金沙 *Lygodium japonicum*（Thunb.）Sw.

9. 里白科　Gleicheniaceae

11）芒萁属　*Dicranopteris* Bernh.

（23）芒萁　*Dicranopteris dichotoma*（Thunb.）Bernh.

12）里白属　*Hicriopteris* Presl

（24）里白　*Hicriopteris glauca*（Thunb.）Ching

10. 膜蕨科　Hymenophyllaceae

13）蓬蕨属　*Mecodium* Presl

（25）蓬蕨　*Mecodium badium*（Hook. et Grev.）Cop.

11. 姬蕨科　Dennstaedtiaceae

14）碗蕨属　*Dennstaedtia* Bernh.

（26）溪洞碗蕨　*Dennstaedtia wilfordii*（Moore）Christ

15）鳞盖蕨属　*Microlepia* Presl

（27）边缘鳞盖蕨　*Microlepia marginata*（Houtt.）C. Chr.

（28）中华鳞盖蕨　*Microlepia sinostrigosa* Ching

12 鳞始蕨科　Lindsaeceae

16）乌蕨属　*Stenoloma* Fee

（29）乌蕨　*Stenoloma chusanum*（L.）Ching

13. 蕨科　Pteridiaceae

17）蕨属　*Pteridium* Scopoli.

（30）蕨　*Pteridium aquilinum*（L.）Kuhn var. *latiusculum*（Desv.）Underw.

（31）毛轴蕨　*Pteridium revolutum*（Bl.）Nakai

14. 凤尾蕨科　Pteridaceae

18）凤尾蕨属　*Pteris* L.

（32）猪鬣凤尾蕨　*Pteris actiniopteroides* Christ.

（33）粗糙凤尾蕨　*Pteris cretica* L. var. *laeta*（Wall.）C. Chr. et Tard-Blot

（34）溪边凤尾蕨　*Pteris excelsa* Gaud.

（35）狭叶凤尾蕨　*Pteris henryi* Christ

（36）井栏边草　*Pteris multifida* Poir.

（37）凤尾蕨　*Pteris nervosa* Thunb.

（38）半边旗　*Pteris semipinnata* L.

（39）蜈蚣草　*Pteris vittata* L.

15. 中国蕨科　Sinopteridaceae

19）粉背蕨属　*Aleuritopteris* Fee

（40）粉背蕨　*Aleuritopteris farinosa*（Frosk.）Fée

20）碎米蕨属　*Cheilosoria* Trev.

（41）毛轴碎米蕨　*Cheilosoria chusana* Hook.

21）金粉蕨属　*Onychium* Kaulf.

（42）野雉尾金粉蕨　*Onychium japonicum*（Thunb.）Kze.

（43）木坪金粉蕨　*Onychium moupinense* Ching

22）旱蕨属　*Pellaea* Link

（44）旱蕨　*Pellaea nitidula*（Hook.）Bak.

16. 铁线蕨科　Adiantaceae

23）铁线蕨属　*Adiantum* L.

（45）团羽铁线蕨　*Adiantum capillus-junonis* Rupr.

（46）铁线蕨　*Adiantum capillus-veneris* L.

（47）月芽铁线蕨　*Adiantum edentulum* Christ

（48）白背铁线蕨　*Adiantum davidii* Franch.

（49）扇叶铁线蕨　*Adiantum flabellulatum* L.

（50）假鞭叶铁线蕨　*Adiantum malesianum* Ghatak

（51）小铁线蕨　*Adiantum mariesii* Baker

（52）灰背铁线蕨　*Adiantum myriosorum* Bak.

（53）掌叶铁线蕨　*Adiantum pedatum* L.

17. 裸子蕨科　Hemionitidaceae

24）凤丫蕨属　*Coniogramme* Fee.

（54）普通凤丫蕨　*Coniogramme intermedia* Hieron.

（55）凤丫蕨　*Coniogramme japonica*（Thunb.）Diels

（56）长羽凤丫蕨　*Coniogramme longissima* Ching et Kung ex Shing

（57）乳头凤丫蕨　*Coniogramme rosthornii* Hieron

18. 蹄盖蕨科　Athyriaceae

25）蹄盖蕨属 *Athyrium* Roth

（58）神农架蹄盖蕨 *Athyrium amplissimum* Ching Boufford et Shing

（59）华东蹄盖蕨 *Athyrium nipponicum*（Mett.）Hance

26）假蹄盖蕨属 *Athyriopsis* Ching

（60）假蹄盖蕨 *Athyriopsis japonica*（Thunb.）Ching

27）介蕨属 *Dryoathyrium* Ching

（61）华中介蕨 *Dryoathyrium okuboanum*（Makino）Ching

28）蛾眉蕨属 *Lunathyrium* Koidz

（62）陕西蛾眉蕨 *Lunathyrium giraldii*（Christ）Ching.

19. 铁角蕨科 Aspleniaceae

29）铁角蕨属 *Asplenium* L.

（63）华南铁角蕨 *Asplenium austrochinense* Ching

（64）虎尾铁角蕨 *Asplenium incisum* Thunb.

（65）半边铁角蕨 *Asplenium unilaterale* Lam.

（66）铁角蕨 *Asplenium trichomanes* L.

（67）三翅铁角蕨 *Asplenium tripteropus* Nakai

20. 金星蕨科 Thelypteridaceae

30）新月蕨属 *Pronephrium* Presl

（68）披针新月蕨 *Pronephrium penangianum*（Hook.）Ching

31）针毛蕨属 *Macrothelypteris*（H. Ito）Ching

（69）普通针毛蕨 *Macrothelypteris toressiana*（Gaud.）Ching

32）金星蕨属 *Parathelypteris*（H. Ito）Ching

（70）金星蕨 *Parathelypteris glanduligera*（Kze.）Ching

（71）光叶金星蕨 *Parathelypteris japoica*（Bak.）Ching var. *glabrata* Ching

（72）中日金星蕨 *Parathelypteris nipponica*（Franch. et Sav.）Ching

33）假毛蕨属 *Pseudocyclosrus* Ching

（73）普通假毛蕨 *Pseudocyclosorus subochthodes*（Ching）Ching

34）卵果蕨属 *Phegopteris* Fee

（74）延羽卵果蕨 *Phegopteris decursive-pinnata*（van Hall）Fée

21. 乌毛蕨科 Blechnaceae

35）荚囊蕨属 *Struthiopteris* Scopoli

（75）荚囊蕨 *Struthiopteris eburnea*（Christ）Ching

36）狗脊属 *Woodwardia* Smith.

（76）狗脊 *Woodwardia japonica*（L.f.）Sm.

（77）顶芽狗脊 *Woodwardia unigemmata*（Makino）Nakai

22. 球子蕨科 Onocleaceae

37）荚果蕨属　*Matteuccia* Todaro

（78）中华荚果蕨　*Matteuccia intermedia* C. Chr.

（79）东方荚果蕨　*Matteuccia orientalis*（Hook.）Trev.

（80）荚果蕨　*Matteuccia struthiopteris*（L.）Todaro

23. 岩蕨科　Woodsiaceae

38）岩蕨属　*Woodsia* R. Br.

（81）耳羽岩蕨　*Woodsia polystichoides* Eaton

24. 鳞毛蕨科　Dryopteridaceae

39）复叶耳蕨属　*Arachniodes* Bl.

（82）中华复叶耳蕨　*Arachniodes chinensis*（Rosenst.）Ching

（83）异羽复叶耳蕨　*Arachniodes simplicior*（Makino）Ohwi

（84）多羽复叶耳蕨　*Arachniodes amoena*（Ching）Ching

40）贯众属　*Cyrtomium* Presl.

（85）刺齿贯众　*Cyrtomium carytoideum*（Wall. ex HK. et Grer.）Presl

（86）贯众　*Cyrtomium fortunei* J. Sm.

（87）多羽贯众　*Cyrtomium fortunei* J. Sm. f. *polypterum*（Diels）Ching

（88）大叶贯众　*Cyrtomium macrophyllum* Tagawa

41）鳞毛蕨属　*Dryopteris* Adanson.

（89）两色鳞毛蕨　*Dryopteris setosa*（Thunb）Akasawa

（90）假异鳞毛蕨　*Dryopteris immixta* Ching

（91）半岛鳞毛蕨　*Dryopteris neolacera* Ching

（92）同形鳞毛蕨　*Dryopteris uniformis*（Makino）Makino

42）毛枝蕨属　*Leptorumohra*（H. Ito）

（93）毛枝蕨　*Leptorumohra miqueliana*（Maxim.）H. Ito

43）耳蕨属　*Polystichum* Roth

（94）尖齿耳蕨　*Polystichum acutidens* Christ

（95）鞭叶耳蕨　*Polystichum craspedosorum*（Maxim.）Diels.

（96）黑鳞耳蕨　*Polystichum makinoi* Tagawa

（97）革叶耳蕨　*Polystichum neolobatum* Nakai

（98）戟叶耳蕨　*Polystichum tripteron*（Kze.）Presl

（99）对马耳蕨　*Polystichum tsus-simense*（Hook.）J. Sm.

（100）对生耳蕨　*Polystichum deltodon*（Bak.）Diels

25. 槲蕨科　Drynariaceae

44）槲蕨属　*Drynaria*（Bory）J. Sm.

（101）槲蕨　*Drynaria roosii* Nakaike

26 水龙骨科　Polypodiaceae

45）骨牌蕨属 *Lepidogrammitis* Ching

（102）披针骨牌蕨 *Lepidogrammitis dirversa*（Rosenst.）Ching

（103）抱石莲 *Lepidogrammitis drymoglossoides*（Bak.）Ching

46）瓦韦属 *Lepisorus*（J. Sm.）Ching

（104）二色瓦韦 *Lepisorus bicolor*（Takeda）Ching

（105）扭瓦韦 *Lepisorus contortus*（Christ）Ching

（106）瓦韦 *Lepisorus thunbergianus*（Kaulf.）Ching

（107）阔叶瓦韦 *Lepisorus tosaensis*（Makino）H. Ito

（108）云南瓦韦 *Lepisorus xiphiopteris*（Baker）W.M. Chu

47）星蕨属 *Microsorum* Link.

（109）攀援星蕨 *Microsorum buergerianum*（Miq.）Ching

（110）江南星蕨 *Microsorum fortunei*（Moore）Ching

48）盾蕨属 *Neolepisorus* Ching

（111）盾蕨 *Neolepisorus ovatus*（Bedd.）Ching

49）假密网蕨属 *Phymatopsis* J. Sm.

（112）金鸡脚假瘤蕨 *Phymatopsis hastata*（Thunb.）Kitagawa

50）水龙骨属 *Polypodiodes* L.

（113）友水龙骨 *Polypodiodes amoenum* Wall.

（114）尖齿水龙骨 *Polypodiodes argutum* Wall.

51）石韦属 *Pyrrosia Mirbel*

（115）相似石韦 *Pyrrosia similis*（Bak.）Ching

（116）光石韦 *Pyrrosia calvata*（Bak.）Ching

（117）华北石韦 *Pyrrosia davidii*（Gies.）Ching

（118）毡毛石韦 *Pyrrosia drakeana*（Franch.）Ching

（119）矩圆石韦 *Pyrrosia martinii*（Christ）Ching

（120）有柄石韦 *Pyrrosia petiolosa*（Christ）Ching

（121）庐山石韦 *Pyrrosia sheareri*（Bak.）Ching

（122）尾叶石韦 *Pyrrosia caudifrons* Ching

52）石蕨属 *Saxiglossum* Ching

（123）石蕨 *Saxiglossum angustissimum*（Gies.）Ching

53）鳞果星蕨属 *Lepidomicrosorum* Ching et Shing

（124）常春藤鳞果星蕨 *Lepidomicrosorium hederaceum*（Christ）Ching

54）假瘤蕨属 *Phymatopteris* Pic. Serm.

（125）斜下假瘤蕨 *Phymatopteris stracheyi*（Ching）Pic. Serm.

27. 剑蕨科 Loxogrammaceae

55）剑蕨属 *Loxogramme*（Blume）C. Presl

（126）柳叶剑蕨　*Loxogramme salicifolia*（Makino）Makino

28. 苹科　Marsileaceae

　　56）苹属 *Marsilea* L.

　　（127）苹　*Marsilea quadrifolia* L.

二、裸子植物　Gymnosperman

1. 银杏科　Ginkgoceae

　　1）银杏属　*Ginkgo* L.

　　（1）银杏　*Ginkgo biloba* L.

2. 松科　Pinaceae

　　2）冷杉属　*Abies* Mill.

　　（2）秦岭冷杉　*Abies chensiensis* Tiegh.

　　（3）巴山冷杉　*Abies fargesii* Franch.

　　3）雪松属　*Cedrus* Trew

　　（4）雪松　*Cedrus deodara*（Roxb.）G. Don　　　　　　　　　　　●

　　4）油杉属　*Keteleeria* Carr.

　　（5）铁坚油杉　*Keteleeria davidiana*（Bertr.）Beissn.

　　5）落叶松属　*Larix* Mill.

　　（6）日本落叶松　*Larix kaempferi*（Lamb.）Carr.　　　　　　　　●

　　6）云杉属　*Picea* Dietr.

　　（7）麦吊云杉　*Picea brachytyla*（Franch.）Pritz.

　　（8）大果青杆　*Picea neoveitchii* Mast.

　　（9）青杆　*Picea wilsonii* Mast.

　　7）松属　*Pinus* L.

　　（10）华山松　*Pinus armandii* Franch.

　　（11）巴山松　*Pinus henryi* Mast.

　　（12）马尾松　*Pinus massoniana* Lamb.

　　（13）油松　*Pinus tabulaeformis* Carr.

　　（14）白皮松 *Pinus bungeana* Z.Endl.

　　8）金钱松属　*Pseudolarix* Gord.

　　（15）金钱松　*Pseudolarix amabilis*（Nelson）Rehd.　　　　　　●

　　9）铁杉属　*Tsuga* Carr.

　　（16）铁杉　*Tsuga chinensis*（Franch.）Pritz.

　　（17）丽江铁杉 *Tsuga forrestii* Downie

3. 杉科　Taxodiaceae

　　10）柳杉属　*Cryptomeria* D. Don

　　（18）柳杉　*Cryptomeria fortunei* Hooibrenk ex Otto et Dietr.　　●

　　11）杉木属　*Cunninghamia* R. Br.

（19）杉木　*Cunninghamia lanceolata*（Lamb.）Hook.　　　　　　●

12）水杉属　*Metasequoia* Miki ex Hu et Cheng

（20）水杉　*Metasequoia glyptostroboides* Hu et Cheng　　　　●

4. 柏科　Cupressaceae

13）柏木属　*Cupressus* L.

（21）柏木　*Cupressus funebris* Endl.

14）刺柏属　*Juniperus* L.

（22）刺柏　*Juniperus formosana* Hay.

15）侧柏属　*Platycladus* Spach

（23）侧柏　*Platycladus orientalis*（L.）Franco

16）圆柏属　*Sabina* Mill.

（24）圆柏　*Sabina chinensis*（L.）Ant.

（25）高山柏　*Sabina squamata*（Buch.- Ham.）Ant.

（26）香柏　*Sabina pingii*（Cheng ex Ferre）Cheng et W. T. Wang var. *wilsonii*（Rehd.）
Cheng et L. K. Fu

（27）铺地柏　*Sabina procumbens*（Endl.）Iwata et Kusaka

5. 三尖杉科　Cephalotaxaceae

17）三尖杉属　*Cephalotaxus* S. et Z.

（28）三尖杉　*Cephalotaxus fortunei* Hk. f.

（29）篦子三尖杉　*Cephalotaxus oliveri* Mast.

（30）粗榧　*Cephalotaxus sinensis*（Rehd. et Wils.）Li

6. 红豆杉科　Taxaceae

18）穗花杉属　*Amentotaxus* Pilg.

（31）穗花杉　*Amentotaxus argotaenia*（Hance）Pilg.

19）红豆杉属　*Taxus* L.

（32）红豆杉　*Taxus chinensis*（Pilg.）Rehd.

20）榧树属　*Torreya* Arn.

（33）巴山榧树　*Torreya fargesii* Franch.

三、被子植物　Angiospermae

（一）双子叶植物　Dicotyledoneae

1. 木兰科　Magnoliaceae

1）鹅掌楸属　*Liriodendron* L.

（1）鹅掌楸　*Liriodendron chinense*（Hemsl.）Sarg.

2）木兰属　*Magnolia* L.

（2）华中木兰　*Magnolia biondii* Pamp.

（3）厚朴　*Magnolia officinalis* Rehd. et Wils.

（4）辛夷　*Magnolia quinquepeta*（Buc'hoz）Dandy

（5）武当木兰　*Magnolia sprengeri* Pamp.

3）含笑属　*Michelia* L.

（6）黄心夜合　*Michelia martinii*（Lévl.）Dandy

（7）白兰花　*Michelia alba* DC

4）木莲属　*Manglietia* Bl.

（8）巴东木莲　*Manglietia patungensis*

2. 八角科　Illiciaceae

5）八角属　*Illicium* Linn.

（9）红茴香　*Illicium henryi*

3. 五味子科　Schisaandraceae

6）南五味子属　*Kadsura Kaempf. ex Juss.*

（10）南五味子　*Kadsura longepedunculata*

（11）异形南五味子　*Kadsura heteroclite*（*roxb.*）*Craib*

7）五味子属　*Schisandra* Michx.

（12）金山五味子　*Schisandra glaucescens*

（13）兴山五味子　*Schisandra incarnata*

（14）铁箍散　*Schisandra propinqua* var. *sinensis* Oliv.

（15）华中五味子　*Schisandra sphenanthera Rehd.* et Wils.

（16）五味子 *Schisandra chinensis*（Turcz.）baill

4. 水青树科　Tetracentraceae

8）水青树属　*Tetracentron* Oliv.

（17）水青树　*Tetracentron sinense* Oliv.

5. 领春木科　Eupteleaceae

9）领春木属　*Euptelea* S. et Zucc.

（18）领春木　*Euptelea pleiosperma* Hook. f. et Thoms.

6. 连香树科　Cercidiphyllaceae

10）连香树属　*Cercidiphyllum* Sieb. et Zucc.

（19）连香树　*Cercidiphyllum japonicum* Sieb. et Zucc.

7. 樟科　Lauraceae

11）黄肉楠属　*Actinodaphne* Nees

（20）扬子黄肉楠　*Actinodaphne lancifolia*（S. et Z.）Meissn. var. *sinensis* Allen

（21）红果黄肉楠　*Actinodaphne cupularis*（Hemsl.）Gamble

（22）柳叶黄肉楠 *Actinodaphne lecomtei* Allen

12）樟属　*Cinnamomum* Trew

（23）猴樟　*Cinnamomum bodinieri* Levl.

（24）湖北樟　*Cinnamomum bodinieri* Levl. var. *hupehanum*（gamble）G. F. Tao

（25）樟 *Cinnamomum camphora*（L.）Presl

（26）香桂 *Cinnumomum subaventum* Mlq.

（27）川桂 *Cinnamomum wilsonii* Gamble

13）山胡椒属 *Lindera* Thunb.

（28）香叶树 *Lindera communis* Hemsl.

（29）红果山胡椒 *Lindera erythrocarpa* Makino.

（30）香叶子 *Lindera fragrans* Oliv.

（31）山胡椒 *Lindera glauca*（S. et Z.）Bl.

（32）川钓樟 *Lindera hemsleyana*（Diels）H. P. Tsui

（33）黑壳楠 *Lindera megaphylla* Hemsl.

（34）绿叶甘橿 *Lindera fruticosa* Hemsl. var. frutzicosa

（35）三桠乌药 *Lindera obtusiloba* Bl. mus. Bot.

（36）川叶香叶树 *Lindera fragrans* Oliv.Lindera *rosthornii* Diels

（37）香粉叶 *Lindera pulcherrima*（Wall.）Benth.var.*attenuata* Allen

（38）川鄂菱叶钓樟 *Lindera supracostata* Lec.var.*sichuaensis* H.S.Kung

（39）菱叶钓樟 *Lindera supracostata* H. Lec

（40）山橿 *Lindera reflexa* Hemsl

14）木姜子属 *Litsea* Lam.

（41）山鸡椒 *Litsea cubeba*（Lour.）Pers.

（42）宜昌木姜子 *Litsea ichangensis* Gamble

（43）毛叶木姜子 *Litsea mollis* Hemsl.

（44）木姜子 *Litsea pungens* Hemsl.

（45）绢毛木姜子 *Litsea sericea*（Nees）Hk. f.

（46）钝叶木姜子 *Litsea veitchiana* Gamble

（47）川钓樟 *Litsea pulcherrima*（Wall.）Benth. var. *hemsleyana*（Diels）H. P. Tsui

（48）毛豹皮樟 *Litsea coreana* Levl.var.*lanuginosa*（Migo）Yang et P.H.Huang

（49）豹皮樟 *Litsea coreana* Levl.var.*sinensis*（Allen）Yang et P.H.Huang

（50）黄丹木姜子 *Litsea elongata*（Wall.ex Nees）Benth. et Hook.f

（51）近轮叶木姜子 *Litsea elongata*（Wall. ex Nees）Benth. et Hook. f. var. *subverticillata*（Yang）Yang et P. H. Huang

（52）湖北木姜子 *Litsea hupehana* Hemsl

（53）红皮木姜子 *Litsea pedunculata*（Diels）Yang et P.H.Huang

（54）杨叶木姜子 *Litsea populifolia*（Hemsl.）Gamble

（55）秦岭木姜子 *Litsea tsinlingensis* Yang et P.H.Huang

15）润楠属 *Machilus* Nees

（56）宜昌润楠 *Machilus ichangensis* Rehd. et Wils.

（57）小果润楠 *Machilus microcarpa* Hemsl.

16）新樟属　*Neoci nnamomum* Liou

（58）川鄂新樟　*Neoci nnamomum fargesii*（Lec.）Kosteym.

17）新木姜子属　*Neolitsea* Merr.

（59）中华新木姜子　*Neolitsea languginosa*（Nees）var. chinensis Gamble

（60）簇叶新木姜子　*Neolitsea confertifolia*（Hemsl.）Merr.

（61）巫山新木姜子　*Neolitsea wushanica*（Chun）Merr.

18）楠属　*Phoebe* Nees

（62）山楠　*Phoebe chinensis* Chun

（63）竹叶楠　*Phoebe faberi*（Hemsl.）Chun

（64）闽楠　*Phoebe bournei*（Hemsl.）Yang

（65）楠木　*Phoebe zhennan* S. Lee et F. N.Wei

（66）湘楠　*Phoebe hunanensis* Hand. -Mazz.

（67）白楠　*Phoebe neurantha*（Hemsl.）Gamble

（68）光枝楠　*Phoebe neuranthoides* S. Lee et F. N. Wei

（69）紫楠　*Phoebe sheareri*（Hemsl.）Gamble

19）檫木属　*Sassafras* Trew

（70）檫木　*Sassafras tzumu*（Hemsl.）Hsmsl.

8. 毛茛科　Ranunculaceae

20）乌头属　*Aconitum* L.

（71）大麻叶乌头　*Aconitum cannabifolium* Franch. ex Finet et Gagnep.

（72）乌头　*Aconitum carmichaeli* Debx.

（73）瓜叶乌头　*Aconitum hemsleyanum* Pritz.

（74）川鄂乌头　*Aconitum henryi* Pritz.

（75）展毛川鄂乌头　*Aconitum henryi* Pritz. var. villosum W. T. Wang

（76）花葶乌头　*Aconitum scaposum* Franch.

（77）高乌头　*Aconitum sinomontanum* Nakai

（78）长齿乌头　*Aconitum lonchodontum* Hand. -Mazz.

（79）聚叶花葶乌头　*Aconitum scaposum* Franch. var. vaginatum（Pritz.）Rapaics

21）类叶升麻属　*Actaea* L.

（80）类叶升麻　*Actaea asiatica* Hara

22）银莲花属　*Anemone* L.

（81）打破碗花花　*Anemone hupehensis* Lem.

（82）大火草　*Anemone tomentosa*（Maxim.）Pei

（83）西南银莲花　*Anemone davidii* Franch

（84）鄂西银莲花　*Anemone exiensis* G.F.Tao

（85）鹅掌草　*Anemone flaccida* Fr. Schmidt

（86）野棉花　*Anemone vitifolia* Buch.-Ham.

（87）秋牡丹　*Anemone hupehensis Lem.* var. japonica（Thunb.）Bowles et Stearn Sieb.et.Zuce

（88）草玉梅　*Anemone rivularis* Bush.-Ham.ex DC.

（89）小花草玉梅　*Anemone rivularis* Bush.-Ham. var.*flore-minore* Maxim

23）耧斗菜属　*Aquilegia* L.

（90）甘肃耧斗菜　*Aquilegia oxysepala* Trautv. et Mey. var. *kansuensis* Bruhl

（91）华北耧斗菜　*Aquilegia yabeana* Kitag.

24）铁破锣属　*Beesia* Balf. f. et W. W. Smith.

（92）铁破锣　*Beesia calthifolia*（Maxim.）Ulbr.

25）鸡爪草属 *Calathodes* HooK.f. et T oms .

（93）鸡爪草　*Calathodes oxycarpa* Sprague.

26）升麻属　*Cimicifuga* L.

（94）小升麻　*Cimicifuga acerina*（Sieb. et Zucc.）Tanaka

（95）升麻　*Cimicifuga foetida* L.

27）铁线莲属　*Clematis* L.

（96）粗齿铁线莲　*Clematis argentilucida*（Levl. et Vant.）W. T. Wang

（97）小木通　*Clematis armandii* Franch.

（98）威灵仙　*Clematis chinensis* Osbeck

（99）山木通　*Clematis finetiana* Levl. et Vaniot.

（100）金佛铁线莲　*Clematis gratopsis* W. T. Wang

（101）单叶铁线莲　*Clematis henryi* Oliv.

（102）宽柄铁线莲　*Clematis otophora* Franch. ex Finet et Gagn.

（103）钝萼铁线莲　*Clematis peterae* Hand. -Mazz.

（104）皱叶铁线莲　*Clematis uncinata* Champ. var. *coriacea* Pamp.

（105）钝齿铁线莲　*Clematis apiifolia* DC.var.*obtusidentata* Rehd. et Wils W.T.wang

（106）圆锥铁线莲　*Clematis terniflora* DC.

（107）巴山铁线莲　*Clematis kirilowii* Maxim.var.*pashanensis* M. C.Chang

（108）须蕊铁线莲　*Clematis pogonandra* Maxim

（109）小蓑衣藤　*Clematis gouriana* Roxb. ex DC.

（110）绣球藤　*Clematis montana* Buch. -Ham. ex DC.

（111）秦岭铁线莲　*Clematis obscura* Maxim.

（112）五叶铁线莲　*Clematis quinquefoliolata* Hutch.

（113）柱果铁线莲　*Clematis uncinata* Champ.

28）黄连属　*Coptis* Salisb.

（114）黄连　*Coptis chinensis* Franch.

29）翠雀属　*Delphinium* L.

（115）卵瓣还亮草　*Delphinium anthriscifolium* Hance var. *calleryi*（Franch.）Finet. et Gagn.

（116）大花还亮草　*Delphinium anthriscifolium* Hance var. *majus* Pamp.

（117）秦岭翠雀花　*Delphinium giraldii* Diels

（118）川陕翠雀花　*Delphinium henryi* Franch.

（119）腺毛茎翠雀花　*Delphinium hirticaule* Franch. var. mollipes W. T. Wang

30）人字果属　*Dichocarpum* W. T. Wang et Hsiao

（120）纵肋人字果　*Dichocarpum fargesii*（Franch.）W. T. Wang et Hsiao

（121）人字果　*Dichocarpum sutchuenense*（Franch.）W.T.Wang et Hsiao

（122）铁线蕨叶人字果　*Dichocarpum adiantifolium*（Hk. f. et Thoms.）W. T. Wang et Hsiao

（123）耳状人字果　*Dichocarpum auriculatum*（Franch.）W. T. Wang

（124）小花人字果　*Dichocarpum franchetii*（Finet et Gagn.）W. T. Wang et Hsiao

31）獐耳细辛属　*Hepatica* Mill.

（125）川鄂獐耳细辛　*Hepatica henryi*（Oliv.）Steward

32）芍药属　*Paeonia* L.

（126）草芍药　*Paeonia obovata* Maxim.

（127）毛叶草芍药　*Paeonia obovata* Maxim. var. *willmottiae*（Stapf）Stern

（128）毛果芍药　*Paeonia lactiflora* Pall. var. trichocarpa（Bge.）Stern

33）毛茛属　*Ranunculus* L.

（129）茴茴蒜　*Ranunculus chinensis* Bunge.

（130）毛茛　*Ranunculus japonicus* Thunb.

（131）扬子毛茛　*Ranunculus sieboldii* Miq.

34）白头翁属　*Pulsatilla* Adans.

（132）白头翁　*Pulsatilla chinensis*（Bunge）Regel

35）尾囊草属　*Urophysa* Ulbr.

（133）尾囊草　*Urophysa henryi*（Oliv.）Ulbr.

36）天葵属　*Semiaquilegia* Makino.

（134）天葵　*Semiaquilegia adoxoides*（DC.）Makino.

37）唐松草属　*Thalictrum* L.

（135）西南唐松草　*Thalictrum fargesii* Franch. ex Finet et Gagn.

（136）盾叶唐松草　*Thalictrum ichangense* Lecoy. ex Oliv.

（137）长喙唐松草　*Thalictrum macrorhynchum* Franch.

（138）东亚唐松草　*Thalictrum minus* L. var. *hypoleucum*（Sieb. et Zucc.）Miq.

（139）弯柱唐松草　*Thalictrum uncinulatum* Franch.

（140）兴山唐松草　*Thalictrum xingshanicum* G.F.Tao

（141）川鄂唐松草　*Thalictrum osmundifolium* Finet et Gagnep.

（142）小果唐松草　*Thalictrum microgynum* Lecoy. ex Oliv.

（143）长柄唐松草　*Thalictrum przewalskii* Maxim.

（144）粗壮唐松草　*Thalictrum robustum* Maxim.

9. 小檗科　Berberidaceae

38）小檗属　*Berberis* Linn.

（145）汉源小檗　*Berberis bergmanniae* Schneid.

（146）短柄小檗　*Berberis brachypoda* Maxim.

（147）川鄂小檗　*Berberis henryana* Schneid.

（148）豪猪刺　*Berberis julianae* Schneid.

（149）长叶蚝猪刺　*Berberis julianae* Schneid. var. *oblongifolia* Ahrendt

（150）巴东蚝猪刺　*Betberis julianae* Schneid. var. *patungensis* Ahrendt

（151）兴山小檗　*Berberis silvicola* Schneid.

（152）狭叶兴山小檗　*Berberis silvicola* Schneid. var. *anguata* Ahrendt.

（153）假豪猪刺　*Berberis soulieana* Schneid.

（154）芒齿小檗　*Berberis triacanthophora* Fedde

（155）单花小檗　*Berberis candidula* Schneid.

（156）秦岭小檗　*Berberis circumserrata*（Schneid.）Schneid.

（157）毛叶小檗　*Berberis brachypoda* Stapf

（158）柔毛小檗　*Berberis pubescens* Pamp.

（159）刺黑珠　*Berberis sargentiana* Schneid.

（160）日本小檗　*Berberis thunbergii* DC.

（161）匙形小檗　*Berberis vernae* Schneid.

（162）金花小檗　*Berberis wilsonae* Hemsl.

（163）直穗小檗　*Berberis dasystachya* Maxim.

39）红毛七属　*Caulophyllum* Michaux.

（164）红毛七　*Caulophyllum robustum* Maxim.

40）八角莲属　*Dysosma* Woods.

（165）六角莲　*Dysosma pleiantha*（Hance）Woods.

（166）八角莲　*Dysosma versipellis*（Hance）M. Cheng ex Ying

（167）小八角莲　*Dysosma difformis*（Hemsl.et Wils.）T.H.Wang ex Ying

41）淫羊藿属　*Epimedium* Linn.

（168）宝兴淫羊藿　*Epimedium davidii* Franch.

（169）川鄂淫羊藿　*Epimedium fargesii* Franch.

（170）三枝九叶草　*Epimedium sagittatum*（Sieb. et Zucc.）Maxim.

（171）四川淫羊藿　*Epimedium sutchuenense* Franch.

（172）淫羊藿　*Epimedium brevicornu* Maxim

（173）柔毛淫羊藿　*Epimedium pubescens* Maxim

（174）长蕊淫羊藿　*Epimedium dolichostemon* Stearn

（175）粗毛淫羊藿　*Epimedium acuminatum* Franch.

（176）巫山淫羊藿　*Epimedium wushanense* Ying

42）十大功劳属　*Mahonia* Nuttall.

（177）阔叶十大功劳　*Mahonia bealei*（Fort.）Carr.

（178）鄂西十大功劳　*Mahonia decipiens* Schneid.

（179）刺黄柏　*Mahonia comfusa saprague*

（180）大叶十大功劳　*Mahonia fargesii* Takeda

（181）刺黄连　*Mahonia gracilipes*（Oliv.）Fedde var. epruinosa T. S. Ying

43）山荷叶属　*Diphylleia* Michaux.

（182）南方山荷叶　*Diphylleia sinensis* H.L.Li

44）南天竹属　*Nandina* Thunb.

（183）南天竹　*Nandina domestica* Thunb.

10. 木通科　Lardizabalaceae

45）木通属　*Akedia* Decne.

（184）五叶木通　*Akebia quinata*（Thunb.）Decne.

（185）三叶木通　*Akebia trifoliata*（Thunb.）Koidz.

（186）白木通　*Akebia trifoliata*（Thunb.）Koidz. var. *australis* T. Shimizu

46）猫儿屎属　*Decaisnea* Hook. f. et Thoms.

（187）猫儿屎　*Decaisnea insignis*（Griff.）Hook. f. et Thoms Franch.

47）小月瓜属　*Holboellia* Wall.

（188）鹰爪枫　*Holboellia coriacea* Diels

（189）五月瓜藤　*Holboellia fargesii* Reaub.

（190）牛姆瓜　*Holboellia grandiflora* Reaub.

48）串果藤属　*Sinofranchetia*（Diels）Hemsl.

（191）串果藤　*Sinofranchetia chinensis*（Franch.）Hemsl.

49）野木瓜属　*Stauntonia* DC.

（192）羊瓜藤　*Stauntonia duclouxii* Gagnep.

11. 大血藤科　Sargentodoxaceae

50）大血藤属　*Sargentodoxa* Rehb. et Wils.

（193）大血藤　*Sargentodoxa cuneata*（Oliv.）Rehd. et Wils.

12. 防己科　Menrispermaceae

51）木防己属　*Cocculus* DC.

（194）木防己　*Cocculus orbiculatus*（L.）DC.

52）轮环藤属　*Cyclea* Arn. ex Wight

（195）轮环藤　*Cyclea racemosa* Oliv.

（196）四川轮环藤　*Cyclea sutchuenensis* Gagnep.

53）风龙属　*Sinomenium* Diels

（197）风龙　*Sinomenium acutum*（Thunb.）Rehb. et Wils.

（198）毛防己　*Sinomenium acutum*（Thunb.）Rehb. et Wils. var. *cinerum*（Diels）Rehb.

54）千金藤属　*Stephania* Lour.

（199）金线吊乌龟　*Stephania cepharantha* Hayata.

55）青牛胆属　*Tinospora* Miers

（200）青牛胆　*Tinospora sagittata*（Oliv.）Gagnep.

56）秤钩风属　*Diploclia* Miers.

（201）秤钩风　*Diploclia affinis*（olir）Diels

13. 马兜铃科　Aristolochiaceae

57）马兜铃属　*Aristolochia* L.

（202）异叶马兜铃　*Aristolochia kaempferi willd. f. heterophylla* Hemsl S. M. Hwang.

（203）鄂西马兜铃　*Aristolochia lasiops* Stapf

（204）管花马兜铃　*Aristolochia tubiflora* Dunn

（205）木通马兜铃　*Aristolochia mandshurensis* Kom.

（206）宝兴马兜铃　*Aristolochia moupinensis* Franch.

58）细辛属　*Asarum* L.

（207）尾花细辛　*Asarum caudigerum* Hance

（208）铜钱细辛　*Asarum debile* Franch.

（209）长毛细辛　*Asarum pulchellum* Hemsl.

（210）单叶细辛　*Asarum himalaicum* Hook f. et Thomson ex klotzsch.

（211）双叶细辛　*Asarum caulescens* Maxim

（212）祁阳细辛　*Asarum magnificum* Tsiang ex C. Y. Cheng et C. S. Yang

（213）大叶马蹄香　*Asarum maximum* Hemsl.

（214）细辛　*Asarum sieboldii* Miq.

59）马蹄香属　*Saruma Oliv.*

（215）马蹄香　*Saruma henryi Oliv.*

14. 胡椒科　Piperaceae

60）胡椒属　*Piper* Linn.

（216）石南藤　*Piper wallichii*（Miq.）Hand.-Mazz.

15. 三白草科　Saururaceae

61）裸蒴属　*Gymnotheca* Decne.

（217）裸蒴　*Gymnotheca chinensis* Decne.

62）蕺菜属　*Houttuynia* Thunb.

（218）蕺菜　*Houttuynia cordata* Thunb.

63）三白草属　*Saururus* Linn.

（219）三白草　*Saururus chinensis*（Lour.）Baill.

16. 金粟兰科　Chloranthaceae

64）金粟兰属　*Chloranthus* Swartz.

（220）宽叶金粟兰　*Chloranthus henryi* Hemsl.

（221）多穗金粟兰　*Chloranthus multistachys* Pei

（222）及已　*Chloranthus serratus*（Thunb.）Roem. et Schult.

（223）狭叶金粟兰　*Chloranthus angustifolius* Oliv.

17. 罂粟科　Papaveraceae

65）血水草属　*Eomecon* Hance

（224）血水草　*Eomecon chionantha* Hance

66）博落回属　*Macleaya* R. Br.

（225）博落回　*Macleaya cordata*（Willd.）R. Br.

（226）小果博落回　*Macleaya microcarpa*（Maxim.）Fedde

67）金罂粟属　*Stylophorum* Nutt.

（227）金罂粟　*Stylophorum lasiocarpum*（Oliv.）Fedde

68）荷青花属　*Hylomecon* Maxim.

（228）锐裂荷青花　*Hylomecon japonica*（Thunb.）Prantl var. *subincisa* Fedde

18. 紫堇科　Fumariaceae

69）紫堇属　*Corydalis* DC.

（229）川东紫堇　*Corydalis acuminata* Franch.

（230）地柏枝　*Corydalis cheilanthifolia* Hemsl.

（231）紫堇　*Corydalis edulis* Maxim.

（232）全叶延胡索　*Corydalis repens* Mandl. et Muhld. var. repens

（233）石生黄堇　*Corydalis saxicola* Bunting

（234）大叶紫堇　*Corydalis temulifolia* Franch.

70）荷包牡丹属　*Dicentra* Bernh.

（235）荷包牡丹　*Dicentra spectabilis*（L.）Lem.

19. 十字花科　Cruciferae

71）南芥属　*Arabis* L.

（236）硬毛南芥　*Arabis hirsuta*（L.）Scop.

72）荠属　*Capsella* Medic.

（237）荠　*Capsella bursa-pastoris*（L.）Medic.

73）碎米荠属　*Cardamine* L.

（238）光头山碎米荠　*Cardamine engleriana* O. E. Schulz

（239）大叶山芥碎米荠　*Cardamine griffithii* var. *grandifolia* T.Y.Cheo et R.C.Fang

（240）弹裂碎米荠　*Cardamine impatiens* L.

（241）窄叶碎米荠　*Cardamine impatiens* var.*angustifolia* O.E.Schulz

（242）水田碎米荠　*Cardamine lyrata* Bunge.

（243）弯曲碎米荠　*Cardamine flexuosa* With.

（244）华中碎米荠　*Candamine urbaniana* O.E. Schulz

74）蔊菜属　*Rorippa* Scop.

（245）无瓣蔊菜　*Rorippa dubia*（Pers.）Hara

（246）蔊菜　*Rorippa indica*（L.）Hiern

75）阴山荠属　*Yinshania* Y. C. Ma et Y. Z. Zhao

（247）柔毛阴山荠　*Yinshania henryi*（Oliv.）Y. H. Zhang

76）糖芥属　*Erysimum* L.

（248）糖芥　*Erysimum bungei*（kitag.）Kitag

（249）小花糖芥　*Erysimum cheiranthoides* L.

77）山萮菜属　*Eutrema* R..Br

（250）三角叶山萮菜　*Eutrema deltoideum*（Hook.i.et Thoms.）O.E.Schulz

（251）密序山萮菜　*Eutrema heterophyllum*（W.W.Smith.）Hara

（252）山萮菜　*Eutrema yunnanense* Franch.

78）葶苈属　*Draba* L.

（253）苞序葶苈　*Draba ladyginii* Pohle

79）诸葛菜属　*Orychophragmus* Bunge

（254）诸葛菜　*Orychophragmus violaceus*（L.）O.E. Schulz

（255）湖北诸葛菜　*Orychophragmus violaceus*（L.）O.E. Schulz var. *Hupehensis*（Pamp.）
　　　O.E.Schulz

20. 白花菜科　Capparidaceae

80）白花菜属　*Cleome* L.

（256）白花菜　*Cleome gynandra* L.

21. 堇菜科　Violaceae

81）堇菜属　*Viola* L.

（257）鸡腿堇菜　*Viola acuminata* Ledeb.

（258）球果堇菜　*Viola collina* Bess.

（259）短毛堇菜　*Viola confusa* Champ.

（260）七星莲　*Viola diffusa* Ging.

（261）紫花堇菜　*Viola grypoceras* A. Gray

（262）柔毛紫花堇菜　*Viola grypoceras* A. Gray var. *pubescens* Nakai

（263）长萼堇菜　*Viola inconspicua* Bl.

（264）白花堇菜　*Viola lactiflora*

（265）柔毛堇菜　*Viola principis* H. de Boiss.

（266）早开堇菜　*Viola prionantha* Bunge.

（267）萱　*Viola moupinensis.*

（268）戟叶堇菜　*Viola betonicifolia* J. E. Smith.

（269）尼泊尔堇菜　*Viola betonicifolia* Sm. ssp. *nepalensis* W. Beck.

（270）密毛蔓茎堇　*Viola fargesii* H. de Boiss.

（271）长梗堇菜　*Viola grayi* Franch. et Sav.

（272）蒙古堇菜　*Viola mongolica* Franch.

（273）浅圆齿堇菜　*Viola schneideri*

22. 远志科　Polygalaceae

　82）远志属　*Polygala* Linn.

（274）荷包山桂花　*Polygata arillata* Buch. -Ham. ex D. Don

（275）瓜子金　*Polygata japonica* Houtt.

（276）小扁豆　*Polygata tatarinowii* Regel

（277）长毛籽远志　*Polygata wattersii* Hance

（278）黄花远志　*Polygata arillata* Buch.-Ham.

（279）远志　*Polygala tenuifolia* Willd.

23. 景天科　Crassulaceae

　83）八宝属　*Hylotelephium* H. Ohba

（280）八宝　*Hylotelephium erythrostictum*（Miq.）H. Ohba

　84）红景天属　*Rhodiola* L.

（281）菱叶红景天　*Rhodiola henryi*（Diels）S. H. Fu

　85）景天属　*Sedum* L.

（282）费菜　*Sedum aizoon* L.

（283）大苞景天　*Sedum amplibracteatum* K. T. Fu

（284）细叶景天　*Sedum elatinoides* Franch.

（285）凹叶景天　*Sedum emarginatum* Migo

（286）景天　*Sedum erythrostictum* Miq.

（287）小山飘风　*Sedum filipes* Hemsl.

（288）垂盆草　*Sedum sarmentosum* Bunge.

（289）繁缕景天　*Sedum stellariifolium* Franch.

（290）轮叶景天　*Sedum chauveaudii* Hamet.

（291）山飘风　*Sedum major*（Hemsl.）Migo

（292）兴山景天　*Sedumw ilsonii* Frod.

（293）短蕊景天　*Sedum yvesii* Hamet

（294）东南景天　*Sedum alfredii* Hance

　86）石莲属　*Sinocrassula* Berger

（295）石莲　*Sinocrassula indica*（Decne.）Berger

（296）绿花石莲　*Sinocrassula indica*（Decne.）Berger var. *viridiflora* K. T. Fu

24. 虎耳草科　Saxifragaceae

87）落新妇属　*Astilbe* Buch. -Ham. ex D. Don

（297）华南落新妇　*Astilbe austrosinensis* H. -M.

（298）落新妇　*Astilbe chinensis*（Maxim.）Franch. et Savat.

（299）大落新妇　*Astilbe grandis* Stapf ex Wils.

（300）多花落新妇　*Astilbe rirularis* Buch. -Ham. ex D. Don var. myriantha

88）岩白菜属　*Bergenia* Moench

（301）岩白菜　*Bergenia purpurascens*（Hook. f. et Thoms.）Engl.

89）金腰属　*Chrysosplenium* Tourn. ex L.

（302）蜕叶金腰　*Chrysosplenium henryi* Franch.

（303）绵毛金腰　*Chrysosplenium lanuginosum* Hook. f. et Thoms.

（304）大叶金腰　*Chrysosplenium macrophyllum* Oliv.

（305）毛金腰　*Chrysosplenium pilosum* Maxim

（306）柔毛金腰　*Chrysosplenium pilosum* Maxim. var. valdepilosum Ohwi

（307）中华金腰　*Chrysosplenium sinicum* Maxim.

（308）肾萼金腰　*Chrysosplenium delavayi* Franch.

90）鬼灯檠属　*Rodgersia* Gray

（309）鬼灯檠　*Rodgersia podophylla*

91）虎耳草属　*Saxifraga* Tourn. ex L.

（310）扇叶虎耳草　*Saxifraga rufescens* Balf. f. var. flabellifolia C. Y. Wu et J. T. Pan

（311）秦岭虎耳草　*Saxifraga giraldiana* Engl.

（312）红毛虎耳草　*Saxifraga rufescens* Balf. f.

（313）虎耳草　*Saxifraga stolonifera* Curt.

（314）球茎虎耳草　*Saxifraga sibirica* L.

92）黄水枝属　*Tiarella* L.

（315）黄水枝　*Tiarella polyphylla* D. Don

93）梅花草属　*Parnassia* Linn.

（316）突隔梅花草　*Parnassia delvayi* Franch.

（317）鸡眼梅花草　*Parnassia wightiana* Wall. et Wight et Arn.

94）冠盖藤属　*Pileostegia* Hook. f. et Thoms.

（318）冠盖藤　*Pileostegia viburnoides*

25. 石竹科　Caryophyllaceae

95）无心菜属　*Arenaria* L.

（319）无心菜　*Arenaria serpyllifolia* L.

96）剪秋罗属 *Lychnis* L

    （320）剪红纱花 *Lychnis senno* Sieb.et Zucc.

    （321）剪春罗 *Lychnis coronata* Thuub.

97）卷耳属 *Cerastium* L.

    （322）鄂西卷耳 *Cerastium wilsonii* TaKeda

    （323）球序卷耳 *Cerastium glomeratum* Thuill.

98）狗筋蔓属 *Cucubalus* L.

    （324）狗筋蔓 *Cucubalus baccifer* L.

99）石竹属 *Dianthus* L.

    （325）石竹 *Dianthus chinensis* L.

    （326）瞿麦 *Dianthus superbus* L.

    （327）长萼石竹 *Dianthus kuschakewiczii Regel et schmalh.*

100）女娄菜属 *Melandrium* Roehl.

    （328）女娄菜 *silence aprica Turcz. ex Fisch. et Mey.*

    （329）无毛女娄菜 *Melandrium firmum*（S. et Z.）Rohrb.

    （330）紫萼女娄菜 *Melandrium tatarinowii*（Regel）Y. W. Tsui

101）种阜草属 *Moehringia* L.

    （331）三脉种阜草 *Moehringia trinervia* Clairv.

102）鹅肠菜属 *Myoston* Moench

    （332）鹅肠菜 *Myosoton aquaticum*（L.）Moench

103）漆姑草属 *Sagina* L.

    （333）漆姑草 *Sagina japonica*（Sw.）Ohwi

104）蝇子草属 *Silene* L.

    （334）鹤草 *Silene fortunei* Vis.

    （335）齿瓣蝇子草 *Silene incisa* C. L. Tang

    （336）石生蝇子草 *Silene tatarinowii* Regel.

105）繁缕属 *Stellaria* L.

    （337）石生繁缕 *Stellaria vestita* Kurz

    （338）天蓬草 *Stellaria slsine* Grimm

    （339）繁缕 *Stellaria media*（L.）cyr.

26. 粟米草科 Molluginaceae

  106）粟米草属 *Mollugo* L.

    （340）粟米草 *Mollugo stricta* L.

27. 马齿苋科 Portulacaceae

  107）马齿苋属 *Portulaca* L.

    （341）马齿苋 *Portulaca oleracea* L.

28. 蓼科 Polygonaceae

    108）金线草属 *Antenoron* Ratin.

        （342）短毛金线草 *Antenoron filiforme*（Thunb.）Rob. et Vaut. var. neofiliforme（Nakai）
           A. Hara

        （343）金线草 *Antenoron filiforme*（Thunb.）Rob. et Vaut.

    109）荞麦属 *Fagopyrum* Mill.

        （344）金荞麦 *Fagopyrum dibotrys*（D. Don）Hara

        （345）荞麦 *Fagopyrum esculentum* Moench.

        （346）细柄野荞麦 *Fagopyrum gracilipes*（Hemsl.）Dammer. ex Diels

        （347）苦荞麦 *Fagopyrum tataricum*（L.）Gaertn.

    110）蓼属 *Polygonum* L.

        （348）萹蓄 *Polygonum aviculare* L.

        （349）丛枝蓼 *Polygonim posumbu* Buch. -Ham. ex D. Don

        （350）虎杖 *Reynoutria japonica* Houtt.

        （351）水蓼 *Polygonim hydropiper* L.

        （352）软茎水蓼 *Polygonim hydropiper* var. *flaccidum*

        （353）酸模叶蓼 *Polygonim lapathifolium* L.

        （354）黄点酸模叶蓼 *Polygonim lapathifolium* L. var. *xanthophyllum* Kung

        （355）长鬃蓼 *Polygonim longisetum* De Bruyn

        （356）小蓼 *Polygonim minus* Huds.

        （357）何首乌 *Polygonim multiflora* Thunb. Harald.

        （358）尼泊尔蓼 *Polygonim nepalense* Meisn.

        （359）杠板归 *Polygonim perfoliatum* L.

        （360）春蓼 *Polygonim persicaria* L.

        （361）赤胫散 *Polygonim runcinatum* Buch. -Ham. ex D. Don var. *sinense* Hemsl.

        （362）中华赤胫散 *Polygonim runcinatum* Buch. -Ham. ex D. Don var. *sinense* Hemsl.

        （363）小头蓼 *Polygonim microephaium* D.Don

        （364）荭蓼 *Polygonim orientale* L.

        （365）支柱蓼 *Polygonim suffultum* maxim.

        （366）细穗支柱蓼 *Polygonim suffultum* Maxim. var. *pergracile*（Hemsl.）Sam.

        （367）中轴蓼 *Polygonim excurrens* steward-p

        （368）大花蓼 *Polygonim macranthum* Meisn.

        （369）抱茎蓼 *Polygonim amplexicaule* D. Don

        （370）中华抱茎蓼 *Polygonim amplexicaule* D. Don var. *sinenes* Forb. et Hemsl. ex Stew.

        （371）拳蓼 *Polygonim bistorta* L.

        （372）火炭母 *Polygonim chinense* L.

        （373）毛脉蓼 *Polygonim multiflora*（Thunb.）Harald. var. *ciliinerve*（Nakai）A. J. Li

（374）小箭叶蓼　*Polygonim sieboldii* Meisn.

（375）节蓼　*Polygonim nodosum* Pers.

（376）松荫蓼　*Polygonim pinetorum* Hemsl.

（377）大箭叶蓼　*Polygonim darrisii* Levl. et Vant.

（378）廊茵　*Polygonim senticosum*（Meisn.）Franch. et Sav.

（379）戟叶蓼　*Polygonim thunbergii* Sieb. et Zucc.

（380）珠芽蓼　*Polygonim viviparum* L.

111）大黄属　*Rheum* L.

（381）掌叶大黄　*Rheum palmatum* L.

（382）药用大黄　*Rheum officinale* Baill.

112）酸模属　*Rumex* L.

（383）酸模　*Rumex acetosa* L.

（384）尼泊尔酸模　*Rumex nepalensis* Spreng.

（385）皱叶酸模　*Rumex crispus* L.

（386）齿果酸模　*Rumex dentatus* L.

29. 商陆科　Phytolaccaceae

113）商陆属　*Phytolacca* L.

（387）商陆　*Phytolacca acinosa* Roxb.

30. 假繁缕科　Theligonaceae

114）假繁缕属　*Theligonum* Linn.

（388）假繁缕　*Theligonum.macranthum* Franch

31. 藜科　Chenopodiaceae

115）千针苋属　*Acroglochin* Schrad.

（389）千针苋　*Acroglochin persicarioides*（Poir.）Miq.

116）藜属　*Chenopodium* L.

（390）藜　*Chenopodium album* L.

117）地肤属　*Kochia* Roth

（391）地肤　*Kochia scoparia*（L.）Schrad.

32. 苋科　Amaranthaceae

118）牛膝属　*Achyranthes* L.

（392）牛膝　*Achyranthes bidentata* Blume.

（393）红柳叶牛膝　*Achyranthes longifolia*（Mak.）Mak. f. *rubra* Ho

119）苋属　*Amaranthus* L.

（394）反枝苋　*Amaranthus retroflexus* L.

（395）苋　*Amaranthus tricolor* L.

（396）尾穗苋　*Amaranthus caudatus* L.

（397）凹头苋　*Amaranthus lividus* L.

（398）繁穗苋　*Amaranthus paniculatus* L.

120）青葙属　*Celosia* L.

（399）青葙　*Celosia argentea* L.

121）杯苋属　*Cyathula* Blume

（400）川牛膝　*Cyathula officinalis* Kuan

33. 蒺藜科　Zygophyllaceae

122）蒺藜属　*Tribulus* L.

（401）蒺藜　*Tribulus Terrester* L.

34. 牻牛儿苗科　Geraniaceae

123）老鹳草属　*Geranium* L.

（402）毛蕊老鹳草　*Geranium platyanthum* Duthie.

（403）鼠掌老鹳草　*Geranium sibiricum* L.

（404）老鹳草　*Geranium wifordii* Maxim.

（405）鄂西老鹳草　*Geranium wilsonii* Kunth

（406）圆齿老鹳草　*Geranium nepalense* Knuth

（407）破血七　*Geranium henryi* Knuth

（408）湖北老鹳草　*Geranium rosthornii* R. Knuth.

（409）破血子　*Geranium rosthornii* Kunth

124）牻牛儿苗属　*Erodicum* L her.

（410）牻牛儿苗　*Erodium Stephanianum* Willd.

35. 酢浆草科　Oxalidaceae

125）酢浆草属　*Oxalis* L.

（411）山酢浆草　*Oxalisacetosella* L.Subsp. *griffithii*（Edgew. et Hk. f.）Hara

（412）酢浆草　*Oxalis corniculata* L.

36. 凤仙花科　Balsaminaceae

126）凤仙花属　*Impatiens* L.

（413）小凤仙花　*Impatiens davidii* Franch.

（414）细柄凤仙花　*Impatiens leptocaulon* Hook. f.

（415）水金凤　*Impatiens noli-tangere* Linn.

（416）窄萼凤仙花　*Impatiens stenosepala* Pritz. ex Diels

（417）长距凤仙花　*Impatiens dolichoceras* Pritz. ex Diels

（418）睫毛萼凤仙花　*Impatiens blepharosepala* Pritz. ex Diels

（419）齿萼凤仙花　*Impatiens dicentra* Franch. ex Hook. f.

（420）长翼凤仙花　*Impatiens longialata* Pritz. ex Diels

（421）湖北凤仙花　*Impatiens pritzelii* Hook. f.

（422）翼萼凤仙花 *Impatiens pterosepala* Hook. f.

37. 千屈菜科 Lythraceae

127）紫薇属 *Lagerstroemia* Linn.

（423）紫薇 *Lagerstroemia indica* L.

（424）南紫薇 *Lagerstroemia subcostata* Koehne

128）节节菜属 *Rotala* Linn.

（425）圆叶节节菜 *Rotala rotundifolia*（Buch.-Ham. ex Roxb.）Koehne

38. 石榴科 Punicaceae

129）石榴属 *Punica* Linn.

（426）石榴 *Punica granatum* L.

39. 柳叶菜科 Onagraceae

130）露珠草属 *Circaea* L.

（427）露珠草 *Circaea cordata* Royle

（428）谷蓼 *Circaea erubescens* Franch. et Sav.

（429）南方露珠草 *Circaea mollis* Sieb.et Zucc.

（430）秃梗露珠草 *Circaea glabrescens*（Pamp.）Hand.-Mazz.

（431）高山露珠草 *Circaea alpina* L.

131）柳叶菜属 *Epilobium* L.

（432）光滑柳叶菜 *Epilobium amurense* Hausskn.subsp.*cephalostigme*（Hausskn.）C. J.Chen et Raven

（433）华西柳叶菜 *Epilobium cylindricum* D. Don

（434）柳叶菜 *Epilobium hirsutum* L.

（435）长籽柳叶菜 *Epilobium pyrricholophum* Franch. et Savat.

（436）中华柳叶菜 *Epilobium sinense* Levl.

（437）小花柳叶菜 *Epilobium parviflorum* Schreber.

（438）广布柳叶菜 *Epilobium brevifolijum* D. Don subsp. *trichoneurum*（Hausskn. ）Raven

132）月见草属 *Oenothera* L.

（439）月见草 *Oenothera biennis* L.

40. 瑞香科 Thymelaeaceae

133）瑞香属 *Daphne* Linn.

（440）毛瑞香 *Daphne kiusiana* Miq. var. *atrocaulis*（Rehd.）F. Maekawa.

（441）瑞香 *Daphne odora* Thunb.

（442）鄂西瑞香 *Daphne wilsonii* Rehd.

（443）芫花 *Daphne genkwd* Sieb.et zucc.

（444）尖瓣瑞香 *Daphne acutiloba* Rehd.

134）荛花属 *Wikstroemia* Endl.

（445）岩杉树 *Wikstroemia angustifolia* Hemsl.

（446）纤细荛花　*Wikstroemia gracilis* Hemsl.

（447）岩茵子树　*Wikstroemia micrantha* Hemsl

135）结香属　*Edgeworthia* Meisn

（448）结香　*Edgeworthia chrysantha* Lindl.

41. 马桑科　Coriariaceae

136）马桑属　*Coriaria* L.

（449）马桑　*Coriaria nepalensis* Wall.

42. 海桐科　Pittosporum

137）海桐属　*Pittosporum* Banks ex Soland.

（450）突肋海桐　*Pittosporum elevaticostatum* Chang et Yan

（451）狭叶海桐　*Pittosporum glabratum* Lindl. var. *neriifolium* Rehd. et Wils.

（452）海金子　*Pittosporum illicioides* Makino.

（453）狭叶海金子　*Pittosporum illicioides* Mak. var. *stenophyllum* P. L. Chiu

（454）厚圆果海桐　*Pittosporum rehderianum* Gowda

（455）棱果海桐　*Pittosporum trigonocarpum* Levl.

（456）木果海桐　*Pittosporum xylocarpum* Hu et Wang

（457）柄果海桐　*Pittosporum podocarpum* Gagnep.

（458）菱叶海桐　*Pittosporum truncatum* Pritz

（459）短萼海桐　*Pittosporum brevicalyx*（Oliv）Gagnep.

（460）皱叶海桐　*Pittosporum crispulum* Gagnep.

43. 大风子科　Flacourtiaceae

138）柞木属　*Xylosma* G.Forst.

（461）柞木　*Xylosma racemosum*（Sieb. et Zucc.）Miq.

139）山羊角树属　*Carrierea* Franch.

（462）山羊角树　*Carrierea calycina* Franch.

140）山桐子属　*Idesia* Maxim.

（463）山桐子　*Idesia polycarpa* Maxim.

141）山拐枣属　*Poliothyrsis* Oliv.

（464）山拐枣　*Poliothyrsis sinensis* Oliv.

44. 葫芦科　Cucurbitaceae

142）绞股蓝属　*Gynostemme* Bl.

（465）绞股蓝　*Gynostemme pentaphyllum*（Thunb.）Makino.

143）喙果藤属　*Trirostellum*Z.P.Wangee Q.Z.Xie

（466）心籽喙果藤　*Trirostellum cardiocpermum*（c.o）Z.P.Wanget

144）雪胆属　*Hemsleya* Cogn.

（467）雪胆　*Hemsleya chinensis* Cogn. ex Forbes et Hemsl. var. chinensis

（468）马铜铃 *Hemsleya graciliflora*（Harms）Cogn.

145）苦瓜属 *Momordica* Linn.

（469）木鳖子 *Momordica cochinchinensis*（Lour.）Spreng.

146）裂瓜属 *Schizopepon* Maxim.

（470）湖北裂瓜 *Schizopepon dioicus* Cogn. ex Oliv.

147）赤瓟属 *Thladiantha* Bunge.

（471）皱果赤瓟 *Thladiantha henryi* Hemsl.

（472）长叶赤瓟 *Thladiantha longifolia* Cogn. ex Oliv.

（473）斑赤瓟 *Thladiantha maculata* Cogn.

（474）南赤瓟 *Thladiantha nudiflora* Hemsl. ex Forbes et Hemsl.

（475）鄂赤瓟 *Thladiantha oliveri* Cogn. ex Mottet

（476）长毛赤瓟 *Thladiantha villosula* Cogn.

148）栝楼属 *Trichosanthes* Linn.

（477）栝楼 *Trichosanthes kirilowii* Maxim.

（478）中华栝楼 *Trichosanthes rosthornii* Harms

（479）王瓜 *Trichosanthes cucumeroides*（Ser.）Maxim Bl.

149）马㼎儿属 *Zehneria* Endl.

（480）马㼎儿 *Zehneria indica*（Lour.）Keraudren

45. 秋海棠科 Begoniaceae

150）秋海棠属 *Begonia* Linn.

（481）秋海棠 *Begonia grandia* Dry.

（482）掌裂叶秋海棠 *Begonia pedatifida* Levl.

（483）中华秋海棠 *Begonia grandis* Drysubsp. sinensis（A. DC.）lrmsch.

（484）长柄秋海棠 *Begonia smithiana* Yii ex lrmsch.

46. 茶科 Theaceae

151）山茶属 *Camellia* L.

（485）长尾毛蕊茶 *Camellia caudata* Wall.

（486）尖连蕊茶 *Camellia cuspidata*（Kochs）Wright ex Gard.

（487）毛柄连蕊茶 *Camellia fraterna* Hance

（488）川鄂连蕊茶 *Camellia rosthorniana* Hand.-Mazz.

（489）黄杨叶连蕊茶 *Camellia buxifolia* Chang

（490）贵州连蕊茶 *Camellia costei* Levl.

152）柃木属 *Eurya* Thunb.

（491）翅柃 *Eurya alata* Kobuski.

（492）短柱柃 *Eurya brevistyla* Kobuski.

（493）细齿叶柃 *Eurya nitida* Korthals.

（494）黄背叶柃 *Eurya nitida* Korthals. var. *aurescens*（Rehd. et Wils.）*Kobuski.*

（495）细枝柃 *Eurya loquaiana* Dunn

（496）四角柃 *Eurya tetragonoclada* Merr. et Chun

153）木荷属 *Schima* Reinw. ex Bl.

（497）小花木荷 *Schima parviflora* Cheng et Chang et Chang

154）紫茎属 *Stewartia* Linn.

（498）紫茎 *Stewartia sinensis* Rehd. et Wils.

47. 猕猴桃科 Actinidiaceae

155）猕猴桃属 *Actinidia* Lindl.

（499）京梨猕猴桃 *Actinidia callosa* Lindl. var. *henryi* Maxim.

（500）中华猕猴桃 *Actinidia chinensis* Planch.

（501）绿果猕猴桃 *Actinidia deliciosa*（A.Chev.）C.F.Liang et A.R.Ferguson var. *chlorocarpa* C. F. Liang et A. R. Ferguson

（502）垩叶猕猴桃 *Actinidia melanadra* Franch. var. *cretaea* C.F.Liang

（503）美味猕猴桃 *Actinidia deliciosa*（A. Chev.）C. F. Liang et A. R.Ferguson

（504）紫果猕猴桃 *Actinidia argura*（S.et Z.）pl.ex mig.Varpurpuren（R.）

（505）陕西猕猴桃 *Actinidia arguta.*（Sieb. et Zucclpland. ex Miq）var *giraldll*（Diells）Voroshilov

（506）紫果猕猴桃 *Actinidia arguta*（Sieb. et Zucc.）Planch. ex Miq. var. *purpurea*（Rehd.）C. F. Liang

（507）四萼猕猴桃 *Actinidia terramera* Maxim

（508）葛枣猕猴桃 *Actinidia polygama*（Sieb. et Zucc. ）Maxim.

156）藤山柳属 *Clematoclethra* Maxim.

（509）绵毛藤山柳 *Clematoclethra lanosa* Rehd.

（510）藤山柳 *Clematoclethra lasioclada* Maxim.

（511）繁花藤山柳 *Clematoclethra* hemsleyi（Baill. ）Y. C. Tang t Q. Y. Xiang

48. 金丝桃科 Hypericeceae

157）金丝桃属 *Hypericum* Linn.

（512）黄海棠 *Hypericum ascyron* L.

（513）赶山鞭 *Hypericum attenuatum* Choisy

（514）贯叶连翘 *Hypericum perforatum* L.

（515）元宝草 *Hypericum sampsonii* Hance

（516）金丝梅 *Hypericum patulum* Thunb. ex Murray

（517）金丝桃 *Hypericum monogynu* M.L

（518）长柱金丝桃 *Hypericum longistylum* Oliv.

（519）突脉金丝桃 *Hypericum przewalskii* Maxim.

49. 椴树科 Tiliaceae

158）田麻属 *Corchoropsis* Sieb. et Zucc.

（520）田麻 *Corchoropsis tomentosa*（Thunb.）Makino

（521）光果田麻 *Corchoropsis* Psilocarpa Harms et Lose.

159）扁担杆属 *Gerwia* Linn.

（522）扁担杆 *Gerwia biloba* G. Don.

（523）小花扁担杆 *Grewia biloba* G. Don var. *parviflora*（Bge. ）Hand.-Mazz.

160）椴树属 *Tilia* Linn.

（524）粉椴 *Tilia oliveri* Szyszyl.

（525）少脉椴 *Tilia paucicostata* Maxim

（526）华椴 *Tilia chinensis* Maxim

（527）灰背椴 *Tilia oliveri* Szyszyl. var. cineracens Rehd. et Wils.

（528）椴树 *Tilia tuan* Szyszyl.

（529）毛糯米椴 *Tilia henryana* Szyszyl.

161）刺蒴麻属 *Triumfetta* Linn.

（530）刺蒴麻 *Triumfetta rhomboidea Jack.*

50. 杜英科 Elaeocarpaceae

162）猴欢喜属 *Sloanea* Linn.

（531）仿栗 *Sloanea hemsleyana*（Ito）Rehd. et. Wils.

51. 梧桐科 Sterculiaceae

163）梧桐属 *Firmiana* Marsili

（532）梧桐 *Firmiana platanifolia*（L. f.）Marsili

52. 锦葵科 Malvaceae

164）苘麻属 *Abutilon* Miller.

（533）苘麻 *Abutilon theophrasti* Medicus.

165）蜀葵属 *Althaea* Linn.

（534）蜀葵 *Althaea rosea*（Linn.）Cavan. ●

166）木槿属 *Hibiscus* Linn.

（535）木槿 *Hibiscus syriacus* Linn. ●

（536）长苞木槿 *Hibiscus syriacus* Linn. var. *longibracteatus* S. Y. Hu

167）锦葵属 *Malva* Linn.

（537）锦葵 *Malva sinensis* Cavan. ●

168）梵天花属 *Urena* Linn.

（538）梵天花 *Urena* Procumbens Linn.

53. 大戟科 Euphorbiaceae

169）铁苋菜属 *Acalypha* L.

（539）铁苋菜 *Acalypha australis* L.

（540）木本铁苋菜　*Acalypha acmophylla* Hemsl.

170）山麻杆属　*Alchornea* Sw.

（541）山麻杆　*Alchornea davidii* Franch

171）秋枫属　*Bischofia* Bl.

（542）秋枫　*Bischofia javanica* Bl.

172）假奓包叶属　*Discocleidion*（Muell. Arg.）Pax et Hoffm.

（543）假奓包叶　*Discocleidion rufescens*（Franch.）Pax et Hoffm.

173）大戟属　*Euphorbia* Linn.

（544）地锦　*Euphorbia humifusa* Willd. ex Schlecht

（545）湖北大戟　*Euphorbia hylonoma* Hand. -Mazz.

（546）通奶草　*Euphorbia* hypericifolia L.

（547）黄苞大戟　*Euphorbia* Sikkimensis Boiss.

（548）长圆叶大戟　*Euphorbia henryi* Hemsl.

（549）乳浆大戟　*Euphorbia esula* L.

174）乌桕属　*Sapium* P.Br.

（550）乌桕　*Sapium sebiferum*（L.）Roxb

（551）白木乌桕　*Sapium japonicum*（s.etz.）Paxet Hoffm.

175）地构叶属　*Speranskia* Baill.

（552）广东地构叶　*Speranskia cantonensis*（Hance.）Pax ex Hoffm

176）算盘子属　*Glochidion* T. R. et G. Forst. nom. cons.

（553）算盘子　*Glochidion puberum*（L.）Hutch.

177）雀舌木属　*Leptopus* Decne.

（554）雀儿舌头　*Leptopus chinensis*（Bunge.）Pojark.

（555）毛叶雀儿舌头　*Leptopus chinensis*（Bge.）var.*pubescens*（H.）H.-M

178）野桐属　*Mallotus* Lour.

（556）白背叶　*Mallotus apelta*（Lour.）Muell. Arg.

（557）野桐　*Mallotus japonicus*（Thunb.）Muell. Arg. var. *floccosus* S. M. Hwang

（558）粗糠柴　*Mallotus philippinensis*（Lam.）Muell. -Arg.

（559）石岩枫　*Mallotus repandus*（Willd.）Muell. -Arg.

（560）杠香藤　*Mallotus repandus*（Willd.）Muell. Arg. var.*chrysocarpus*（Pamp.）S. M. Hwang

（561）腺叶石岩枫　*Mallotus contubernails* Hance

（562）崖豆藤野桐　*Mallotus millietii* Levl.

（563）红叶野桐　*Mallotus paxii* Pamp.

179）叶下珠属　*Phyllanthus* Linn.

（564）青灰叶下珠　*Phyllanthus glaucus* Wall. ex Muell. Arg.

（565）单生叶下珠　*Phyllanthus simplex* Retz.

（566）黄珠子草 *Phyllanthus virgatus* Forst. f.

180）油桐属 *Vernicia* Lour.

（567）油桐 *Vernicia fordii*（Hemsl.）AiryShaw ●

181）巴豆属 *Croton* L.

（568）巴豆 *Croton tiglium* L.

54. 虎皮楠科 Daphniphyllaceae

182）虎皮楠属 *Daphniphyllum* Bl.

（569）交让木 *Daphniphyllum macropodum* Miq.

（570）虎皮楠 *Daphniphullum oldhami*（Hemsl.）Rosenth.

55. 鼠刺科 Escalloniaceae

183）鼠刺属 *Itea* Linn.

（571）月月青 *Itea ilicifolia* Oliv.

56. 茶藨子科 Grossulariaceae

184）茶藨子属 *Ribes* Linn.

（572）宝兴茶藨 *Ribes moupinense* Franch.

（573）细枝茶藨 *Ribes tenue* Jancz.

（574）长刺茶藨子 *Ribes alpestre* Wall.ex Decne.

（575）鄂西茶藨子 *Ribes franachetii* Jancz.

（576）长序茶藨子 *Ribes longiracemosum* Franch.

（577）华蔓茶藨子 *Ribes fasciculatum* sieb. et Zucc. var. *chinense* Maxim.

（578）冰川茶藨子 *Ribes glaciale* Wall.

（579）紫花茶藨子 *Ribes luridum* Hook. f. et Thoms.

57. 绣球科 Hydrangeaceae

185）草绣球属 *Carkiandra* Sieb. et Zucc.

（580）草绣球 *Cardiandra moellengroffii*（Hance）Migo

186）赤壁木属 *Decumaria* Linn.

（581）赤壁木 *Decumaria sinensis* Oliv.

187）叉叶蓝属 *Deinanthe* Maxim.

（582）叉叶蓝 *Deinanthe caerulea* Stapf

188）溲疏属 *Deutzia* Thunb.

（583）异色溲疏 *Deutzia discolor* Hemsl.

（584）密花溲疏 *Deutzia densifora* Rehd.

（585）长梗溲疏 *Deutzia vimorinae* Lem.

（586）长江溲疏 *Deutzia schneideriana* Rehd.

（587）粉红溲疏 *Deutzia rubens* Rehd.

（588）钻丝溲疏 *Deutzia mollis* Duthie

189）常山属　*Dichroa* Lour.

　　（589）常山　*Dichroa febrifuga* Lour.

190）绣球属　*Hydrangea* Linn.

　　（590）冠盖绣球　*Hydrangea anomala* D. Don

　　（591）长柄绣球　*Hydrangea longipes* Franch.

　　（592）大枝绣球　*Hydrangea longipes* Franch. var. *rosthornii*（Diels）W. T. Wang

　　（593）蜡莲绣球　*Hydrangea strigosa* Rehd.

　　（594）窄叶腊莲绣球　*Hydrangea strigosa* Rehd. var. *angustifolia* Rehd.

　　（595）阔叶蜡莲绣球　*Hydrangea strigosa* Rehd. var. *macrophylla*（Hemsl.）Rehd.

　　（596）微绒绣球　*Hydrangea heteromalla* D.Don

　　（597）东陵绣球　*Hydrangea bretschneideri* Dipp.

　　（598）白背绣球　*Hydrangea hypoglauca* Rehd.

　　（599）绣球　*Hydrangea macrophylla*（Thunb.）Ser.

　　（600）中国绣球　*Hydrangea chinensis* Maxim.

　　（601）锈毛绣球　*Hydrangea longipes Franch. var. fulvescens*（Rehd.）W. T. Wang ex Wei.

　　（602）柔毛绣球　*Hydrangea villosa* Rehd.

191）山梅花属　*Philadelphus* Linn.

　　（603）山梅花　*Philadelphus incanus* Koehne

　　（604）湖北山梅花　*Philadelphus hupehensis*（Koehne）S.Y.Hu

　　（605）绢毛山梅花　*Philadelphus sericanthus* Koehne

192）钻地风属　*Schizophragma* Sieb. et Zucc.

　　（606）小齿钻地风　*Schizphragma intetrifolia*（Franch.）Oliv. f. *denticulata*（Rehd.）Chun

58. 蔷薇科　Rosaceae

193）龙牙草属　*Agimonia* L.

　　（607）龙牙草　*Agrimonia pilosa* Ldb.

194）唐棣属　*Amelanchier* Medic.

　　（608）唐棣　*Amelanchier sinica*（Schneid.）Chun

195）桃属　*Amygdalus* L.

　　（609）山桃　*Amygdalus davidiana*（Carrière.）de Vos ex Henry

　　（610）桃　*Amygdalus persica* L.

196）杏属　*Armeniaca* Mill.

　　（611）野杏　*Armeniaca vulgaris* Lam. var. *ansu*（Maxim.）Yu et Lu

　　（612）杏　*Armeniaca vulgaris Lam.*（Prunus armeniaca L.）

197）假升麻属　*Aruncus* Adans.

　　（613）假升麻　*Aruncus sylvester* Kostel. ex Maxim.

198）樱属　*Cerasus* Mill.

（614）华中樱桃　*Cerasus conradinae*（Koehne）Yu et Li

（615）尾叶樱桃　*Cerasus dielsiana*（Schneid.）Yu et Li

（616）樱桃　*Cerasus pseudocerasus*（Lindl.）G. Don

（617）康定樱桃　*Cerasus tatsienensis*（Batal.）Yu et Li

（618）微毛樱桃　*Cerasus clarofolia*（Schneid）Yu et Li

（619）毛叶山樱花 *Cerasus serrulata*（Lindl）G.Don ex London var.*pubescens*（Makino.）Yu et Li

（620）四川樱桃　*Cerasus szechuanica*（Batal.）Yu et Li

199）枸子属　*Cotoneaster* B. Ehrhart.

（621）灰枸子　*Cotoneaster acutifolius* Turcz.

（622）灰枸子密毛变种　*Cotoneaster acutifolius* Turcz. var. *villosulus* Rehd. et Wils.

（623）匍匐枸子　*Cotoneaster adpressus* Bois

（624）泡叶枸子大叶变种　*Cotoneaster bullatus* Bois var. *macrophylla* Rehd. et Wils.

（625）木帚枸子　*Cotoneaster dielsianus* Pritz.

（626）散生枸子　*Cotoneaster divaricatus* Rehd. et Wils.

（627）细弱枸子　*Cotoneaster gracilis* Rehd. et Wils.

（628）平枝枸子　*Cotoneaster horizontalis* Dcne.

（629）小叶平枝枸子　*Cotoneaster horizontalis* Decne. var.*perpusillus* Schneid.

（630）柳叶枸子皱叶变种　*Cotoneaster salicifolius* Franch. var. *rugosus*（Pritz.）Rehd. et Wils.

（631）柳叶枸子大叶变种　*Cotoneaster salicifolius* Franch.var.*henryanus*（Schneid）Yu

（632）华中枸子　*Cotoneaster silvestrii* Pamp.

（633）西北枸子　*Cotoneaster zabelii* Schneid.

（634）麻核枸子　*Cotoneaster foveolatus* Rehd.et Wils

（635）匍匐枸子　*Cotoneaster adpressus* Bois

200）山楂属　*Crataegus* L.

（636）湖北山楂　*Crataegus hupehensis* Sarg.

（637）华中山楂　*Crataegus wilsonii* Sarg.

（638）野山楂　*Crataegus cuneata* Sieb.et Zucc.

201）蛇莓属　*Duchesnea* J. E. Smith

（639）蛇莓　*Duchesnea indica*（Andr.）Focke

202）枇杷属　*Eriobotrya* Lindl.

（640）枇杷　*Eriobotrya japonica*（Thunb.）Lindl.

203）白鹃梅属　*Exochorda* Lindl.

（641）红柄白鹃梅变种　*Exochorda giraldii* Hesse var. *wilsonii*（Rehd.）Rehd.

204）草莓属　*Fragaria* L.

（642）东方草莓　*Fragaria orientalis* Lozinsk.

205）路边青属 *Geum* L.

　　（643）路边青 *Geum aleppicum* Jacq.

　　（644）柔毛路边青 *Geum japonicum* Thunb. var. *chinense* F. Bolle

206）棣棠花属 *Kerria* DC.

　　（645）棣棠花 *Kerria japonica*（L.）DC.

207）桂樱属 *Laurocerasus* Tourn. ex Duh.

　　（646）大叶桂樱 *Laurocerasus zippeliana*（Miq.）Yu et Lu

208）臭樱属 *Maddenia* Hook. f. et Thoms.

　　（647）臭樱 *Maddenia hypoleuca* Koehne

209）苹果属 *Malus* Mill.

　　（648）湖北海棠 *Malus hupehensis*（Pamp.）Rehd.

　　（649）垂丝海棠 *Malus halliana* Koehne

　　（650）花红 *Malus asiatica* Nakai.

　　（651）河南海棠 *Malus honanensis* Rehd.

210）绣线梅属 *Neillia* D. Don

　　（652）中华绣线梅 *Neillia sinensis* Oliv.

211）榅桲属 *Crdonia* Mill.

　　（653）木瓜 *Chaenomeles sinensis*（Thouin）Kochne

212）稠李属 *Padus* Mill.

　　（654）细齿稠李 *Padus obtusata*（Koehne）Yu et Ku

　　（655）绢毛稠李 *Padus wilsonii* Schneid.

　　（656）短梗稠李 *Padus brachypoda*（Batal.）Schneid.

213）石楠属 *Photinia* Lindl.

　　（657）中华石楠 *Photinia beauverdiana* Schneid.

　　（658）中华石楠厚叶变种 *Photinia beauverdiana* Schneid. var. *notabilis*（schneid.）Rehd.et Wils

　　（659）中华石楠短叶变种 *Photinia beauverdiana* Schneid.var.*brevifolia* Card.

　　（660）椤木石楠 *Photinia davidsoniae* Rehd. et Wils.

　　（661）光叶石楠 *Photinia glabra*（Thunb.）Maxim.

　　（662）石楠 *Photinia serrulata* Lindl.

　　（663）小叶石楠 *Photinia parvifolia*（Pritz.）Schneid.

　　（664）毛叶石楠无毛变种 *Photinia villosa*（Thunb.）DC.var.*sinica* Rehd. et Wils.

214）委陵菜属 *Potentilla* L.

　　（665）翻白草 *Potentilla discolor* Bge.

　　（666）莓叶委陵菜 *Potentilla fragarioides* L.

　　（667）三叶委陵菜 *Potentilla freyniana* Bornm.

　　（668）银叶委陵菜 *Potentilla leuconota* D. Don

（669）皱叶委陵菜　*Potentilla ancistrifolia* Bge

（670）西南委陵菜　*Potentilla fulgens* Wall.ex Hook.

215）李属　*Prunus* L.

（671）李　*Prunus salicina* Lindl.

216）火棘属　*Pyracantha* Roem.

（672）全缘火棘　*Pyracantha atalantoides*（Hance）Stapf

（673）细圆齿火棘　*Pyracantha crenulata*（D. Don）Roem.

（674）火棘　*Pyracantha fortuneana*（Maxim.）Li

217）梨属　*Pyrus* L.

（675）沙梨　*Pyrus pyrifolia*（Burm. f.）Nakai

（676）豆梨　*Pyrus calleryana* Decne

（677）麻梨　*Pyrus serrulata* Rehd.

（678）杜梨　*Pyrus betulaefolia* Bunge.

218）蔷薇属　*Rosa* L.

（679）单瓣白木香　*Rosa banksiae* Ait. var. *normalis* Regel

（680）拟木香　*Rosa banksiopsis* Baker

（681）尾萼蔷薇　*Rosa caudata* Baker

（682）伞房蔷薇　*Rosa corymbulosa* Rolfe

（683）毛叶陕西蔷薇　*Rosa giraldii* Crep. var. *venulosa* Rehd. et wils.

（684）软条七蔷薇　*Rosa henryi* Bouleng.

（685）金樱子　*Rosa laevigata* Michx.

（686）野蔷薇　*Rosa multiflora* Thunb.

（687）粉团蔷薇　*Rosa multiflora* Thunb. var. *cathayensis* Rehd. et Wils.

（688）峨眉蔷薇　*Rosa omeiensis* Rolfe

（689）缫丝花　*Rosa roxburghii* Tratt.

（690）悬钩子蔷薇　*Rosa rubus* Levl.et Vant.

（691）卵果蔷薇　*Rosa helenae* Rehd.et Wils.

（692）华西蔷薇　*Rosa moyesii* Hemsl. et Wils.

（693）单瓣缫丝花　*Rosa roxburghii* Tratt.f.*normalis* Rehd.et Wils.

（694）大红蔷薇　*Rosa saturata* Baker

（695）钝叶蔷薇　*Rosa sertata* Rolfe

219）悬钩子属　*Rubus* L.

（696）腺毛莓　*Rubus adenophorus* Rolfe

（697）竹叶鸡爪茶　*Rubus bambusarum* Focke

（698）长序莓　*Rubus chiliadenus* Focke.

（699）毛萼莓　*Rubus chroosepalus* Focke

（700）山莓　*Rubus corchorifolius* L. f.

（701）插田泡　*Rubus coreanus* Miq.

（702）白叶莓　*Rubusinnominatus* S. Moore

（703）无腺白叶莓　*Rubus innominatus* S. Moore var.*kuntzeanus*（Hemsl.）Bailey

（704）高粱泡　*Rubus lambertianus* Ser.

（705）光滑高粱泡　*Rubus lambertianus* Ser. var. *glaber* Hemsl.

（706）喜阴悬钩子　*Rubus mesogaeus* Focke

（707）红毛悬钩子　*Rubus pinfaensis* Levl. et Vant.

（708）五叶鸡爪茶　*Rubus playfairianus* Hemsl.ex Focke

（709）空心泡　*Rubus rosaefolius* Smith

（710）乌泡子　*Rubus parkeri* Hance

（711）秀丽莓　*Rubus amabilis* Focke

（712）桉叶悬钩子　*Rubus eucalyptus* Focke

（713）无腺桉叶悬钩子　*Rubus eucalyptus* Focke var.*trullisatus*（Focke）Yu et Lu

（714）弓茎悬钩子　*Rubus flosculosus* Focke

（715）鸡爪茶　*Rubus henryi* Hemsl.et Ktze.

（716）宜昌悬钩子　*Rubus ichangensis* Hemsl.et Ktze.

（717）绵果悬钩子　*Rubus lasiostylus* Focke

（718）菰帽悬钩子　*Rubus pileatus* Focke

（719）针刺悬钩子　*Rubus pungens* Camb.

（720）单茎悬钩子　*Rubus simplex* Focke

（721）木莓　*Rubus swinhoei* Hance

（722）黄脉莓　*Rubus xanthoneurus* Focke ex Diels

220）地榆属　*Sanguisorba* L.

（723）直穗地榆　*Sanguisorba grandiflora*（Maxim.）Makino

（724）长叶地榆　*Sanguisorba officinalis* L. var. *longifolia*（Bertol.）Yu et Li

221）珍珠梅属　*Sorbaria*（Ser.）A. Br. ex Aschers.

（725）高丛珍珠梅　*Sorbaria arborea* Schneid.

（726）光叶高丛珍珠梅　*Sorbaria arborea* Schneid. var.*glabrata* Rehd

（727）毛叶珍珠梅　*Sorbaria arborea* Schneid.var.*dubia*（Schneid.）C.Y.Wu

222）花楸属　*Sorbus* L.

（728）水榆花楸　*Sorbus alnifolia*（Sieb. et Zucc.）K. Koch

（729）美脉花楸　*Sorbus caloneura*（Stapf）Rehd.

（730）石灰花楸　*Sorbus folgneri*（Schneid.）Rehd.

（731）湖北花楸　*Sorbus hupehensis* Schneid.

（732）长果花楸　*Sorbus zahlbruckneri* Schneid.

（733）陕甘花楸　*Sorbus koehneana* Maxim

（734）毛序花楸　*Sorbus keissleri*（Schneid.）Rehd.

（735）华西花楸　*Sorbus wilsoniana* Schneid.

（736）黄脉花楸　*Sorbus xanthoncura* Rehd.

223）绣线菊属　*Spiraea* L.

（737）中华绣线菊　*Spiraea chinensis* Maxim.

（738）渐尖叶粉花绣线菊　*Spiraea japonica* L. f. var. *acuminata* Franch.

（739）光叶粉花绣线菊　*Spiraea japonica* L.f.var.*fortunei*（Planchon.）Rehd.

（740）鄂西绣线菊　*Spiraea veitchii* Hemsl.

（741）绣球绣线菊　*Spiraea blumei* G.Don

（742）华北绣线菊　*Spiraea fritschiana* Schneid.

（743）疏毛绣线菊　*Spiraea hirsuta*（Hemsl.）Schneid.

（744）疏毛绣线菊圆叶变种　*Spiraea hirsuta*（Hemsl.）Schneid.var.*rotundifolia*（Hemsl.）Rehd.

（745）长蕊绣线菊无毛变种　*Spiraea miyabei* Koidz.var.*gldbrata* Rehd.

（746）长蕊绣线菊毛叶变种　*Spiraea miyabei* Koidz.var.*pilosula* Rehd.

（747）广椭绣线菊　*Spiraea ovalis* Rehd

（748）兴山绣线菊　*Spiraea sinshanensis* Yu et Lu

（749）土庄绣线菊　*Spiraea pubescens* Turcz.

224）红果树属　*Stranvaesia* Lindl.

（750）红果树波叶变种　*Stranvaesia davidiana* Dcne. var. *undulata*（Dcne.）Rehd. et Wils.

225）无尾果属　Coluria *R. Br.*

（751）大头叶无尾果　*Coluria henryi* Batal.

226）鸡麻属　Rhodotypos Sieb. et Zucc.

（752）鸡麻　*Rhodotypos scandens*（Thunb.）Makino.

59. 蜡梅科 Calycanthaceae

227）蜡梅属　*Chimonanthus* Lindl. non. cons.

（753）蜡梅　*Chimonanthus praecox*（Linn.）Link

（754）山蜡梅　*Chimonanthus* nitens Olizv.

60. 含羞草科　Mimosaceae

228）合欢属　*Albizia* Durazz.

（755）合欢　*Albizia julibrissin* Durazz.

（756）山槐　*Albizia kalkora*（Roxb.）Prain

61. 苏木科　Caesalpiniaceae

229）羊蹄甲属　*Bauhinia* Linn.

（757）鄂羊蹄甲　*Bauhinia glauca*（Wall. ex Benth.）Benth. subsp. *hupehana*（Craib）T. chen

（758）鞍叶羊蹄甲　*Bauhinia brachycarpa* Wall.et Benth

230）云实属　*Caesalpinia* L.

（759）云实　*Caesalpinia decapetala*（Roth）Alston

（760）鸡嘴簕　*Caesalpinia sinensis*（Hemsl.）Vidal

231）紫荆属　*Cercis* Linn.

（761）紫荆　*Cercis chinensis* Bunge.

232）皂荚属　*Gleditsia* Linn.

（762）皂荚　*Gleditsia sinensis* Lam.

233）决明属　*Cassia* Linn.

（763）豆茶决明　*Cassia nomame*（Sieb.）Kitagawa.

62. 蝶形花科　Fabaceae

234）两型豆属　*Amphicarpaea* Eilliott ex Nutt.

（764）两型豆　*Amphicarpaea edgeworthii* Benth.

（765）三籽两型豆　*Amphicarpaea trisperma*（Miq.）Baker ex Jacks.

235）黄耆属　*Astragalus* Linn.

（766）黄耆　*Astragalus membranaceus*（Fisch.）Bunge.

（767）秦岭黄耆　*Astragalus henryi* Oliv.

（768）背扁黄耆　*Astragalus complanatus* Bge.

236）杭子梢属　*Campylotropis* Bunge.

（769）宜昌杭子梢　*Campylotropis ichangensis* Schindl.

（770）杭子梢　*Campylotropis macrocarpa*（Bge.）Rehd.

237）锦鸡儿属　*Caragana* Fabr.

（771）锦鸡儿　*Caragana sinica*（Buchoz）Rehd.

238）黄檀属　*Dalbergia* Linn. f.

（772）大金刚藤　*Dalbergia dyeriana* Prain ex Harms

（773）藤黄檀　*Dalbergia hancei* Benth.

（774）黄檀　*Dalbergia hupeana* Hance

（775）象鼻藤　*Dalbergia mimosoides* Franch.

239）山蚂蝗属　*Desmodium* Desv.

（776）小槐花　*Desmodium caudatum*（Thunb.）DC.

（777）长波叶山蚂蝗　*Desmodium sequax* Wall.

240）山黑豆属　*Dumasia* DC.

（778）柔毛山黑豆　*Dumasia villosa* DC.

241）千斤拔属　*Flemingia* Roxb. ex W. T. Ait.

（779）千斤拔　*Flemingia phillippinensis* Merr. et Rolfe

242）大豆属　*Glycine* Willd.

（780）野大豆　*Glycine soja* Sieb. et Zucc.

243）肥皂荚属　*Gymnocladus* Lam.

（781）肥皂荚　*Gymnocladus chinensis* Baill.

244）木蓝属　*Indigofera* Linn.

（782）多花木蓝　*Indigofera amblyantha* Craib

（783）河北木蓝　*Indigofera bungeana* Walp.

（784）宜昌木蓝　*Indigofera decora* Lindl. var. *ichangensis*（Craib）Y. Y. Fang et C. Z. Zheng

（785）兴山木蓝　*Indigofera decora* Lindl.var.*chalara*（Craib.）Y. Y.Fang et C.Z.Zheng

（786）马棘　*Indigofera pseudotinctoria* Matsum.

（787）苏木蓝　*Indigofera carlesii* Craib

245）鸡眼草属　*Kummerowia* Schindl.

（788）长萼鸡眼草　*Kummerowia stipulacea*（Maxim）Makino.

246）胡枝子属　*Lespedeza* Michx.

（789）绿叶胡枝子　*Lespedeza buergeri* Miq.

（790）中华胡枝子　*Lespedeza chinensis* G. Don

（791）截叶铁扫帚　*Lespedeza cuneata*（Dum. Cours.）G. Don

（792）大叶胡枝子　*Lespedeza davidii* Franch.

（793）美丽胡枝子　*Lespedeza formosa*（Vog.）Koehne

（794）细梗胡枝子　*Lespedeza virgata*（Thunb.）DC.

（795）铁马鞭　*Lespedeza pilosa*（thumb.）Sieb.et Zucc

（796）西南胡枝子　*Lespedeza bicolor* Turcz. ssp . *elliptica*（Benth. ex Maxim. ）Hsu X. Y. Li et D. X. Gu

（797）多花胡枝子　*Lespedeza floribunda* Bunge.

247）百脉根属　*Lotus* Linn.

（798）百脉根　*Lotus corniculatus* Linn.

248）马鞍树属　*Maackia* Rupr. et Maxim.

（799）马鞍树　*Maackia hupehensis*

249）苜蓿属　*Medicago* Linn.

（800）南苜蓿　*Medicago hispida* Gaertn.

（801）天蓝苜蓿　*Medicago lupulina* L.

（802）小苜蓿　*Medicago minima*（L.）Grufb.

250）草木樨属　*Melilotus* Mill.

（803）白花草木樨　*Melilotus albus* Medic. ex Desr.

（804）印度草木樨　*Medicago indicus*（L.）All.

（805）草木樨　*Medicago officinalis*（L.）Pall.

251）崖豆藤属　*Millettia* Wight et Arn.

（806）香花崖豆藤　*Millettia dielsiana* Harms.

（807）异果鸡血藤　*Millettia dielsiana* Harms. var. *heterocarpa*（Chun ex T. Chen）Z. Wei

（808）网络崖豆藤　*Millettia reticulata* Benth.

252）鲡豆属　*Mucuna* Adans.

（809）常春油麻藤　*Mucuna sempervirens* Hemsl.

253）长柄山蚂蝗属　*Podocarpium*（Benth.）Yang et Huang

（810）羽叶长柄山蚂蝗　*Podocarpium oldhamii*（Oliv.）Yang et Huang

（811）长柄山蚂蝗　*Podocarpium podocarpum*（DC.）Yang et Huang

（812）尖叶长柄山蚂蝗　*Podocarpium podocarpum*（DC.）Yang et Huang var. *oxyphyllum*（DC.）Yang et Huang

（813）四川长柄山蚂蝗　*Podocarpium podocarpum*（DC.）Yang et Huang var. *szechuenense*（Craib）Yang et Huang

（814）宽卵叶长柄山蚂蝗　*Podocarpium podocarpum*（DC.）Yang et Huang var. *fallax*（Schindl.）Yang et Huang

254）葛属　*Pueraria* DC.

（815）丽花野葛　*Pueraria elegans* Wang et Tang

（816）葛　*Pueraria lobata*（Willd.）Ohwi

255）鹿藿属　*Rhynchosia* Lour.

（817）菱叶鹿藿　*Rhynchosia dielsii* Harms

256）刺槐属　*Robinia* Linn.

（818）刺槐　*Robinia pseudoacacia* L.

257）槐属　*Sophora* L.

（819）苦参　*Sophora flavescens* Ait.

258）车轴草属　*Trifolium* Linn.

（820）红车轴草　*Trifolium pratense* L.

（821）白车轴草　*Trifolium repens* L.

259）野豌豆属　*Vicia* Linn.

（822）窄叶野豌豆　*Vicia angustifolia* L. ex Reichard

（823）广布野豌豆　*Vicia cracca* L.

（824）小巢菜　*Vicia hirsuta*（L.）S. F. Gray

（825）救荒野豌豆　*Vicia sativa* L.

（826）四籽野豌豆　*Vicia tetrasperma*（L.）Schreber

（827）大叶野豌豆　*Vicia pseudorobus* Fisch . ex C. A. Meyer.

260）豇豆属　*Vigna* Savi

（828）野豇豆　*Vigna vexillata*（Linn.）Rich.

261）紫藤属　*Wisteria* Nutt.

（829）紫藤　*Wisteria sinensis*（Sims）Sweet

262）红豆属 *Ormosia* Jacks.

（830）红豆树 *Ormosia hosiei* Hemsl. et Wils.

263）土圞儿属 *Apios* Fabr.

（831）土圞儿 *Apios fortunei* Maxim.

264）米口袋属 *Gueldenstaedtia* Fisch.

（832）米口袋 *Gueldenstaedtia rerna*（Georgi）Boriss. subsp. *multiflora*（Bunge）Tswi

265）岩黄耆属 *Hedysarum* Linn.

（833）多序岩黄耆 *Hedysarum polybotrys* Hand. -Mazz.

266）山黧豆属 *Lathyrus* Linn

（834）牧地山黧豆 *Lathyrus pratensis*

63. 旌节花科 Stachyuruaceae

267）旌节花属 *Stachyurus* Sieb. et Zucc.

（835）中国旌节花 *Stachyurus chinensis* Franch.

（836）宽叶旌节花 *Stachyurus chinensis* Franch. var. *latus* H. L. Li

（837）西域旌节花 *Stachyurus himalicus* Hook. f. et Thoms. ex Benth.

（838）云南旌节花 *Stachyurus yunnanensis* Franch.

64. 金缕梅科 Hamamelidaceae

268）蜡瓣花属 *Corylopsis* Sieb. et Zucc.

（839）阔蜡瓣花 *Corylopsis platypetala* Rehd. et Wils.

（840）星毛蜡瓣花 *Corylopsis stelligera* Guill.

（841）红药蜡瓣花 *Corylopsis veitchiana* Bean

（842）鄂西蜡瓣花 *Corylopsis henryyi* Hemsl.

（843）蜡瓣花 *Corylopsis sinensis* Hemsl.

269）枫香树属 *Liquidambar* Linn.

（844）枫香树 *Liquidambar formosana* Hance

（845）山枫香 *Liquidambar formosana* var. *monticola* Rehd. et Wils.

270）牛鼻栓属 *Fortunearia* Rehd.et Wils.

（846）牛鼻栓 *Fortunearia sinensis*

271）檵木属 *Loropetalum* R. Browm.

（847）檵木 *Loropetalum chinense*（R. Br.）Oliv.

272）山白树属 *Sinowilsonia* Hemsl.

（848）山白树 *Sinowilsonia henryi*

273）水丝梨属 *Sycopsis* Oliver.

（849）水丝梨 *Sycopsis sinensis* Oliver.

274）蚊母树属 *Distylium* Sieb. et Zucc.

（850）中华蚊母树 *Distylium chinense*（Franch. ）Diels

275）金缕梅属 *Hamamelis* Gronov. ex Linn.

（851）金缕梅 *Hamamelis mollis* Oliver.

65. 杜仲科 Eucommiaceae

276）杜仲属 *Eucommia* Oliver.

（852）杜仲 *Eucommia ulmoides* Oliver.

66. 黄杨科 Buxaceae

277）黄杨属 *Buxus* L.

（853）大花黄杨 *Buxus henryi* Mayr

（854）小叶黄杨 *Buxus sinica*（Rehd. et Wils.）Cheng subsp. sinica Cheng var. *parvifolia* M. Cheng

（855）匙叶黄杨 *Buxus harlandii* Hance.

（856）黄杨 *Buxus sinia*（Rehd.et Wils.）Cheng

278）板凳果属 *Pachysandra* Michx.

（857）顶花板凳果 *Pachysandra terminalis* Sieb. et Zucc.

279）野扇花属 *Sarcococca* Lindl.

（858）双蕊野扇花 *Sarcococca hookeriana* Baill. var. *digyna* Franch.

（859）野扇花 *Sarcococca ruscifolia* Stapf

67. 悬铃木科 Platanaceae

280）悬铃木属 *Platanus* Linn.

（860）悬玲木 *Platanus ollidentalis* L.Cannabis *sativa* L.

68. 杨柳科 Salicaceae

281）杨属 *Populus* L.

（861）响叶杨 *Populus adenopoda* Maxim.

（862）山杨 *Populus davidiana* Dode

（863）大叶杨 *Populus lasiocarpa* Oliv.

（864）小叶杨 *Populus simonii* Carr.

（865）椅杨 *Populus wilsonii* Schneid.

282）柳属 *Salix* L.

（866）垂柳 *Salix babylonica* L.

（867）中华柳 *Salix cathayana* Diels

（868）杯腺柳 *Salix cupularis* Rehd.

（869）网脉柳 *Salix dictyoneura*

（870）川鄂柳 *Salix fargesii* Burk.

（871）紫枝柳 *Salix heterochroma* Seem.

（872）小叶柳 *Salix hypoleuca* Seem.

（873）旱柳 *Salix matsudana* Koidz.

（874）兴山柳 *Salix mictotricha* Schneid.

（875）多枝柳 *Salix polyclona* Schneid.

（876）皂柳 *Salix wallichiana* Anderss.

（877）紫柳 *Salix wilsonii* Seem.

（878）腺柳 *Salix chaenomeloides* Kimura-salix

69. 桦木科 Betulaceae

283）桦木属 *Betula* Li.

（879）红桦 *Betula albosinensis* Burk.

（880）香桦 *Betula insignis* Franch.

（881）亮叶桦 *Betula luminifera* H. Winkl.

（882）坚桦 *Betula chinensis* Maxim.

70. 榛科 Corylaceae nom. conserv.

284）鹅耳枥属 *Carpinus* L.

（883）华千金榆 *Carpinus cordata* Bl. var. *chinensis* Franch.

（884）川陕鹅耳枥 *Carpinus fargesiana* H. Winkl.

（885）狭叶鹅耳枥 *Carpinus fargesiana* H. Winkl. var. *hwai*（Hu et Cheng）P. C. Li

（886）大穗鹅耳枥 *Carpinus fargesii* Franch.

（887）湖北鹅耳枥 *Carpinus hupeana* Hu

（888）单齿鹅耳枥 *Carpinus hupeana* Hu var. *simplicidentata*（Hu ）P. C. Li.

（889）川鄂鹅耳枥 *Carpinus hupeana* Hu var . *Henryana*（H. Winkl.）P. C. Li

（890）多脉鹅耳枥 *Carpinus polyneura* Franch.

（891）昌化鹅耳枥 *Carpinus* tschonoskii Maxima.

（892）雷公鹅耳枥 *Carpinus viminea* Wall.

285）榛属 *Corylus* L.

（893）华榛 *Corylus chinensis* Franch.

（894）藏刺榛 *Corylus ferox* Wall. var. *thibetica*（Batal.）Franch.

（895）川榛 *Corylus heterophylla* Fisch. var. *sutchuenensis* Franch.

（896）披针叶榛 *Corylus fargesii*（Franch. ）Schneid. `

（897）榛 *Corylus heterophylla* Fisch. ex Trautv.

286）铁木属 *Ostrya* Scop.

（898）铁木 *Ostrya japonica* Sarg.

71. 壳斗科 Fagaceae

287）栗属 *Castanea* Mill.

（899）锥栗 *Castanea henryi*（Skan）Rehd. et Wils.

（900）栗 *Castanea mollissima* Bl.

（901）茅栗 *Castanea seguinii* Dode

288）锥属 *Castanopsis*（D. Don）Spach

（902）苦槠　*Castanopsis sclerophylla*（Lindl.）Schott.

289）青冈属　*Cyclobalanopsis* Oerst.

（903）青冈　*Cyclobalanopsis glauca*（Thunb.）Oerst.

（904）小叶青冈　*Cyclobalanopsis myrsinaefolia*（Blume.）Oersted.

（905）多脉青冈　*Cyclobalanopsis multinervis* W. C. Cheng et T. Hong

（906）细叶青冈　*Cyclobalanopsis gracilis*（Rehd. et Wils.）Cheng et T. Hong

（907）曼青冈　*Cyclobalanopsis oxyodon*（Miq.）Oerst.

290）水青冈属　*Fagus* L.

（908）米心水青冈　*Fagus engleriana* Seem.

（909）水青冈　*Fagus longipetiolata* Seem.

（910）巴山水青冈　*Fagus pashanica* C. C. Yang

（911）光叶水青冈　*Fagus lucida* Rehd.et Wils.

291）柯属　*Lithocarpus* Bl.

（912）包果柯　*Lithocarpus cleistocarpus*（Seem.）Rehd. et Wils.

（913）灰柯　*Lithocarpus henryi*（Seem.）Rehd. et Wils.

（914）圆锥柯　*Lithocarpus paniculatus* Hand. -Mazz.

（915）多穗石栎　*Lithocarpus polystachyus*（Wall. Ex DC.）Rehd

292）栎属　*Quercus* L.

（916）岩栎　*Quercus acrodonta* Seemen.

（917）乌冈栎　*Quercus phillyraeoides* A. Gray

（918）槲栎　*Quercus aliena* Bl.

（919）锐齿槲栎　*Quercus aliena* Bl. var.*acuteserrata* Maxim. ex Wenz.

（920）匙叶栎　*Quercus dolicholepis* A. Camus

（921）巴东栎　*Quercus engleriana* Seem.

（922）枹栎　*Quercus serrata* Thunb.

（923）短柄枹栎　*Quercus serrata* Thunb. var. *brevipetiolata*（A. DC. ）Nakai

（924）刺叶高山栎　*Quercus spinosa* David ex Franch.

（925）栓皮栎　*Quercus variabilis* Bl.

（926）麻栎　*Quercus acutissima* Carruth.

（927）橿子栎　*Quercus baronii* Skan

（928）白栎　*Quercus fabri* Hance

72. 榆科　Ulmaceae

293）朴属　*Celtis* L.

（929）紫弹树　*Celtis biondii* Pamp.

（930）黑弹树　*Celtis bungeana* Bl.

（931）珊瑚朴　*Celtis julianea* Schneid.

（932）小果朴　*Celtis cerasifera* Schneid.

（933）朴树　*Celiis sinensis* Pers.

294）青檀属　*Pteroceltis* Maxim.

（934）青檀　*Pteroceltis tatarinowii* Maxim.

295）榆属　*Ulmus* L.

（935）大果榆　*Ulmus macrocarpa* Hance.

（936）榆树　*Ulmus pumila* L.

（937）兴山榆　*Ulmus bergmanniana* Schneid.

（938）榔榆　*Ulmus parvifolia* Jacq.

296）榉属　*Zelkova* Spach, nom. gen.cons

（939）大果榉　*Zelkova sinica* Schneid.

（940）大叶榉树　*Zelkova schneideriana* Hand. -Mazz.

297）山黄麻属　*Trema* Lour.

（941）羽叶山黄麻　*Trema laevigata* H.-M.

73. 桑科　Moraceae

298）构属　*Broussonetia* L'Her. ex Vent.

（942）葡蟠　*Broussonetia kaempferi* Sieb.

（943）褚　*Broussonetia kazinoki* Sieb. et Z.

（944）构树　*Broussonetia papyrifera*（Linn.）L'Her. ex Vent.

299）柘属　*Cudrania* Trec.

（945）柘树　*Cudrania ticuapidata*（Carr.）Bur. ex Lavallee

300）水蛇麻属　*Fatoua* Gaud.

（946）水蛇麻　*Fatoua villosa*（Thunb.）Nakai

301）榕属　*Ficus* Linn.

（947）天仙果　*Ficus erecta* Thunb. var. *beecheyana*（Hook. et Arn.）King

（948）异叶榕　*Ficus heteromorpha* Hemsl.

（949）尖叶榕　*Ficus henryi* Warb. ex Diels

（950）薜荔　*Ficus pumila* Linn.

（951）珍珠莲　*Ficus sarmentosa* Buch. -Ham. ex J. E. Sm. var. *henryi*（King）Corner

（952）爬藤榕　*Ficus sarmentosa* Buch. -Ham. ex J. E. Sm var. *impressa*（Champ.）Corner

（953）薄叶爬藤榕　*Ficus sarmentosa* Buch. -Ham. ex J. E. Sm var. *lacrymans*（Levl.）Corner

（954）大叶珍珠莲　*Ficus sarmentosa* Buch. -Ham. ex J. E. Sm var. *luducca*（Roxb.）Corner form sessilis Corner

（955）地果　*Ficus tikoua* Bur.

（956）长柄爬藤榕　*Ficus sarmentosa* Buch. -Ham. ex J. E. Sm. var. *luduca*（Roxb.）Corner f. *sessilis* Corner

302）桑属　*Morus* Linn.

　　（957）桑 *Morus alba* L.

　　（958）鸡桑　*Morus australis* Poir.

　　（959）花叶鸡桑　*Morus australis* Poir. var. *inusitata*（Levl.）C. Y. Wu

　　（960）华桑　*Morus cathayana* Hemsl.

　　（961）蒙桑　*Morus mongolica* Schneid.

74. 荨麻科　Urticaceae

303）苎麻属　*Boehmeria* Jacq.

　　（962）序叶苎麻　*Boehmeria clidemioides* Miq. var. *diffusa*（Wedd.）Hand. -Mazz.

　　（963）细野麻　*Boehmeria gracilis* C. H. Wright

　　（964）苎麻　*Boehmeria nivea*（L.）Gaudich.

　　（965）小赤麻　*Boehmerias spicata*（Thunb.）Thunb.

304）水麻属　*Debregeasia* Gaudich.

　　（966）水麻　*Debregeasia orientalis* C. J. Chen

　　（967）长叶水麻　*Debregeasia longifolia*（Burm. f.）Wedd.

305）楼梯草属　*Elatostema* J. K. et G. Forst.

　　（968）梨序楼梯草　*Elatostema ficoides* Wedd.

　　（969）长圆楼梯草　*Elatostema oblongifolium* Fu ex W. T. Wang

　　（970）无梗楼梯草　*Elatostema sessile* Forst.

　　（971）毛叶楼梯草 *Elatostema* mollifolium W. T. Wang

　　（972）庐山楼梯草　*Elatostema stewardii* Merr.

　　（973）狭叶楼梯草　*Elatostema lineolatum Wight* var. *majus Wedd.*

　　（974）疣果楼梯草　*Elatostema trichocarpum* Hand.-Mazz.

　　（975）宜昌楼梯草　*Elatostema ichangense* H. Schroter

　　（976）短齿楼梯草　*Elatostema brachyodontum*（ Hand. -Mazz. ）W. T. Wang

　　（977）骤尖楼梯草　*Elatostema cuspidatum* Wight

　　（978）锐齿楼梯草　*Elatostema cyrtandrifolium*（Zdl. et Mor. ）Miq.

　　（979）楼梯草　*Elatostema involucratum* Franch. et Sav.

　　（980）对叶楼梯草　*Elatostema sinense* H. Schroter

　　（981）珠牙楼梯草　*Elatostema stewardii* Merr. f. *bulbiferum* W. T. Wang

306）蝎子草属　*Girardinia* Gaudich.

　　（982）蝎子草　*Girardinia suborbiculata*

　　（983）大叶蝎子草　*Girardinia diversifolia*

307）糯米团属　*Gonostegia* Turcz.

　　（984）糯米团　*Gonostegia hirta*（Bl.）Miq.

308）艾麻属　*Laportea* Gaudich, nom. cons.

（985）珠芽艾麻 *Laportea bulbifera*（Sieb. et Zucc.）Wedd.

（986）华中艾麻 *Laportea bulbifera* var. *sinensis* Chien

（987）艾麻 *Laportea cuspidata*（Wedd.）Friis

（988）螫麻 *Laportea bulbifera*（Sieb. et Zucc.）Wedd. Subsp. *dielsii* C. J. Chen

309）花点草属 *Nanocnide* Bl.

（989）花点草 *Nanocnide japonica* Bl.

（990）毛花点草 *Nanocnide lobata* Wedd.

310）紫麻属 *Oreocnide* Miq.

（991）紫麻 *Oreocnide frutescens*（Thunb.）Miq.

311）墙草属 *Parietaria* L.

（992）墙草 *Parietaria micrantha* Ledeb.

312）赤车属 *Pellionia* Gaudich.

（993）赤车 *Pellionia radicans*（Sieb. et Zucc.）Wedd.

313）冷水花属 *Pilea* Lindl.

（994）波缘冷水花 *Pilea cavaleriei* Levl.

（995）蒙古冷水花 *Pilea mongolica* Wedd.

（996）冷水花 *Pilea notata* C. H. Wright

（997）石筋草 *Pilea plataniflora* C. H. Wright

（998）粗齿冷水花 *Pilea sinofasiata* C. J. Chen et B. Bartholomew

（999）透茎冷水花 *Pilea pumila*（L.）A. Gray

（1000）喙萼冷水花 *Pilea symmeria* Wedd.

314）荨麻属 *Urtica* L.

（1001）白蛇麻 *Urtica fissa* Pritz.

（1002）裂叶荨麻 *Urtica lobatifolia* S. S. Ying

（1003）齿叶蛇麻 *Urtica latevirens* Maxim. ssubsp. *dentata*（Hand. -Mazz.）C. J. Chen

（1004）荨麻 *Urtica fissa* E. Pritz.

75. 大麻科 Cannabidaceae nom. conserve.

315）大麻属 *Cannabis* Linn.

（1005）大麻 *Cannabis sativa* L.

316）葎草属 *Humulus* Linn.

（1006）葎草 *Humulus scandens*（Lour.）Merr.

76. 冬青科 Aquifoliaceae

317）冬青属 *Ilex* L.

（1007）枸骨 *Ilex cornuta* Lindl. et Paxt.

（1008）狭叶冬青 *Ilex fargesii* Franch.

（1009）刺叶中型冬青 *Ilex intermedia* Loos.ex Diels var.*fangii*（Rehd.）

（1010）大果冬青　*Ilex macrocarpa* Oliv.

（1011）大柄冬青　*Ilex macropoda* Miq.

（1012）长序大果冬青　*Ilex macrocarpa* Oliv. var. *longipedunculata* S. Y. Hu

（1013）具柄冬青　*Ilex pedunculosa* Miq.

（1014）猫儿刺　*Ilex pernyi* Franch.

（1015）尾叶冬青　*Ilex wilsonii* Loes.

（1016）云南冬青　*Ilex yunnanensis* Franch.

（1017）华中枸骨　*Ilex centrochinensis* S.Y.Hu

（1018）宽叶冬青　*Ilex latiifolia* Thunb.

（1019）康定冬青　*Ilex franchetiana* Loes.

77. 卫矛科　Celastraceae

318）南蛇藤属　*Celastrus* L.

（1020）苦皮藤　*Celastrus angulatus* Maxim.

（1021）大芽南蛇藤　*Celastrus gemmatus* Loes.

（1022）过山枫　*Celastrus aculeatus* Merr.

（1023）灰叶南蛇藤　*Celastrus glaucophyllus* Rehd. et Wils.

（1024）青江藤　*Celastrus hindsii* Benth.

（1025）南蛇藤　*Celastrus orbiculatus* Thunb.

（1026）短梗南蛇藤　*Celastrus rosthornianus* Loes.

（1027）长序南蛇藤　*Celastrus vaniotii*（Levl.）Rehd.

（1028）皱叶南蛇藤　*Celastrus rugosus* Rehd. et wils.

（1029）粉背南蛇藤　*Celastrus hypoleucus*（Oliv.）Warb. ex Loes.

319）卫矛属　*Euonymus* L.

（1030）卫矛　*Euonymus alatus*（Thunb.）Sieb.

（1031）扶芳藤　*Euonymus fortunei*（Turcz.）Hand. -Mazz.

（1032）小果卫矛　*Euonymus microcarpus*（Oliv.）Sprague

（1033）大果卫矛　*Euonymus myrianthus* Hemsl.

（1034）石枣子　*Euonymus sanguineus* Loes.

（1035）乌苏里卫矛　*Euonymus ussuriensis* Maxim.

（1036）裂果卫矛　*Euonymus dielsianus* Loes.

（1037）鸦椿卫矛　*Euonymus euscaphis* Hand. -Mazz.

（1038）刺果卫矛　*Euonymus acanthocarpus* Franch.

（1039）栓翅卫矛　*Euonymus phellomanus* Loes.

（1040）曲脉卫矛　*Euonymus venosus* Hemsl.

（1041）角翅卫矛　*Euonymus cornutus* Hemsl.

（1042）纤齿卫矛　*Euonymus giraldii* Loes.

　　　　（1043）西南卫矛　*Euonymus hamiltonianus* Wall. ex Roxb.

　　　　（1044）胶州卫矛　*Euonymus kiautschovicus* Loes

　　　　（1045）垂丝卫矛　*Euonymus oxyphyllus* Miq.

　　　　（1046）紫花卫矛　*Euonymus porphyreus* Loes.

　　　　（1047）陕西卫矛　*Euonymus schensianus* Maxim.

　　　　（1048）无柄卫矛　*Euonymus subsessilis* Sprague

　　　　（1049）疣点卫矛　*Euonymus verrucosoides* Loes.

　　320）美登木属　*Maytenus* Molina.

　　　　（1050）刺茶美登木　*Maytenus variabilis*（Hemsl.）C.Y.Cheng

　　321）核子木属　*Perrottetia* H. B. K.

　　　　（1051）核子木　*Perrottetia racemosa*（Oliv.）Loes.

78. 茶茱萸科　Icacinaceae

　　322）无须藤属　*Hosiea* Hemsl. et Wils.

　　　　（1052）无须藤　*Hosiea sinensis*（Oliv.）Hemsl. et Wils.

　　323）假柴龙树属　*Nothapodytes* Bl.

　　　　（1053）马比木　*Nothapodytes pittosporoides*（Oliv.）Sleum.

79. 铁青树科　Olacaceae

　　324）青皮木属　*Schoepfia Schreb.*

　　　　（1054）青皮木　*Schoepfia jasminodora* S. et Z.

80. 桑寄生科　Loranthaceae

　　325）桑寄生属　*Loranthus* Jacq.

　　　　（1055）桑寄生　*Loranthus sutchuenensis*（lecomte）Danser

　　　　（1056）桷树桑寄生　*Loranthus delavayi Van* Tiegh.

　　　　（1057）毛叶桑寄生　*Loranthus yadoriki* Sieb.

　　　　（1058）锈毛钝果寄生　*Taxillus levinei*（Merr.）H. S. Kiu

　　326）钝果寄生属　*Taxillus van* Tiegh

　　　　（1059）松柏钝果寄生　*Taxillus caloreas*（Diels）Danser

　　　　（1060）锈毛钝果寄生　*Taxillus levinei*（Merr.）H.S.Kiu

　　　　（1061）桑寄生（原变种）*Taxillus sutchuenesnsis*（lecomte.）Danser var. sutchenensis

　　327）槲寄生属　*Viscum* L.

　　　　（1062）枫香槲寄生　*Viscum liquidambaricolum* Hayata.

　　　　（1063）棱枝槲寄生　*Viscum diospyrosicolum* Hayata

　　328）栗寄生属　*Korthalsella* Van Tiegh.

　　　　（1064）栗寄生　*Korthalsella japonica*（Thunb.）Engl.

81. 檀香科　Santalaceae

　　329）百蕊草属　*Thesium* L.

（1065）百蕊草　*Thesium chinense* Turcz.

82. 蛇菰科　Balanophoraceae

  330）蛇菰属　*Balanophora* Forst. et Forst. f.

    （1066）宜昌蛇菰　*Balanophora henryi* Hemsl.

    （1067）疏花蛇菰　*Balanophora laxiflora* Hemsl.

    （1068）多蕊蛇菰　*Balanophora polyandra* Griff.

    （1069）筒鞘蛇菰　*Balanophora involucrata* Hook. f.

83. 鼠李科　Rhamnaceae

  331）勾儿茶属　*Berchemia* Neck. ex DC.

    （1070）多花勾儿茶　*Berchemia floribunda*（*Wall.*）*Brongn.*

    （1071）平枝勾儿茶　*Berchemia polyphylla Wall.* ex Laws *var. leioclada Hand. -Mazz.*

    （1072）勾儿茶　*Berchemia sinica Schneid.*

    （1073）黄背勾儿茶　*Berchemia flavescens*（*Wall.*）*Brongn.*

    （1074）牯岭勾儿茶　*Berchemia kulingensis* Schneid.

  332）枳椇属　*Hovenia* Thunb.

    （1075）北枳椇　*Hovenia dulcis* Thunb.

  333）马甲子属　*Paliurus* Tourn. ex Mill.

    （1076）铜钱树　*Paliurus hemsleyanus* Rehd.

  334）猫乳属　*Rhamnella* Miq.

    （1077）猫乳　*Rhamnella franguloides*（Maxim.）Weberb.

    （1078）毛背猫乳　*Rhamnella julianae* Schneid.

    （1079）多脉猫乳　*Rhamnella martinii*（Levl.）Schneid.

  335）鼠李属　*Rhamnus* L.

    （1080）亮叶鼠李　*Rhamnus hemsleyana* Schneid.

    （1081）桃叶鼠李　*Rhamnus iteinophylla* Schneid.

    （1082）薄叶鼠李　*Rhamnus leptophylla* Schneid.

    （1083）多脉鼠李　*Rhamnus sargentiana* Schneid.

    （1084）皱叶鼠李　*Rhamnus rugulosa* Hemsl.

    （1085）冻绿　*Rhamnus utilis* Decne.

    （1086）异叶鼠李　*Rhamnus heterophylla* Oliv.

    （1087）纤花鼠李　*Rhamnus leptacantha* Schneid.

  336）雀梅藤属　*Sageretia* Brongn.

    （1088）皱叶雀梅藤　*Sageretia rugosa* Hance

    （1089）雀梅藤　*Sageretia thea*（Osbeck）Johnst.

    （1090）尾叶雀梅藤　*Sageretia subcaudata* Schneid.

    （1091）梗花雀梅藤　*Sageretia henryi* Drumm. et Sprague

337）枣属　*Ziziphus* Mill.

（1092）枣　*Ziziphus jujuba* Mill.

84. 胡颓子科　Elaeagnaceae

338）胡颓子属　*Elaeagnus* Linn.

（1093）长叶胡颓子　*Elaeagnus bockii* Diels

（1094）巴东胡颓子　*Elaeagnus difficilis* Serv.

（1095）蔓胡颓子　*Elaeagnus glabra* Thunb.

（1096）宜昌胡颓子　*Elaeagnus henryi* Warb. apud Diels

（1097）披针叶胡颓子　*Elaeagnus lanceolata* Warb. ex Diels.

（1098）巫山牛奶子　*Elaeagnus wushanensis* C. Y. Chang

（1099）银果牛奶子　*Elaeagnus magna* Rehd.

（1100）木半夏　*Elaeagnuds multiflora* Thunb.

（1101）星毛羊奶子　*Elaeagunds stellipila* Rehd.

（1102）绿叶胡颓子　*Elaeagunds viridis* Serv.

85. 葡萄科　Vitaceae

339）蛇葡萄属　*Ampelosis* Michaux.

（1103）蓝果蛇葡萄　*Ampelopsis bodinieri*（Levl. et Vant.）Rehd.

（1104）牯岭蛇葡萄　*Ampelopsis heterophylla*（Thunb.）Sieb. et Zucc. var. *kulingensis*（Rehd.）C. L. Li

（1105）大叶蛇葡萄　*Ampelopsis megalophylla* Diels et Gilg

（1106）异叶蛇葡萄　*Ampelopsis heterophylla*（Thunb.）Sieb. et Zucc.

（1107）掌裂蛇葡萄　*Ampelopsis delavayana planch* var.*glabra.*（Diels et Gilg）C. L. Li

（1108）乌头叶蛇葡萄　*Ampelopsis aconitifolia* Bunge

（1109）广东蛇葡萄　*Ampelopsis cantoniensis*（Hook. et Arn.）Planch.

（1110）毛三裂蛇葡萄　*Ampelopsis delavayana* Planch. var. *setulosa*（Diels et Gilg）C. L. Li

340）乌蔹莓属　*Cayratia* Juss.

（1111）乌蔹莓　*Cayratia japonica*（Thunb.）Gagnep.

（1112）华中乌蔹莓　*Cayratia oligocarpa*（Levl. et Vant.）Gagn.

（1113）樱叶乌蔹莓　*Cayratia oligocarpa*（Levl. et Vant.）Gagn. var. *giabra*（Fagn.）Rchd.

（1114）尖叶乌蔹莓　*Cayratia japonica*（Thunb）Gagnep. var. pseudotrifolia（W. T. Wang）C. L. Li

341）地锦属　*Parthenocissus* Planch.

（1115）长柄地锦　*Parthenocissus feddei*（Levl.）C. L. Li

（1116）三叶爬山虎　*Parthenocissus himalayana*（Royle）Planch.

（1117）异叶爬山虎　*Parthenocissus heterophylla*（Bl.）Merr.

（1118）粉叶爬山虎　*Parthenocissus thomsonii*（Laws.）Planch.

（1119）花叶地锦　*Parthenocissus henryana*（Hemsl.）Diels et Gilg

（1120）绿叶地锦　*Parthenocissus laetivirens* Redh.

342）崖爬藤属　*Tetrastigma* Planch.

（1121）三叶崖爬藤　*Tetrastigma hemsleyanum* Diels et Gilg

（1122）崖爬藤　*Tetrastigma obtectum*（Wall.）Planch.

（1123）毛叶崖爬藤　*Tetrastigma obtectum*（Wall.）Planch. var. *pilosum* Gagnep.

343）葡萄属　*Vitis* L.

（1124）刺葡萄　*Vitis davidii*（Roman. du caill. ）Foex

（1125）瘤枝葡萄　*Vitis davidii*（Roman. elu Caill）Foex var. *cyanocarpa*（Gagnep. ）Gagnep.

（1126）葛藟葡萄　*Vitis flexuosa* Thunb.

（1127）小叶葛藟　*Vitis flexuosa* Thunb. var. *parvifolia*（Roxb. ）Gagn.

（1128）网脉葡萄　*Vitis wilsonae* Veitch et Gard.

（1129）桦叶葡萄　*Vitis betulifolia* Diels et Gilg

（1130）桑叶葡萄　*Vitis* heyneana Roem. et Schult. subsp. ficifolia.（Bge.）C. L. Li

（1131）变叶葡萄　*Vitis piasezkii* Maxim.

（1132）小叶葡萄　*Vitis sinocinerea* W. T. Wang

86. 芸香科　Rutaceae

344）石椒草属　*Boenninghausenia* Reichb. ex Meissn. nom.cons

（1133）臭节草　*Boenninghausenia albiflora*（Hook.）Reichb. ex Meissn.

345）柑橘属　*Citrus* L.

（1134）宜昌橙　*Citrus ichangensis* Swingle

346）吴茱萸属　*Evodia* J. R. et G. Forst.

（1135）臭檀吴萸　*Evodia daniellii*（Benn.）Hemsl.

（1136）湖北臭檀　*Evodia daniellii*（Benn.）Hemsl. var. *hupehensis*（Dode）Huang

（1137）吴茱萸　*Evodia rutaecarpa*（Juss.）Benth.

（1138）石虎　*Evodia rutaecarpa*（Juss.）Benth. officinalis（Dode）Huang

（1139）臭辣吴萸　*Evodia fargesii* Dode

347）臭常山属　*Orixa* Thunb.

（1140）臭常山　*Orixa japonica* Thunb.

348）黄檗属　*Phellodendron* Rupr.

（1141）川黄檗　*Phellodendron chinense* Schneid.

（1142）秃叶黄檗　*Phellodendron chinense* Schneid. var. *glabriusculum* Schneid.

（1143）湖北黄皮树　*Phellodendron chinense*（Schneid.）Huang

349）飞龙掌血属　*Toddalia* A. Juss.

（1144）飞龙掌血　*Toddalia asiatica*（L.）Lam.

350）花椒属　*Zanthoxylum* L.

（1145）竹叶花椒　*Zanthoxylum armatum* DC.

（1146）花椒　*Zanthoxylum bungeanum* Maxim.

（1147）异叶花椒　*Zanthoxylum* Ovalifolium Wight.

（1148）刺异叶花椒　*Zanthoxylum* Ovalifolium Wight var. *spinifolium*（Rchd. ct Wils.）Huang

（1149）蚬壳花椒　*Zanthoxylum dissitum* Hemsl.

（1150）浪叶花椒　*Zanthoxylum undulatifolium* Hemsl.

（1151）刺花椒　*Zanthoxylum acanthopodium* DC.

（1152）花椒簕　*Zanthoxylum scandens* Bl.

（1153）狭叶花椒　*Zanthoxylum stenophyllum* Hemsl.

（1154）柄果花椒　*Zanthoxylum podocarpum* Hems.

（1155）翼刺花椒　*Zanthoxylum pteracanthum* Redh. Et Wils.

351）裸芸香属　*Psilopeganum* Hemsl.

（1156）裸芸香　*Psilopeganum sinense* Hemsl.

352）茵芋属　*Skimmia* Thunb.

（1157）黑果茵芋　*Skimmia melancarpa* Rehd. et Wils.

87. 苦木科　Simaroubaceae

353）臭椿属　*Ailanthus* Desf.

（1158）刺臭椿　*Ailanthus vilmoriniana* Dode

354）苦树属　*Picrasma* Bl.

（1159）苦树　*Picrasma quassioides*（D. Don）Benn.

88. 楝科　Meliaceae

355）香椿属　*Toona* Roem.

（1160）香椿　*Toona sinensis*（A. Juss.）Roem.

（1161）红椿 *Toona ciliata* Roem.

89. 无患子科 Sapindaceae

356）伞花木属 *Eurycorymbus* Hand. -Mazz.

（1162）伞花木 *Eurycorymbus cavaleriei*（Levl. ）Rehd. et Hand. -Mazz.

357）倒地玲属　*Cardiospermum* Linn.

（1163）倒地玲 *Cardiospermum halicacabuml* Linn.

358）无患子属　*Sapindus* Linn.

（1164）无患子　*Sapindus mukorossi* Gaertn.

90. 七叶树科（Hippocastanaceae）

359）七叶树属　*Aesculus* Linn.

（1165）天师栗　*Aesculus wilsonii* Rehd.

91. 伯乐树科　Bretschneideraceae

360）伯乐树属　*Bretschneidera* Hemsl.

（1166）伯乐树　*Bretschneidera sinensis* HemsL.

92. 槭树科　Aceraceae

361）槭属　*Acer* Linn.

（1167）小叶青皮槭　*Acer cappadocicum* GIed. var. *sinicum* Rehd

（1168）青榨槭　*Acer davidii* Franch.

（1169）色木槭　*Acer mono* Maxim.

（1170）杈叶槭　*Acer robustum* Pax

（1171）飞蛾槭　*Acer oblongum* Wall.ex DC.

（1172）三裂飞蛾槭　*Acer oblongum* Wall. ex DC. var. *trilobum* Henry

（1173）房县槭　*Acer franchetll* Pax.

（1174）四蕊槭　*Acer tetramerum* Pax

（1175）四川槭　*Acer sutchuenense* Franch.

（1176）阔叶槭　*Acer amplum* Reha.

（1177）扇叶槭　*Acer flabellatum* Rehd.

（1178）血皮槭　*Acer griseum*（Franch.）Pax

（1179）建始槭　*Acer henryi* Pax

（1180）庙台槭　*Acer miaotaiense* P. C. Tsoong

（1181）五裂槭　*Acer oliverianum* Pax

（1182）中华槭　*Acer sinense* Pax

（1183）深裂中华槭　*Acer sinense* Pax var. *longilobum*. Fang

（1184）三峡槭　*Acer wilsonii* Rehd.

（1185）太白深灰槭　*Acer caesium* Wall. ex Brandis subsp. *giraldii*（Pax）E. Murr.

（1186）多齿长尾槭　*Acer caudatum* Wall. var.*multiserratum*（Maxim.）Redh.

（1187）毛花槭　*Acer erianthum* Schwer.

（1188）苦茶槭　*Acer ginnala* Maxim. subsp . *theiferum*（Fang）Fang

（1189）长柄槭　*Acer longipes* Franch. ex Redh.

（1190）五尖槭　*Acer maximowiczii* Pax

（1191）色木槭　*Acer mono* Maxim.

（1192）毛果槭　*Acer nikoense* Maxim.

362）金钱槭属　*Dipteronia* Oliv.

（1193）金钱槭　*Dipteronia sinensis* Oliv.

93. 清风藤科　Sabiaceae

363）泡花树属　*Meliosma* Bl.

（1194）泡花树　*Meliosma cuneifolia* Franch.

（1195）光叶泡花树　*Meliosma cuneifolia* Franch. var. *glabriuscula* Cufod.

（1196）垂枝泡花树　*Meliosma flexuosa* Pamp.

（1197）珂楠树 *Meliosma beaniana* Rehd. et Wils.

（1198）暖木 *Meliosma veitchiorum* Hemsl.

（1199）细花泡花树 *Meliosma parviflora* Lecomte.

364）清风藤属 *Sabia* Colcbr.

（1200）鄂西清风藤 *Sabia campanulata* subsp. *Ritchieae*（Rehd. et Wils.）Y. F. Wu

（1201）清风藤 *Sabia japonica* Maxim.

（1202）多花清风藤 *Sabia schumanniana* subsp.*plurilora*（Reha.et Wils.）Y.F.Wu

（1203）柔毛清风藤 *Sabia puberula* Rehd. et Wils.

（1204）四川清风藤 *Sabia schumanniana* Diels

94. 省沽油科 Staphyleaceae

365）野鸦椿属 *Euscaphis* Sieb. et Zucc.

（1205）野鸦椿 *Euscaphis japonica*（Thunb.）Dippel

366）省沽油属 *Staphylea* L.

（1206）膀胱果 *Staphylea holocarpa* Hemsl.

（1207）玫红省沽油 *Staphylia holocarpa* Hemsl. var. *rosea* Redh. et Wils.

（1208）省沽油 *Staphylia bnmalda* Dc.

367）瘿椒树属 *Tapiscia* Oliv.

（1209）瘿椒树 *Tapiscia sinenisis* Oliv.

95. 漆树科 Anacardiaceae

368）黄栌属 *Cotinus*（Tourn.）Mill.

（1210）毛黄栌 *Cotinus coggygria* Scop. var. *pubscens*. Engl.

369）黄连木属 *Pistacia* L.

（1211）黄连木 *Pistacia chinensis* Bunge.

370）盐肤木属 *Rhus*（Tourn.）L. emend. Moench.

（1212）盐肤木 *Rhus chinensis* Mill.

（1213）青麸杨 *Rhus potaninii* Maxim.

（1214）红麸杨 *Rhus punjabensis* Stew. var. *sinica*（Diels）Rehd. et Wils.

371）漆属 *Toxicodendron*（Tourn.）Mill.

（1215）木蜡树 *Toxicodendron sylvestre*（Sieb. et Zucc.）O. Kuntze.

（1216）漆 *Toxicodendron vernicifluum*（Stokes）F. A. Barkl.

（1217）野漆 *Toxicodendron succedaneum*（L.）O. Kuntze.

372）南酸枣属 *Choerospondias* Burtt et Hill

（1218）南酸枣 *Choerospondias axillaris*（Roxb.）Burtt et Hill.

96. 胡桃科 Juglandaceae

373）青钱柳属 *Cyclocarya* Iljinsk.

（1219）青钱柳 *Cyclocarya paliurus*（Batal.）Iljinsk.

374）胡桃属　*Juglans* L.

（1220）野核桃　*Juglans cathayensis* Dode

（1221）胡桃　*Juglans regia* L.

375）化香树属　*Platycarya* Sieb. et Zucc.

（1222）化香树　*Platycarya strobilacea* Sieb. et Zucc.

376）枫杨属　*Pterocarya* Kunth.

（1223）湖北枫杨　*Pterocarya hupehensis* Skan.

（1224）华西枫杨　*Pterocarya insignis* Rehd. et Wils.

（1225）枫杨　*Pterocarya stenoptera* C. DC.

377）山核桃属　*Carya* Nutt., nom. Conserve.

（1226）山核桃　*Carya cathayensis* Sarg.

378）黄杞属　*Engelhardtia* Lesch. ex Bl.

（1227）黄杞　*Engelhardtia roxburghiana* Wall.

97. 山茱萸科　Cornaceae

379）桃叶珊瑚属　*Aucuba* Thunb.

（1228）斑叶珊瑚　*Aucuba albopunctifolia* Wang.

（1229）桃叶珊瑚　*Aucuba chinensis* Benth.

（1230）喜马拉雅珊瑚　*Aucuba himalaica* Hook. f. et Thomson.

（1231）倒披针叶珊瑚　*Aucuba himalaica* Hook. f. et Thomson. var. *obcordata* Fang et Soong

（1232）密毛桃叶珊瑚　*Aucuba himalaica* Hook. f. et Thomson. var. *pilossima* Fang et Soong

（1233）狭叶桃叶珊瑚　*Aucuba chinensis* Benth. f. *angustifolia* Redh.

380）梾木属　Swida Opiz.

（1234）灯台树　*Bothrocaryum controversum*（Hemsl）Pojark.

（1235）红椋子　*Cornus hemsleyi*（Schneid.et.Wanger.）Sojak

（1236）毛梾　*Cornus walteri*（Wanger.）Sojak

（1237）灰叶梾木　*Cornus poliophylla*（Schneid.et Wanger.）Sojak

（1238）梾木　*Cornus macrophylla*（Wall.）Sojak

（1239）卷毛梾木　*Cornus ulotricha*（Schneid. et Wanger.）Sojak

（1240）小梾木　*Cornus paucinervis*（Hance）Sojak

381）四照花属　*Dendrobenthamia* Hutch.

（1241）尖叶四照花（原变种）*Dendrobenthamia angustata*（Chun）Fang.var. *angustifolia*

（1242）四照花 *Dendrobenthamia japonica*（DC.）Fang var.*chinensis*（Osborn）Fang

（1243）尖叶四照花　*Dendrobenthamia angustata*（Chun）Fang

382）山茱萸属　*Cornus* Linn.,SenSu Stricto.

（1244）川鄂山茱萸　*Cornus chinense*（Wanger.）

（1245）山茱萸　*Cornus officinale*（Sieb. et Zucc.）

383）青荚叶属　*Helwingia* Willd.

（1246）中华青荚叶　*Helwingia chinensis* Batal.

（1247）钝齿青荚叶　*Helwingia chinensis* Batal. var. *crenata*（Lingelsh. et Limpr.）Fang

（1248）青荚叶　*Helwingia japonica*（Thunb.）Dietr.

（1249）白粉青荚叶 *Helwingia japonica*（Thunb.）Dietr. subsp. japonica var . *hypoleuca*
Hemsl. ex Redh.

（1250）西藏青荚叶　*Helwingia himalaica* HK.f.et Thoms. ExC.B.Clarke var. *angustifolia*
S.H.Fu var.nov.ined

（1251）峨眉青荚叶　*Helwingia omeiensis*（Fang）Hara et Kuros

98. 八角枫科　Alangiaceae

384）八角枫属　*Alangiaceae* Lam.

（1252）八角枫　*Alangium chinense*（Lour.）Harms

（1253）瓜木　*Alangium platanifolium*（Sieb. et Zucc.）Harms

99. 蓝果树科　Nyssaceae

385）喜树属　*Camptotheca* Decne.

（1254）喜树　*Camptotheca acuminata* Decne.

386）珙桐属　*Davidia* Baill.

（1255）珙桐　*Davidia involucrata* Baill.

（1256）光叶珙桐　*Davidia involucrata* Baill. var. *vilmorinana*（Dode）Wanger.

100. 五加科　Araliaceae

387）五加属　*Acanthopanax* Miq.

（1257）五加　*Acanthopanax gracilistylus W. W. Smith.*

（1258）糙叶五加　*Acanthopanax henryi*（Oliv.）Harms

（1259）藤五加　*Acanthopanax leucorrhizus*（Oliv.）Harms

（1260）狭叶藤五加　*Acanthopanax leucorrhizus*（Oliv.）Harms var. *scaberulus* Harms
Rehd.

（1261）蜀五加　*Acanthopanax setchuenensis* Harms

（1262）白簕　*Acanthopanax trifoliatus*（L.）Merr.

388）楤木属　*Aralia* Linn.

（1263）楤木　*Aralia chinensis* L.

（1264）白背叶楤木　*Aralia chinensis* L.var *nuda* Nakai

（1265）柔毛龙眼独活 *Aralia henryi* Harms.

（1266）湖北楤木　*Aralia hupehensis* Hoo

389）常春藤属　*Hedera* Linn.

（1267）常春藤　*Hedera nepalensis* K. Koch var. *sinensis*（Tobl.）Rehd.

390）刺楸属　*Kalopanax* Miq.

（1268）刺楸　*Kalopanax septemlobus*（Thunb.）Koidz.

（1269）毛叶刺楸 *Kalopanax septemlobus*（Thunb. ）Koidz. var. *magnificus*（Zabel ）Hand. -Mazz.

391）梁王茶属　*Nothopanax* Miq.

（1270）异叶梁王茶　*Nothopanax davidii*（Franch.）Harms ex Diels

392）人参属　*Panax* Linn

（1271）秀丽假人参　*Panax pseudoginseng* Wall. var.*elegantior*（Burkill）Hoo et Tseng

（1272）大叶三七　*Panax pseudoginseng* wall. var.*japonicus*（C.A.Mey.）Hoo et Tseng

（1273）三七　*Panax pseudoginseng* Wall. var. *notoginseng*（Burkill）Hoo et Tseng

393）通脱木属　*Tetrapanax* K. Koch.

（1274）通脱木　*Tetrapanax papyrifer*（Hook.）K. Koch

394）大参属　*Macropanax* Miq.

（1275）短梗大参　*Macropanax rosthornii*（Harms ）C. Y. Wu ex Hoo

101. 鞘柄木科　Torricelliaceae

395）鞘柄木属　*Torricellia* DC.

（1276）有齿角叶鞘柄木 *Torricellia anguiata* var *intrmedia* Harms.

（1277）角叶鞘柄木　*Torricellia angulata* Oliv.

（1278）鞘柄木　*Toricellia tiliifolia* DC.

102. 伞形科　Umbelliferae

396）羊角芹属　*Aegopodium* L.

（1279）巴东羊角芹　*Aegopodium henryi* Diels

397）当归属　*Angelica* L.

（1280）拐芹　*Angelica polymorpha* Maxim.

（1281）毛当归　*Angelica pubescens* Maxim

（1282）大叶当归　*Angelica megaphylla* Diels

（1283）重齿毛当归　*Angelica pubescens* Maxim. f. biserrata Shan et Yuan

（1284）当归　*Angelica sinensis*（ Oliv. ）Diels

398）峨参属　*Anthriscus*（Pers.）Hoffm.

（1285）峨参　*Anthriscus sylvestris*（L.）Hoffm. Gen.

399）芹属　*Apium* L.

（1286）细叶旱芹　*Apium leptophyllum*（Pers.）F. Muell.

400）柴胡属　*Bupleurum* L.

（1287）竹叶柴胡　*Bupleurum marginatum* Wall. ex DC.

（1288）窄竹叶柴胡 *Bupleurum marginarum* Wall.ex DC.var. *steno phyllum*（Wolff）Shan et Y. Li

（1289）坚挺柴胡　*Bupleurum longicaule* Wall.es DC.var.*stricrum* Clarke

（1290）北柴胡　*Bupleurum chinense* DC.

（1291）紫花大叶柴 *Bupleurum longiradiatum* Turcz. var. *porphyranthum* Shan et Y. Li

（1292）红柴胡　*Bupleurum scorzonerifolium* Willd.

401）积雪草属　*Centella* L.

　　（1293）积雪草　*Centella asiatica*（L.）Urban

402）蛇床属　*Cnidium* Cuss

　　（1294）蛇床　*Cnidium monnieri*（L.）Cuss.

403）鸭儿芹属　*Cryptotaenia* DC.

　　（1295）鸭儿芹　*Cryptotaenia japonica* Hassk.

404）胡萝卜属　*Daucus* L.

　　（1296）野胡萝卜　*Daucus carota* L.

405）茴香属　*Foeniculum* Mill.

　　（1297）茴香　*Foeniculum vulgare* Mill.

406）独活属　*Heracleum* L.

　　（1298）独活　*Heracleum hemsleyanum* Diels.

　　（1299）短毛独活　*Heracleum moellendorffii* Hance.

　　（1300）白亮独活　*Heracleum candicans* Wall. ex DC.

　　（1301）乎截独活　*Heracleum vicinum* Boiss.

　　（1302）永宁独活　*Heracleum yungningense* Hand. -Mazz.

407）天胡荽属　*Hydrocotyle* L.

　　（1303）裂叶天胡荽　*Hydrocotyle dielsiana* Wolff

　　（1304）红马蹄草　*Hydrocotyle nepalensis* Hk.

408）藁本属　*Ligusticum* L.

　　（1305）藁本　*Ligusticum sinense* Oliv.

　　（1306）川芎　*Ligusticum sinense* Oliv. cv. 'Chuanxiong'

　　（1307）宽裂山芹菜　*Ligusticum daucoides* Franch. var. *soulieide* Boiss

　　（1308）羽苞藁本　*Ligusticum daucoides*（Franch.）Franch.

　　（1309）膜苞藁本　*Ligusticum oliverianum*（ de Boiss. ）Shan

409）白苞芹属　*Nothosmyrnium* Miq.

　　（1310）白苞芹　*Nothosmyrnium japonicum* Miq.

410）羌活属　*Notopterygium* de Boiss.

　　（1311）宽叶羌活　*Notopterygium forbesii* de Boiss.

411）水芹属　*Oenanthe* L.

　　（1312）细叶水芹　*Oenanthe dielsii* Boiss. var. *stenophylla* Boiss.

　　（1313）水芹　*Oenanthe javanica*（Bl.）DC.

412）前胡属　*Peucedanum* L.

　　（1314）前胡　*Peucedanum praeruptorum* Dunn.

（1315）华中前胡　*Peucedanum medicum* Dunn（P. mencedanum Dunn）

413）茴芹属　*Pimpinella* L.

（1316）锐叶茴芹　*Pimpinella arguta* Diels

（1317）异叶茴芹　*Pimpinella diversifolia* DC.

（1318）菱叶茴芹　*Pimpinella rhomboidea* Diels

414）囊瓣芹属　*Pternopetalum* Franch.

（1319）东亚囊瓣芹　*Pternopetalum tanakae*（Franch. et Sav.）Hand. –Mazz

415）变豆菜属　*Sanicula* L.

（1320）变豆菜　*Sanicula chinensis* Bunge.

（1321）薄片变豆菜　*Sanicula lamelligera* Hance

（1322）直刺变豆菜　*Sanicula orthacantha* S. Moore

416）防风属　*Saposhnikovia* Schischk.

（1323）防风　*Saposhnikovia divaricata*（Trucz.）Schischk.

417）窃衣属　*Torilis* Adans.

（1324）小窃衣　*Torilis japonica*（Houtt.）DC.

（1325）窃衣　*Torilis scabra*（Thunb.）DC.

418）明党参属　*Changium* Wolff

（1326）明党参　*Changium smyrnioides* Wolff

419）滇芎属　*Physospermopsis* Wolff

（1327）滇芎　*Physospermopsis delavayi*（Franch.）Wolff

103. 桤叶树科　Clethraceae

420）桤叶树属　*Clethra*（Gronov.）Linn

（1328）髭脉桤叶树　*Clethra barbinervis* S. et Z.

（1329）城口桤叶树　*Clethra fargesii* Franch.

104. 杜鹃花科　Ericaceae

421）吊钟花属　*Enkianthus* Lour.

（1330）灯笼花　*Enkianthus chinensis* Franch.

422）珍珠花属　*Lyonia* Nutt.

（1331）珍珠花　*Lyonia ovalifolia*（Wall.）Drude

（1332）小果珍珠花　*Lyonia ovalifolia*（Wall.）Drude var. *elliptica*（Sieb. et Zucc.）Hand. -Mazz.

（1333）狭叶珍珠花　*Lyonia oralifolia*（Wall. ）Drude var. *lanceolata*（Wall.）Hand. -Mazz.

423）马醉木属　*Pieris* D. Don

（1334）美丽马醉木　*Pieris formosa*（Wall.）D. Don

（1335）兴山马醉木　*Pieris formosa*（wall）D.Don-Andromedaformosa Wall.

（1336）马醉木　*Pieris japonica*（Thunb.）D. Don ex G. Don

424）杜鹃属　*Rhododendron* L.

（1337）毛肋杜鹃　*Rhododendron augustinii* Hemsl.

（1338）喇叭杜鹃　*Rhododendron discolor* Franch.

（1339）粉红杜鹃　*Rhododendron oreodoxa* Franch. var. *fargesii*（Franch.）Chamb. exlullen et Chamb.

（1340）粉白杜鹃　*Rhododendron hypoglaucum* Hemsl.

（1341）满山红　*Rhododendron mariesii* Hemsl. et Wils.

（1342）照山白　*Rhododendron micranthum* Turcz.

（1343）山光杜鹃　*Rhododendron oreodoxa* Franch.

（1344）早春杜鹃　*Rhododendron praevernum* Hutch.

（1345）杜鹃　*Rhododendron simsii* Planch.

（1346）长蕊杜鹃　*Rhododendron stamineum* Franch.

（1347）四川杜鹃　*Rhododendron sutchuenense* Franch.

（1348）红晕杜鹃　*Rhododendron roseatum* Hutch.

（1349）麻花杜鹃　*Rhododendron maculiferum* Franch.

（1350）云锦杜鹃　*Rhododendron fortune* Lindl.

105. 鹿蹄草科　Pyrolaceae

　425）喜冬草属　*Chimaphila* Pursh.

（1351）喜冬草　*Chimaphila japonica* Miq.

　426）鹿蹄草属　*Pyrola* Linn.

（1352）鹿蹄草　*Pyrola calliantha* H. Andr.

（1353）普通鹿蹄草　*Pyrola decorata* H. Andr.

106. 越桔科　Vacciniceae

　427）越桔属　*Vaccinium* L.

（1354）南烛　*Vaccinium bracteatum* Thunb.

（1355）无梗越桔　*Vaccinium henryi* Hemsl.

（1356）黄背越桔　*Vaccinium iteophyllum* Hance

（1357）扁枝越桔　*Vaccinium japonicum* Miq. var. *sinicum*（Nakai）Rehd.

（1358）江南越桔　*Vaccinium mandarinorum* Diels

107. 水晶兰科　Monotropaceae

　428）水晶兰属　*Monotropa* Linn.

（1359）水晶兰　*Monotropa uniflora* Linn.

　429）松下兰属　*Hypopitys* Hill.

（1360）毛花松下兰　*Hypopitys monotropa* Grantz var . *hirsuta* Roth

108. 柿科　Ebenaceae

　430）柿属　*Diospyros* Linn.

（1361）柿　*Diospyros kaki* Thunb.

（1362）君迁子　*Diospyros lotus* L.

109. 紫金牛科　Myrsinaceae

　431）紫金牛属　*Ardisia* Swartz

　　（1363）朱砂根　*Ardisia crenata* Sims

　　（1364）红凉伞　*Ardisia crenata* Sims var. bicolor（Walker.）C. Y. Wu et C. Chen

　　（1365）百两金　*Ardisia crispa*（Thunb.）A. DC.

　　（1366）紫金牛　*Ardisia japonica*（Thunb.）Blune.

　　（1367）九管血　*Ardisia brevicaulis* Diels

　432）杜茎山属　*Maesa* Forsk.

　　（1368）湖北杜茎山　*Maesa hupehensis* Rehd.

　　（1369）杜茎山　*Maesa japonica*（Thunb. ）Moritzi.

　433）铁仔属　*Myrsine* Linn.

　　（1370）铁仔　*Myrsine africana* Linn.

　　（1371）针齿铁仔　*Myrsine semiserrata* Wall.

110. 安息香科　Styracaceae

　434）白辛树属　*Pterostyrax* Sieb. et Zucc.

　　（1372）白辛树　*Pterostyrax psilophyllus* Diels ex Perk.

　435）安息香属　*Styrax* Linn.

　　（1373）老鸹铃　*Styrax hemsleyanus* Diels

　　（1374）野茉莉　*Styrax japonicus* S. et Z.

　　（1375）芬芳安息香　*Styrax odoratissimus* Champ.

　　（1376）粉花安息香　*Styrax roseus* Dunn

　　（1377）灰叶安息香　*Styrax calvescens* Perk.

　　（1378）赛山梅　*Styrax confusus* Hemsl.

　　（1379）垂珠花　*Styrax dasyanthus* Perk.

111. 山矾科　Symplocaceae

　436）山矾属　*Symplocos* Jacq.

　　（1380）总状山矾　*Symplocos botryantha* Franch.

　　（1381）茶条果　*Symplocos ernesti* Dunn

　　（1382）枝穗山矾　*Symplocos multipes* Brand

　　（1383）白檀　*Symplocos paniculata*（Thunb.）Miq.

　　（1384）叶萼山矾　*Symplocos phyllocalyx* Clarke

　　（1385）老鼠矢　*Symplocos stellaris* Brand

　　（1386）山矾　*Symplocos sumuntia* Buch-

　　（1387）薄叶山矾　*Symplocos anomala* Brand

　　（1388）华山矾　*Symplocos chinensis*（Lour. ）Druce

　　（1389）光叶山矾　*Symplocos lancifolia* S. Et Z.

（1390）四川山矾　*Symplocos setchuensis* Brand

112. 马钱科　Loganiaceae

437）醉鱼草属　*Buddleja* Linn.

（1391）巴东醉鱼草　*Buddleja albiflora* Hemsl.

（1392）大叶醉鱼草　*Buddleja davidii* Franch.

（1393）密蒙花　*Buddleja officinalis* Maxim.

438）蓬莱葛属　*Gardneria* Wall.

（1394）蓬莱葛　*Gardneria multiflora* Mak.

113. 木犀科　Oleaceae

439）连翘属　*Forsythia* Vahl.

（1395）连翘　*Forsythia suspensa*（Thunb.）Vahl

440）梣属　*Fraxinus* Linn.

（1396）光蜡树　*Fraxinus griffithii* C. B. Clarke

（1397）苦枥木　*Fraxinus retusa* Champ. ex Benth.

（1398）秦岭白蜡树　*Fraxinus Daxiana* Lingelsh.

（1399）狭叶梣　*Fraxinus baroniana* Diels

（1400）白蜡树　*Fraxinus chinensis* Roxb.

（1401）大叶白蜡树　*Fraxinus chinensis* Roxb. var. *rhynchophylla*（Hance）Hemsl.

441）素馨属　*Jasminum* Linn.

（1402）探春花　*Jasminum floridum* Bunge.

（1403）清香藤　*Jasminum lanceolarium* Roxb.

（1404）华素馨　*Jasminum sinense* Hemsl.

442）女贞属　*Ligustrum* Linn.

（1405）扩展女贞　*Ligustrum expansum* Rehd.

（1406）兴山蜡树　*Ligustrum henryi* Hemsl.

（1407）女贞　*Ligustrum lucidum* Ait.

（1408）蜡子树　*Ligustrum molliculum* Hance

（1409）总梗女贞　*Ligustrum pricei* Hayata.

（1410）小叶女贞　*Ligustrum quihoui* Carr.

（1411）小蜡　*Ligustrum sinense* Lour.

（1412）亮叶小蜡　*Ligustrum sinense* Lour.var *nitidum* Rehd.

（1413）光萼小蜡　*Ligustrum sinense* Lour.var.*myrianthum*（Diels.）Hofk.

（1414）宜昌女贞　*Ligustrum strongylophyllum* Hemsl.

（1415）长叶女贞　*Ligustrum compactum*（Wall.）Hook. f. et Thoms.

443）木犀属　*Osmanthus* Lour.

（1416）红柄木犀　*Osmanthus armatus* Diels

（1417）水犀　*Osmanthus fragrans*（Thunb.）Lour.

444）丁香属　*Syringa* Linn.

（1418）紫丁香　*Syringa oblata* Lindl.

（1419）小叶丁香　*Syringa microphylla* Diels

445）流苏树属　*Chionanthus* Linn.

（1420）流苏树　*Chionanthus retusus* Lindl. ex Paxt.

114. 夹竹桃科　Apocynaceae

446）络石属　*Trachelospermum* Lem.

（1421）紫花络石　*Trachelospermum axillare* Hook. f.

（1422）络石　*Trachelospermum jasminoides*（Lindl.）Lem.

（1423）石血　*Trachelospermum jasminoides*（Lindl.）Lem. var. *heterophyllum* Tsiang

（1424）湖北络石　*Trachelospermum gracilipes* Hook. f. var *hupehense* Tsiang et P.T.

（1425）细梗络石　*Trachelospermum gracilipes* F Hook.

115. 萝藦科　Asclepiadaceae

447）秦岭藤属　*Biondia* Schltr.

（1426）宽叶秦岭藤　*Biondia hemsleyana*（Warb.）Tsiang

（1427）秦岭藤　*Biondia chinensis* Schltr.

448）吊灯花属　*Ceropegia* Linn.

（1428）巴东吊灯花　*Ceropegia driophila* Schneid.

449）鹅绒藤属　*Cynanchum* Linn.

（1429）牛皮消　*Cynanchum auriculatum* Royle ex Wright

（1430）竹灵消　*Cynanchum inamoenum*（Maxim.）Loes

（1431）朱砂藤　*Cynanchum officinale*（Hemsl.）Tsiang et Zhang

（1432）徐长卿　*Cynanchum paniculatum*（Bunge.）Kitag.

（1433）隔山消　*Cynanchum wilfordii*（Maxim.）Hemsl.

（1434）蔓剪草　*Cynanchum chekiangense* M. Cheng ex Tsiang et P. T. Li

（1435）变色白前　*Cynanchum versicolor* Bunge.

450）牛奶菜属　*Marsdenia* R. Br.

（1436）牛奶菜　*Marsdenia sinensis* Hemsl

451）萝藦属　*Metaplexis* R. Br.

（1437）华萝藦　*Metaplexis hemsleyana* Oliv.

（1438）萝藦　*Metaplexis japonica*（Thunb.）Makino.

452）杠柳属　*Periploca* Linn.

（1439）青蛇藤　*Periploca calophylla*（Woght）Falc.

（1440）杠柳　*Periploca sepium* Bunge.

453）娃儿藤属　*Tylophora* R. Br.

（1441）小叶娃儿藤　*Tylophora tenuis* Bl.

454）弓果藤属　*Toxocarpus* Wight et Arn.

（1442）毛弓果藤　*Toxocarpus villosus*（Bl.）Decne.

116. 茜草科　Rubiaceae

455）香果树属　*Emmenopterys* Oliv.

（1443）香果树　*Emmenopterys henryi* Oliv.

456）拉拉藤属　*Galium* Linn.

（1444）猪殃殃　*Galium aparine* Linn. Sp. Pl. var. *tenerum*（Gren. et Godr.）Rchb.

（1445）车叶葎　*Galium asperuloides* Edgew. var. *hoffmeisteri*（Klotzsch）H. -M.

（1446）四叶葎　*Galium bungei* Steud.

（1447）光果拉拉藤　*Galium boreale* L. var. *glabrum* Q.H.Liu var.nov.in-ed.

（1448）林地拉拉藤　*Galium paradoxum* Maxm.

（1449）显脉拉拉藤　*Galium kinuta* Nakai et Hara

457）栀子属　*Gardenia* Ellis

（1450）栀子　*Gardenia jasminoides* Ellis

458）野丁香属　*Leptodermis* Wall.

（1451）薄皮木　*Leptodermis oblonga* Bunge.

（1452）野丁香　*Leptodermis patanini* Batalin.

459）玉叶金花属　*Mussaenda* Linn.

（1453）大叶白纸扇　*Mussaenda esquirolii* Levl.

460）蛇根草属　*Ophiorrhiza* Linn.

（1454）日本蛇根草　*Ophiorrhiza japonica* Bl.

（1455）中华蛇根草　*Ophiorrhiza chinensis* Lo

461）鸡矢藤属　*Paederia* Linn.

（1456）鸡矢藤　*Paederia scandens*（Lour.）Merr.

（1457）毛鸡矢藤　*Paederia scandens*（Lour.）Merr tomentosa（Bl.）H-M.

462）茜草属　*Rubia* L.

（1458）茜草　*Rubia cordifolia* L.

（1459）长叶茜草　*Rubia cordifolia* L. var. *longifolia* H. -M.

（1460）卵叶茜草　*Rubia ovatifolia* Z. Y. Zhang

（1461）大叶茜草　*Rubia schumanniana* Pritzel

463）白马骨属　*Serissa* Comm.

（1462）六月雪　*Serissa japonica*（Thunb.）Thunb.

464）钩藤属　*Uncaria* Schreber.

（1463）华钩藤　*Uncaria sinensis*（Oliv.）Havil.

465）山黄皮属 *Randia* L.

（1464）山黄皮　*Randia cochinchinensis*（Lour.）Merr.

466）水团花属　*Adina* Salisb.

（1465）鸡仔木　*Adina racemisa*（S. Et Z. ）Miq.

467）耳草属　*Hedyotis* Linn.

（1466）金毛耳草　*Hedyotis chrysotricha*（Palib. ）Merr.

117. 忍冬科　Caprifoliaceae

468）六道木属　*Abelia* R. Br.

（1467）二翅六道木　*Abelia macrotera*（Graebn. et Buchw.）Rehd.

（1468）伞花六道木　*Abelia umbellata*（Graebn.et Buchw.）Rehd.

（1469）小叶六道木　*Abelia parvifolia* Hemsl.

（1470）糯米条　*Abelia chinensis* R. Br

（1471）通梗花　*Abelia engleriana*（Graebn. ）Rehd.

469）双盾木属　*Dipelta* Maxim.

（1472）双盾木　*Dipelta floribunda* Maxim.

470）蝟实属　*Kolkwitzia* Graebn.

（1473）蝟实　*Kolkwitzia amabilis* Graebn.

471）忍冬属　*Lonicera* L.

（1474）淡红忍冬　*Lonicera acuminata* Wall.

（1475）无毛淡红忍冬　*Lonicera acuminata* Wall. var.*depilata* Hsu et H.J.Wang

（1476）倒卵叶忍冬　*Lonicera hemsleyana*（O.Ktze.）Rehd.

（1477）郁香忍冬　*Lonicera fragrantissima* Lindl.et Paxt.

（1478）蕊被忍冬　*Lonicera gynochlamydea* Hemsl.

（1479）忍冬　*Lonicera japonica* Thunb.

（1480）金银忍冬　*Lonicera maackii*（Rupr.）Maxim.

（1481）短柄忍冬　*Lonicera pampaninii* Levl.

（1482）蕊帽忍冬　*Lonicera pileata* Oliv.

（1483）细毡毛忍冬　*Lonicera similis* Hemsl.

（1484）唐古特忍冬　*Lonicera tangutica* Maxim.

（1485）盘叶忍冬　*Lonicera tragophylla* Hemsl.

（1486）须蕊忍冬　*Lonicera chrysantha* Turcz. ssp. *koehneana*（Redh.）Hsu et H. J. Wang

（1487）柳叶忍冬　*Lonicera lanceolata* Wall.

（1488）短尖忍冬　*Lonicera mucronata* Redh.

（1489）袋花忍冬　*Lonicera saccata* Redh.

（1490）四川忍冬　*Lonicera szechuanica* Batal.

（1491）北京忍冬　*Lonicera elisae* Franch.

472）接骨木属　*Sambucus* L.

（1492）接骨草　*Sambucus chinensis* Lindl.

（1493）接骨木　*Sambucus williamsii* Hance

473）毛核木属　*Symphoricarpos* Duhamel

（1494）毛核木　*Symphoricarpos sinensis* Rehd.

474）莛子藨属　*Triosteum* L.

（1495）穿心莛子藨　*Triosteum himalayanum* Wall.

475）荚蒾属　*Viburnum* L.

（1496）桦叶荚蒾　*Viburnum betulifolium* Batal.

（1497）短序荚蒾　*Viburnum brachybotryum* Hemsl.

（1498）紫药红荚蒾　*Viburnum erubescens* Wall.var.*prattii*（Graebn.）Rehd.

（1499）细梗红荚蒾　*Viburnum erubescens* Wall. var. *gracilipes* Rehd.

（1500）短筒荚蒾　*Viburnum brevitubum*（Hsu）Hsu

（1501）醉鱼草状荚蒾　*Viburnum buddleifolium* C.H.Wright.

（1502）茶荚蒾　*Viburnum setigerum* Hance

（1503）蝴蝶戏珠花　*Viburnum plicatum* Thunb.var.*tomentosum*（Thunb.）Miq.

（1504）显脉荚蒾　*Viburnum nervosum* D.Don

（1505）水红木　*Viburnum cylindricum* Buch. -Ham. ex D. Don

（1506）荚蒾　*Viburnum dilatatum* Thunb.

（1507）宜昌荚蒾　*Viburnum erosum* Thunb.

（1508）糯米条荚蒾　*Viburnum erosum* Thunb. ssp. *cathayanum* Hsu

（1509）直角荚蒾　*Viburnum foetidum* Wall. var. *rectangulatum*（Graebn.）Rehd.

（1510）巴东荚蒾　*Viburnum henryi* Hemsl.

（1511）湖北荚蒾　*Viburnum hupehense* Rehd.

（1512）鸡树条　*Viburnum opulus* L. var. *calvescens*（Rehd.）Hara

（1513）球核荚蒾　*Viburnum propinquum* Hemsl.

（1514）皱叶荚蒾　*Viburnum rhytidophyllum* Hemsl.

（1515）合轴荚蒾　*Viburnum sympodiale* Graebn.

（1516）烟管荚蒾　*Viburnum utile* Hemsl.

（1517）聚花荚蒾　*Viburnum glomeratum* Maxim.

（1518）陕西荚蒾　*Viburnum schensianum* Maxim.

476）锦带花属　*Weigela* Thunb.

（1519）锦带花　*Weigela florida*（Bunge.）A. DC.

（1520）半边月　*Weigela japonica* Thunb. var. *sinica*（Rehd.）Bailey

118. 败酱科　Valerianaceae

477）败酱属　*Patrinia* Juss.

（1521）窄叶败酱　*Patrinia heterophylla* Bunge. ssp. *angustifolia*（Hemsl.）H. J. Wang

（1522）墓头回　*Patrinia heterophylla* Bunge.

（1523）少蕊败酱　*Patrinia monandra* C. B. Clarke

（1524）斑花败酱　*Patrinia punctiflora* H. J. Wang

（1525）败酱　*Patrinia scabiosaefolia* Fisch. ex Trev.

（1526）攀倒甑　*Patrinia villosa*（Thunb. ）Juss.

478）缬草属　*Valeriana* L.

（1527）柔垂缬草　*Valeriana flaccidissima* Maxim.

（1528）长序缬草　*Valeriana hardwickii* Wall.

（1529）蜘蛛香　*Valeriana jatamansi* Jones

（1530）缬草　*Valeriana officinalis* L.

（1531）宽叶缬草　*Valeriana officinalis* L. var. *latifolia* Miq.

119. 川续断科　Dipsacaceae

479）川续断属　*Dipsacus* L.

（1532）川续断　*Dipsacus asperoides* C. Y. Cheng et T. M. Ai

（1533）日本续断　*Dipsacus japonicus* Miq.

480）双参属　*Triplostegia* Wall. ex DC.

（1534）双参　*Triplostegia glandulifera* Wall. ex DC.

120. 菊科　Compositae

481）蓍属　*Achillea* L.

（1535）云南蓍　*Achillea wilsoniana* Heim ex H. -M.

482）和尚菜属　*Adenocaulon* Hook.

（1536）和尚菜　*Adenocaulon himalaicum* Edgew.

483）亚菊属　*Ajania* poljak.

（1537）异叶亚菊　*Ajania variifolia*（Cnang）Tzvel.

484）下田菊属　*Adenostemma* J. R. et G. Frost.

（1538）下田菊　*Adenostemma lavenia*（L.）O. Kuntze.

485）兔儿风属　*Ainsliaea* DC.

（1539）灯台兔儿风　*Ainsliaea macroclinidioides* Hay.

（1540）长穗兔儿风　*Ainsliaea henryi* Diels

（1541）宽穗兔儿风　*Ainsliaea triflora*（Buch. -Ham.）Druce

486）香青属　*Anaphalis* DC.

（1542）黄腺香青　*Anaphalis aureopunctata* Lingelsh et Borza

（1543）珠光香青　*Anaphalis margaritacea*（L.）Benth. et Hk. f.

（1544）线叶珠光香青　*Anaphalis margaritacea*（L.）Benth. et Hook. f. ssp. *japonica*（Sch. -Bip.）Kitamura

（1545）黄褐珠光香青　*Anaphalis margaritacea*（L.）Benth. et Hook. f. var.*cinnamomea*（DC.）Herd. ex Maxim.

（1546）香青　*Anaphalis sinica* Hance

487）牛蒡属　*Arctium* L.

（1547）牛蒡　*Artium lappa* L.

488）蒿属　*Artemisia* L.

（1548）黄花蒿　*Artemisia annua* L.

（1549）粘毛蒿　*Artemisia mattfeldii* Pamp.

（1550）艾蒿　*Artemisia argyi* Levi. et Vant.

（1551）暗绿蒿　*Artemisia atrovirens* H. -M.

（1552）茵陈蒿　*Artemisia capillaris* Thunb.

（1553）南毛蒿　*Artemisia chingii* Pamp.

（1554）五月艾　*Artemisia indica* Willd.

（1555）牡蒿　*Artemisia japonica* Thunb.

（1556）白苞蒿　*Artemisia lactiflora* Wall. ex DC.

（1557）野艾蒿　*Artemisia lavandulaefolia* DC.

（1558）魁蒿　*Artemisia princeps* Pamp.

（1559）中南蒿　*Artemisia simulans* Pamp.

（1560）白莲蒿　*Artemisia sacrorum* Ledeb.

（1561）大花大籽蒿　*Artemisia sieversiana* Willd. f.*macrocephala* Pamp.

489）紫菀属　*Aster* L.

（1562）三脉紫菀　*Aster ageratoides* Turcz.

（1563）宽伞三脉紫菀　*Aster ageratoides* Turcz. var. *laticorymbus*（Vant.）H. -M.

（1564）卵叶三脉紫菀　*Aster ageratoides* Turez. var. *oophyllus* Ling

（1565）翼柄紫菀　*Aster alatipes* Hemsl.

（1566）小舌紫菀　*Aster albescens*（DC.）H. -M.

（1567）琴叶紫菀　*Aster panduratus* Nees ex Walp.

（1568）钻叶紫菀　*Aster subulatus* Michx.

490）苍术属　*Atractylodes* DC.

（1569）鄂西苍术　*Atractylodes carlinoides*（H. -M.）Kitam.

491）云木香属　*Aucklandia* Falc.

（1570）云木香　*Aucklandia lappa* Decne.

492）鬼针草属　*Bidens* L.

（1571）金盏银盘　*Bidens biternata*（Lour.）Merr. et Sherff.

（1572）小花鬼针草　*Bidens parviflora* Willd.

（1573）鬼针草　*Bidens pilosa* L.

（1574）狼杷草　*Bidens tripartita* L.

（1575）婆婆针　*Bidens bipinnata* L.

493）蟹甲草属　*Parasenecio*

　　（1576）兔儿风蟹甲草　*Parasenecio ainsliaeiflorus*（Franch.）Y. L.

　　（1577）珠芽蟹甲草　*Parasenecio bulbiferoides*（H. -M.）Y. L. Chen

　　（1578）无毛山尖子　*Parasenecio hastatus* var. *glaber*

　　（1579）飞燕蟹甲草　*Parasenecio pilgeriana*（Diels）Y. L. Chen

　　（1580）中华蟹甲草　*Parasenecio sinicus*（Ling）Y. L. Chen.

　　（1581）白头蟹甲草　*Parasenecio leucocephalus*（Franch.）H. -M.

　　（1582）深山蟹甲草　*Parasenecio profundorum*（Dunn）Y. L. Chen

　　（1583）羽裂蟹甲草　*Parasenecio tangutica*（Franch.）H. -M

494）飞廉属　*Carduus* L.

　　（1584）丝毛飞廉　*Carduus crispus* L.

495）天名精属　*Carpesium* L.

　　（1585）天名精　*Carpesium abrotanoides* L.

　　（1586）烟管头草　*Carpesium cernuum* L.

　　（1587）绵毛烟管头草　*Carpesium cernuum* L. var. *lanatum* Hk. f.

　　（1588）金挖耳　*Carpesium divaricatum* Sieb. et Zucc.

　　（1589）贵州天名精　*Carpesium faberi* Winkl.

　　（1590）长叶天名精　*Carpesium longifolium* Chen et C. M. Hu

　　（1591）小花金挖耳　*Carpesium minum* Hemsl.

　　（1592）四川天名精　*Carpesium szechuanense* Chen et C. M. Hu

　　（1593）毛暗花金挖耳　*Carpesium triste* Maxim. var. *sinense* Diels

496）石胡荽属　*Centipeda* Lour.

　　（1594）石胡荽　*Centipeda minima*（L.）A. Br. et Aschers.

497）刺儿菜属　*Cephalanoplos* Neck.

　　（1595）刺儿菜　*Cephalanoplos segetum*（Bge.）Kitam.

498）蓟属　*Cirsium* Mill.

　　（1596）刺苞蓟　*Cirsium henryi*（Franch.）Diels.

　　（1597）湖北蓟　*Cirsium hupehense* Pamp.

　　（1598）蓟　*Cirsium japonicum* DC.

　　（1599）线叶蓟　*Cirsium lineare*（Thunb.）Sch. -Bip.

　　（1600）等苞蓟　*Cirsium fargesii*（Franch.）Diels

　　（1601）马刺蓟　*Cirsium monocephalum*（Vant.）Levl.

499）白酒草属　*Conyza* Less.

　　（1602）小蓬草　*Conyza canadensis*（L.）Cronq.

　　（1603）香丝草　*Conyza bonariensis*（L.）Cronq.

500）秋英属　*Cosmos* Cav.

（1604）秋英　*Cosmos bipinnata* Cav.　　　　　　　　　　　　　　●

501）大丽花属　*Dahlia* Cav.

（1605）大丽花　*Dahlia pinnata* Cav.　　　　　　　　　　　　　　●

502）菊属　*Dendranthema*（DC.）Des Moul.

（1606）野菊　*Dendranthema indicum*（L.）Des Moul.

（1607）神农香菊　*Dendranthema indicum*（L.）Des Moul. var. *aromaticum* Q. H. Liu et S. F. Zhang

（1608）野甘菊 *Dendranthema lavandulifolium*（Fisch. ex Trautv.）Ling et Shih var. *seticuspe*（Maxim.）Shih.

503）东风菜属　*Doellingeria* Nees

（1609）东风菜　*Doellingeria scaber*（Thunb.）Nees

504）鳢肠属　*Eclipta* L.

（1610）鳢肠　*Eclipta prostrata*（L.）L.

505）一点红属　*Emilia* Cass.

（1611）一点红　*Emilia sonchifolia*（L.）DC.

506）菊芹属　*Erechtites* Raf.

（1612）梁子菜　*Erechtites hieracifolia*（L.）Raf. ex DC.

507）飞蓬属　*Erigeron* L.

（1613）飞蓬　*Erigeron acer* L.

（1614）一年蓬　*Erigeron annuus*（L.）Pers.

（1615）长茎飞蓬　*Erigeron elongatus* Ledeb.

508）泽兰属　*Eupatorium* L.

（1616）多须公　*Eupatorium chinense* L.

（1617）佩兰　*Eupatorium fortunei* Turcz.

（1618）白头婆　*Eupatorium japonicum* Thunb.

509）牛膝菊属　*Galinsoga* Ruiz et Pav.

（1619）牛膝菊　*Galinsoga parviflora* Cav.

510）鼠曲草属　*Gnaphalium* L.

（1620）鼠曲草　*Gnaphalium affine* D. Don

（1621）秋鼠曲草　*Gnaphalium hypoleucum* DC.

（1622）丝棉草　*Gnaphalium luteoalbum* L.

（1623）细叶鼠曲草　*Gnaphalium japonicum* Thunb.

511）菊三七属　*Gynura* Cass.

（1624）野茼蒿　*Gynura crepidioides* Benth.

512）泥胡菜属　*Hemistepta* Bge.

（1625）泥胡菜　*Hemistepta lyrata*（Bge.）Bge.

513）狗娃花属　*Heteropappus* Less.

（1626）狗娃花　*Heteropappus hispidus*（Thunb.）Less.

514）山柳菊属　*Hieracium* L.

（1627）山柳菊　*Hieracium umbellatum* L.

515）旋覆花属　*Inula* L.

（1628）湖北旋覆花　*Inula hupehensis*（Ling）Ling

（1629）总状土木香　*Inula racemosa* Hk. f.

516）苦荬菜属　*Ixeris* Cass.

（1630）山苦荬　*Ixeris chinensis*（Thunb.）Nakai

（1631）剪刀股　*Ixeris debilis* A. Gray

（1632）齿缘苦荬菜　*Ixeris dentata*（Thunb.）Nakai

（1633）苦荬菜　*Ixeris denticulata*（Houtt.）Stebb

（1634）毛叶苦荬菜　*Ixeris denticulata*（Houtt.）Stebb. ssp. *pubescens* Stebb.

（1635）细叶苦荬菜　*Ixeris gracilis* Stebb.

（1636）抱茎苦荬菜　*Ixeris sonchifolia* Hance

517）马兰属　*Kalimeris* Cass.

（1637）马兰　*Kalimeris indica*（L.）Sch. -Bip.

（1638）毡毛马兰　*Kalimeris shimadai*（Kitam.）Kitam.

518）莴苣属　*Lactuca* L.

（1639）细花莴苣　*Lactuca graciliflora*（Wall.）DC.

（1640）高莴苣　*Lactuca raddeana* Maxim. var. *elata*（Hemsl.）Kitam.

519）大丁草属　*Leibnitzia* Cass.

（1641）大丁草　*Leibnitzia anandria*（L.）Nakai

520）火绒草属　*Leontopodium* R.Br. own

（1642）薄雪火绒草　*Leontopodium japonicum* Miq.

521）橐吾属　*Ligularia* Cass.

（1643）橐吾　*Ligularia sibirica*（L.）Cass.

（1644）簇梗橐吾　*Ligularia tenuipes*（Franch.）Diels

（1645）蹄叶橐吾　*Ligularia fischeri*（Ledeb.）Turcz.

（1646）大黄橐吾　*Ligularia duciformis*（C.Winkl.）H.-M.

522）蜂斗菜属　*Petasites* Mill.

（1647）蜂斗菜　*Petasites japonicus*（Sieb. et Zucc.）Maxinm.

（1648）毛裂蜂斗菜　*Petasites tricholobus* Franch.

523）毛莲菜属　*Picris* L.

（1649）毛莲菜　*Picris hieracioides* L.

524）福王草属　*Prenanthes* L.

（1650）川滇福王草　*Prenanthes henryi* Dunn

（1651）锥序福王草　*Prenanthes pyramidalis* Shih

（1652）福王草　*Prenanthes tatarinowii* Maxim.

525）翅果菊属　*Pterocypsela* Shih

（1653）高大翅果菊　*Pterocypsela elata*（Hemsl.）Shih

（1654）翅果菊　*Pterocypsela indica*（L.）Shih

526）风毛菊属　*Saussurea* DC.

（1655）心叶风毛菊　*Saussurea cordifolia* Hemsl.

（1656）风毛菊　*Saussurea japonica*（Thunb.）DC.

（1657）少花风毛菊　*Saussurea oligantha* Franch.

（1658）川陕风毛菊　*Saussurea licentiana* H. -M.

（1659）杨叶风毛菊　*Saussurea populifolia* Hemsl.

（1660）卢山风毛菊　*Saussurea bullockii* Dunn

527）鸦葱属　*Scorzonera* L.

（1661）鸦葱　*Scorzonera ruprechtiana* Lipsch. et Krasch.

528）千里光属　*Senecio* L.

（1662）千里光　*Senecio scandens* Buch. -Ham. ex D. Don

（1663）额河千里光　*Senecio argunensis* Turcz.

（1664）菊状千里光　*Senecio chryanthemoides* DC.

（1665）单头千里光　*Senecio cyclaminifolius* Franch.

（1666）秃果千里光　*Sehecio globigerus*（oliv）chang

529）豨莶属　*Siegesbeckia* L.

（1667）豨莶　*Siegesbeckia orientalis* L.

（1668）腺梗豨莶　*Siegesbeckia pubescens* Makino.

530）六棱菊属　*Laggera* Sch

（1669）六棱菊　*Laggera alata*（D.Don）Sch.-BIP. ex. Olw.

531）蒲儿根属　*Sinosenecio* B. Nord.

（1670）毛柄蒲儿根　*Sinosenecio eriopodus*（Cumm.）C. Jeffrey et Y. L. Chen

（1671）蒲儿根　*Sinosenecio oldhamianus*（Maxim.）B. Nord.

532）一枝黄花属　*Solidago* L.

（1672）一枝黄花　*Solidago decurrens* Lour.

533）苦苣菜属　*Sonchus* L.

（1673）花叶滇苦菜　*Sonchus asper*（L.）Hill.

（1674）苦苣菜　*Sonchus oleracens* L.

534）兔儿伞属　*Syneilesis* Maxim.

（1675）兔儿伞　*Syneilesis aconitifolia*（Bge.）Maxim.

535）山牛蒡属　*Synurus* Iljin

（1676）山牛蒡　*Synurus deltoides*（Ait.）Nakai

536）蒲公英属　*Taraxacum* L.

（1677）蒲公英　*Taraxacum mongolicum* H. -M.

537）款冬属　*Tussilago* L.

（1678）款冬　*Tussilago farfara* L.

538）斑鸠菊属　*Vernonia* Schreb.

（1679）南漳斑鸠菊　*Vernonia nantcianensis*（Pamp.）H. -M.

539）苍耳属　*Xanthium* L.

（1680）苍耳　*Xanthium sibiricum* Patrin ex Widder

540）黄鹌菜属　*Youngia* Cass.

（1681）红果黄鹌菜　*Youngia erythrocarpa*（Vant.）Babc. et Stebb.

（1682）异叶黄鹌菜　*Youngia heterophylla*（Hemsl.）Babc. et Stebb.

（1683）黄鹌菜　*Youngia japonica*（L.）DC.

541）帚菊属　*Pertya* Sch. -Bip.

（1684）华帚菊　*Pertya sinensis* Oliv.

542）虾须草属　*Sheareria* S. Moore

（1685）虾须草　*Sheareria nana* S. Moore

121. 龙胆科　Gentianaceae

543）龙胆属　*Gentiana*（Tourn.）L.

（1686）红花龙胆　*Gentiana rhodantha* Franch.

（1687）文玉龙胆　*Gentiana wangyuensis* T. N. Ho

（1688）灰绿龙胆　*Gentiana yokusai* Burk.

（1689）苞叶龙胆　*Gentiana incompta* H.Sm.

（1690）湖北龙胆　*Gentiana hupehensis* S. H. Fu sp. Nov. Ined.

（1691）深红龙胆　*Gentiana rubicunda* Franch.

544）扁蕾属　*Gentianopsis* Ma

（1692）粗边扁蕾　*Gentianopsis scabromarginata*（H. Sm.）Ma

（1693）卵叶扁蕾　*Gentianopsis paludosa*（HK.f.）Ma var.*ovato-deltoidea*（Burk.）Ma ex T.N.Ho

（1694）扁蕾　*Gentianopsis barbata*（Frod.）Ma

545）花锚属　*Halenia* Borkh.

（1695）椭圆叶花锚　*Halenia elliptica* D. Don

（1696）大花花锚　*Halenia elliptica* D. Don var. *grandiflora* Hemsl.

546）翼萼蔓属　*Pterygocalyx* Maxim.

（1697）翼萼蔓　*Pterygocalyx volubilis* Maxim.

547）獐牙菜属　*Swertia* L.

（1698）狭叶獐牙菜　*Swertia angustifolia* Buch. -Ham. ex D. Don

（1699）獐牙菜　*Swertia bimaculata*（S. et Z.）Hk. f. et Thoms. ex C. B. Clarke

（1700）川东獐牙菜　*Swertia davidii* Franch.

（1701）伸梗獐牙菜　*Swertia elongata* T. N. Ho et S. W. Liu

（1702）鄂西獐牙菜　*Swertia oculata* Hemsl.

（1703）歧伞獐牙菜　*Swertia dichotoma* L.

（1704）北方獐牙菜　*Swertia diluta*（Turcz.）Benth. et Hk. F.

（1705）显脉獐牙菜　*Swertia nervosa*（G. Don）Wall. ex C. B. Clarke

（1706）二叶獐牙菜　*Swertia bifolia* Batal.

548）双蝴蝶属　*Tripterospermum* Bl.

（1707）双蝴蝶　*Tripterospermum chinense*（Migo）H. Sm.

（1708）湖北双蝴蝶　*Tripterospermum discoideum*（Marq.）H. Sm.

（1709）峨眉双蝴蝶　*Tripterospermum cordatum*（Marq.）H. Sm

（1710）尼泊尔双蝴蝶　*Tripterospermum volubile*（D. Don）Hara

549）肋柱花属　*Lomatogonium* A. Br.

（1711）美丽肋柱花　*Lomatogonium bellum*（Hemsl.）H. Sm

122. 报春花科　Primulaceae

550）点地梅属　*Androsace* L.

（1712）点地梅　*Androsace umbellata*（Lour.）Merr.

（1713）莲叶点地梅　*Androsace henryi* Oliv.

（1714）秦巴点地梅　*Androsace laxa* C. M. Hu et Y. C. Yang

551）珍珠菜属　*Lysimachia* L.

（1715）过路黄　*Lysimachia christinae* Hance

（1716）矮桃　*Lysimachia clethroides* Duby

（1717）管茎过路黄　*Lysimachia fistulosa* H. -M.

（1718）红根草　*Lysimachia fortunei* Maxim.

（1719）落地梅　*Lysimachia paridiformis* Franch.

（1720）叶头过路黄　*Lysimachia phyllocephala* H. -M.

（1721）显苞过路黄　*Lysimachia rubiginosa* Hemsl.

（1722）腺药珍珠菜　*Lysimachia stenosepala* Hemsl.

（1723）泽珍珠菜　*Lysimachia candida* Lindl.

（1724）异花珍珠菜　*Lysimachia crispidens*（Hance）Hemsl.

（1725）棱茎排草　*Lysimachia wulingensis* Chen et C. M. Hu

552）报春花属　*Primula* L.

（1726）无粉报春　*Primula efarinosa* Pax

（1727）俯垂粉报春　*Primula nutantiflora* Hemsl.

（1728）鄂报春　*Primula obconica* Hance

（1729）二郎山报春　*Primula epilosa* Ceaib

（1730）卵叶报春　*Primula ovalifolia* Franch.

（1731）多脉报春　*Primula polyneura* Franch.

123. 车前科　Plantaginaceae

　　553）车前属　*Plantago* L.

　　　　（1732）车前草　*Plantago asiatica* L.

　　　　（1733）大车前　*Plantago major* L.

124. 桔梗科　Campanulaceae

　　554）沙参属　*Adenophora* Fisch.

　　　　（1734）多毛沙参　*Adenophora rupincola* Hemsl.

　　　　（1735）丝裂沙参　*Adenophora capillaris* Hemsl.

　　　　（1736）杏叶沙参　*Adenophora hunanensis* Nannf.

　　　　（1737）沙参　*Adenophora stricta* Miq.

　　　　（1738）无柄沙参　*Adenophora stricta* Miq. ssp. *sessilifolia* Hong

　　　　（1739）鄂西沙参　*Adenophora hubeiensis* Hong

　　　　（1740）轮叶沙参　*Adenophora tetraphylla*（Thunb.）Fisch.

　　　　（1741）聚叶沙参　*Adenophora wilsonii* Nannf.

　　555）风铃草属　*Campanula* L.

　　　　（1742）紫斑风铃草　*Campanula puncatata* Lam.

　　556）金钱豹属　*Campanumoea* Bl.

　　　　（1743）金钱豹　*Campanumoea javanica* Bl. ssp. *japonica*（Mak.）Hong

　　557）党参属　*Codonopsis* Wall.

　　　　（1744）羊乳　*Codonopsis lanceolata*（S. et Z.）Trautv.

　　　　（1745）党参　*Codonopsis pilosula*（Franch.）Nannf.

　　　　（1746）川党参　*Codonopsis tangshen* Oliv.

　　558）桔梗属　*Platycodon* DC.

　　　　（1747）桔梗　*Platycodon grandiflorus*（Jcaq.）A. DC.

　　559）牧根草属　*Asyneuma* Griseb. et Schenk

　　　　（1748）球果牧根草　*Asyneuma chinense* Hong

125. 半边莲科　Lobeliaceae

　　560）半边莲属　*Lobelia* L.

　　　　（1749）半边莲　*Lobelia chinensis* Lour.

　　　　（1750）江南山梗菜　*Lobelia davidii* Franch.

　　561）铜锤玉带属　*Pratia* Gaudich.

　　　　（1751）铜锤玉带草　*Pratia nummularia*（Lam.）A. Br. et Aschers.

126. 紫草科　Boraginaceae

562）琉璃草属　*Cynoglossum* L.

（1752）小花琉璃草　*Cynoglossum lanceolatum* Forsk.

（1753）琉璃草　*Cynoglossum zeylanicum*（Vahl）Thunb. ex Lehm.

563）厚壳树属　*Ehretia* L.

（1754）粗糠树　*Ehretia macrophylla* Wall.

（1755）光叶粗糠树　*Ehretia macrophylla* Wall. var. *glabreseens*（Nakai）Y. L. Liu.

（1756）厚壳树　*Ehretia thyrsiflora*（S. et Z.）Nakai

564）斑种草属　*Bothriospermum* Bunge.

（1757）柔弱斑种草　*Bothriospermum tenellum*（Horn.）Fisch et.Mey.

（1758）多苞斑种草　*Bothriospermum Secundum* Maxim.

565）紫草属　*Lithospermum* L.

（1759）紫草　*Lithospermum erythrorhizon* S. et Z.

（1760）梓木草　*Lithospermum zollingeri* DC.

566）车前紫草属　*Sinojohnstonia* Hu.

（1761）短蕊车前紫草　*Sinojohnstonia moupinensis*（Franch.）W. T. Wang. ex Z. Y. Zhang

（1762）车前紫草　*Sinojohnstonia plantaginea* Hu

567）盾果草属　*Thyrocarpus* Hance

（1763）盾果草　*Thyrocarpus sampsonii* Hance

568）附地菜属　*Trigonotis* Stev.

（1764）附地菜　*Trigonotis peduncularis*（Trev.）Benth. ex Baker et Moore

（1765）西南附地菜　*Trigonotis cavaleriei*（Levl.）H. -M.

127. 茄科　Solanaceae

569）地海椒属　*Archiphysalis* Kuang

（1766）地海椒　*Arcniphysalis sinensis*（Hemsl.）Kuang-C.S.H

570）天蓬子属　*Atropanthe* Pasch.

（1767）天蓬子　*Atropanthe sinensis*（Hemsl.）Pasch.

571）曼陀罗属　*Datura* L.

（1768）毛曼陀罗　*Datura innoxia* Mill.

572）红丝线属　*Lycianthes*（Dunal）Hassl.

（1769）单花红丝线　*Lycianthes lysimachioides*（Wall.）Bitter

（1770）紫单花红丝线　*Lycianthes lysimachioides*（Wall.）Bitter var. *purpuriflora* C. Y. Wu et S. C. Huang

（1771）中华红丝线　*Lycianthes lysimachioides*（Wall.）Bitter var. *sinensis* Bitter

573）枸杞属　*Lycium* L.

（1772）枸杞　*Lycium chinense* Mill.

574）酸浆属　*Physalis* L.

（1773）酸浆　*Physalis alkekengi* L.

（1774）挂金灯　*Physalis alkekengi* L. var. *francheti*（Mast.）Mak.

（1775）苦职　*Physalis angulata* L.

575）茄属　*Solanum* L.

（1776）千年不烂心　*Solanum cathayanum* C. Y. Wu et S. C. Huang

（1777）白英　*Solanum lyratum* Thunb.

（1778）龙葵　*Solanum nigrum* L.

（1779）黄果茄　*Solanum Xanthocarpum* Schrad. et Wendl

（1780）欧白英　*Solanum dulcamara* L.

（1781）野海茄　*Solanum japonense* Nakai

（1782）珊瑚樱　*Solanum pseudocapsicum* L.

576）天仙子属　*Hyoscyamus* L.

（1783）天仙子　*Hyoscyamus niger* L.

128. 旋花科　Convolvulaceae

577）打碗花属　*Calystegia* R. Br.

（1784）打碗花　*Calystegia hederacea* Wall. ex Roxb.

（1785）旋花　*Calystegia sepium*（L.）R. Br.

578）菟丝子属　*Cuscuta* L.

（1786）金灯藤　*Cuscuta japonica* Choisy

579）牵牛属　*Pharbitis* Choisy

（1787）圆叶牵牛　*Pharbitis purpurea*（L.）Voigt

（1788）牵牛　*Pharbitis nil*（L.）Choisy

580）飞蛾藤属　*Porana* Burm. f.

（1789）飞蛾藤　*Porana racemosa* Roxb.

（1790）大果飞蛾藤　*Porana sinensis* Hemsl.

581）马蹄金属　*Dichondra* J.R.et G.Forst.

（1791）马蹄金　*Dichondra repens* Forst.

129. 玄参科　Scrophulariaceae

582）来江藤属　*Brandisia* Hook. f. et Thoms.

（1792）来江藤　*Brandisia Hancei* Hk. f.

583）小米草属　*Euphrasia* L.

（1793）短腺小米草　*Euphrasia regelii* Wettst.

584）鞭打绣球属　*Hemiphragma* Wall.

（1794）鞭打绣球　*Hemiphragma heterophyllum* Wall.

585）母草属　*Lindernia* All.

（1795）旱田草　*Lindernia ruellioides*（Colsm.）Pennell

586）山萝花属　*Melampyrum* L.

（1796）山萝花　*Melampyrum roseum* Maxim.

（1797）钝叶山萝　*Melampyrum roseum* Maxim.var.*obtusifolium*（Bonati）Hong

587）通泉草属　*Mazus* Lour.

（1798）通泉草　*Mazus japonicus*（Thunb.）O. Ktze.

（1799）弹刀子菜　*Mazus stachydifolius*（Turcz.）Maxim.

588）沟酸浆属　*Mimulus* L.

（1800）四川沟酸浆　*Mimulus szechuanensis* Pa

589）直果草属 *Orthocarpus* Nutt.

（1801）直果草　*Orthocarpus chinensis* Hong

590）泡桐属　*Paulownia* Sieb. et Zucc.

（1802）毛泡桐　*Paulownia tomentosa*（Thunb.）Steud.

（1803）光泡桐　*Paulownia tomentosa*（Thunb.）Steud.var.*tsinlingensis*（Pai）Gong Tong

（1804）川泡桐　*Paulownia fargesii* Franch.

591）马先蒿属　*Pedicularis* L.

（1805）美观马先蒿　*Pedicularis decora* Franch.

（1806）亨氏马先蒿　*Pedicularis henryi* Maxim.

（1807）返顾马先蒿　*Pedicularis resupinata* L.

（1808）粗茎返顾马先蒿　*Pedicularis resupinata* L. ssp. *crassicaulis*（Vaniot ex Bonati）Tsoong

（1809）穗花马先蒿　*Pedicularis spicata* Pall.

（1810）埃氏马先蒿　*Pedicularis artselaeri* Maxim.

（1811）扭旋马先蒿　*Pedicularis torta* Maxim.

592）松蒿属　*Phtheirospermum* Bge.

（1812）松蒿　*Phtheirospermum japonicum*（Thunb.）Kanitz

593）地黄属　*Rehmannia* Libosch. ex Fisch. et Mey.

（1813）湖北地黄　*Rehmannia henryi* N. E. Br.

（1814）裂叶地黄　*Rehmannia piasezkii* Maxim.

594）玄参属　*Scrophularia* L.

（1815）长梗玄参　*Scrophularia fargesii* Franch.

（1816）玄参　*Scrophularia ningpoensis* Hemsl.

（1817）鄂西玄参　*Scrophularia henryi* Hemsl.

595）蝴蝶草属　*Torenia* L.

（1818）紫萼蝴蝶草　*Torenia violacea*（Azaola）Pennell

596）呆白菜属　*Triaenophora* Solereder

（1819）呆白菜　*Triaenophora rupestris*（Hemsl.）Soler.

597）婆婆纳属　*Veronica* L.

（1820）婆婆纳　*Veronica didyma* Tenore

（1821）疏花婆婆纳　*Veronica laxa* Benth.

（1822）阿拉伯婆婆纳　*Veronica persica* Poir.

（1823）小婆婆纳　*Veronica serpyllifolia* L.

（1824）四川婆婆纳　*Veronica szechuanica* Batal.

（1825）直立婆婆纳　*Veronica arvensis* L.

598）腹水草属　*Veronicastrum* Heist. ex Farbic.

（1826）爬岩红　*Veronicastrum axillare*（S. et Z.）Yamazaki

（1827）腹水草　*Veronicastrum stenostachyum*（Hemsl.）Yamazaki

（1828）腹水草（亚种）*Veronicastrum stenostachyum*（Hemsl.）Yamazaki ssp.*plukenetii*（Yama-zaki）Hong

599）独脚金属　*Striga* Lour.

（1829）大独脚金　*Striga masuria*（Ham. ex Benth.）Benth.

600）毛蕊花属　*Verbascum* L.

（1830）毛蕊花　*Verbascum thapsus* L.

130. 列当科　Orobanchaceae

601）草苁蓉属　*Boschniakia* C. A. Mey. ex Bongard

（1831）丁座草　*Boschniakia himalaica* Hk. f. et Thoms.

602）列当属　*Orobanche* L.

（1832）列当　*Orobanche coerulescens* Steph.

（1833）黄花列当　*Orobanche pycnostachya* Hance

603）黄筒花属　*Phacellanthus* Sieb. et Zucc.

（1834）黄筒花　*Phacellanthus tubiflorus* S. et Z.

131. 狸藻科　Lentibulariaceae

604）捕虫堇属　*Pinguicula* L.

（1835）高山捕虫堇　*Pinguicula alpina* L.

132. 苦苣苔科　Gesneriaceae

605）直瓣苣苔属　*Ancylostemon* Craib

（1836）直瓣苣苔　*Ancylostemon saxatilis*（Hemsl.）Craib

606）旋蒴苣苔属　*Boea* Comm. ex Lam.

（1837）大花旋蒴苣苔　*Boea clarkeana* Hemsl.

（1838）旋蒴苣苔　*Boea hygrometrica*（Bge.）R. Br.

607）粗筒苣苔属　*Briggsia* Craib

（1839）革叶粗筒苣台　*Briggsia mihieri*（Franch.）Craib

（1840）川鄂粗筒苣苔　*Briggsia rosthornii*（Diels）Burtt

（1841）鄂西粗筒苣苔　*Briggsia speciosa*（Hemsl.）Craib

608）珊瑚苣苔属　*Corallodiscus* Batal.

（1842）珊瑚苣苔　*Corallodiscus cordatulus*（Craib.）Burtt.

609）半蒴苣苔属　*Hemiboea* C. B. Clarke

（1843）半蒴苣苔　*Hemiboea henryi* C. B. Clarke

（1844）降龙草　*Hemiboea subcapitata* C. B. Clarke

（1845）纤细半蒴苣苔　*Hemiboea gracilis* Franch.

610）吊石苣苔属　*Lysionotus* D. Don

（1846）吊石苣苔　*Lysionotus pauciflorus* Maxim.

611）马铃苣苔属　*Oreocharis* Benth.

（1847）长瓣马铃苣苔　*Oreocharis auricula*（S. Moore）C. B. Clarke

612）蛛毛苣苔属　*Paraboea*（Clarke）Ridley

（1848）蛛毛苣苔　*Paraboea sinensis*（Oliv.）Burtt

133. 紫葳科　Bignoniaceae

613）凌霄属　*Campsis* Lour.

（1849）凌霄　*Campsis grandiflora*（Thunb.）Schum.

614）梓属　*Catalpa* Scop.

（1850）梓　*Catalpa ovata* G. Don

（1851）灰楸　*Catalpa fargesii* Bur.

134. 爵床科　Acanthaceae

615）白接骨属　*Asystasiella* Lindau

（1852）白接骨　*Asystasiella neesiana*（Wall.）Lindau

616）杜根藤属　*Calophanoides* Ridl.

（1853）杜根藤　*Calophanoides quadrifaria*（Nees）Ridl.

617）山一笼鸡属　*Gutzlaffia* Hance

（1854）多枝山一笼鸡　*Gutzlaffia henryi*（Hemsl.）C. B. Clarke ex S. Moore

618）观音草属　*Peristrophe* Nees

（1855）九头狮子草　*Peristrophe japonica*（Thunb.）Bremek.

619）爵床属　*Rostellularia* Riechenb.

（1856）爵床　*Rostellularia procumbens*（L.）Nees

620）马蓝属　*Strobilanthes* Bl.

（1857）腺毛马蓝　*Strobilanthes forrestii* Diels

（1858）阔萼马蓝　*Strobilanthes latispalus* Hemsl.

（1859）球花马蓝　*Strobilanthes pentstemonoides*（Nees）T.Anders

（1860）四子马蓝　*Strobilanthes tetraspermus*（Champ. ex Benth.）Druce

（1861）三花马蓝　*Strobilanthes triflorus* Y. C. Tang

621）水蓑衣属　*Hygrophila* R. Br.

（1862）水蓑衣　*Hygrophila salicifolia*（Vahl）Nees

135. 马鞭草科　Verbenaceae

622）紫珠属　*Callicarpa* L.

（1863）紫珠　*Callicarpa bodinieri* Levl.

（1864）老鸦糊　*Callicarpa giraldii* Hesse ex Rehd.

（1865）日本紫珠　*Callicarpa japonica* Thunb.

（1866）窄叶紫珠　*Callicarpa japonica* Thunb. var. *angustata* Rehd.

（1867）华紫珠　*Callicarpa cathayana*.H.T.Chang

623）莸属　*Caryopteris* Bge.

（1868）莸　*Caryopteris divaricata*（S. et Z.）Maxim.

（1869）兰香草　*Caryopteris incana*（Thunb.）Miq.

（1870）三花莸　*Caryopteris terniflora* Maxim.

（1871）金腺莸　*Caryopteris aureoglandulosa*（van）C.Y.Wu-O.A.V.

624）大青属　*Clerodendrum* L.

（1872）臭牡丹　*Clerodendrum bungei* Steud.

（1873）海州常山　*Clerodendrum trichotomum* Thunb.

625）过江藤属　*Phyla* Lour.

（1874）过江藤　*Phyla nodiflora*（L.）Greene

626）豆腐柴属　*Premna* L.

（1875）狐臭柴　*Premna puberula* Pamp.

（1876）豆腐柴　*Premna microphylla* Turcz.

627）马鞭草属　*Verbena* L.

（1877）马鞭草　*Verbena officinalis* L.

628）牡荆属　*Vitex* L.

（1878）黄荆　*Vitex negundo* L.

（1879）牡荆　*Vitex negundo* L. var. *cannabifolia*（S. et Z.）H. -M.

（1880）山牡荆　*Vitex quinata*（Lour.）Will

629）四棱草属　*Schnabelia* Hand. -Mazz.

（1881）四齿四棱草　*Schnabelia tetrodonta*（Sun）C.Y.Wu et. C.Chen

136. 透骨草科　Phrymaceae

630）透骨草属　*Phryma* L.

（1882）透骨草　*Phryma leptostachya* L. ssp. *asiatica*（Hara）Kitamura

137. 唇形科　Labiatae

631）水棘针属　*Amethystea* L.

（1883）水棘针　*Amethystea caerulea* L.

632）藿香属　*Agastache* Clayt. in Gronov.

（1884）藿香　*Agastache rugosa*（Fisch. et Mey.）O. Ktze.

633）筋骨草属　*Ajuga* L.

（1885）筋骨草　*Ajuga ciliate* Bge.

（1886）微毛筋骨草　*Ajuga ciliata* Bge. var. *glabrescens* Hemsl.

（1887）紫背金盘　*Ajuga nipponensis* Mak.

634）风轮菜属　*Clinopodium* L.

（1888）风轮菜　*Clinopodium chinense*（Benth.）O. Ktze.

（1889）细风轮菜　*Clinopodium gracile*（Benth.）Matsum.

（1890）灯笼草　*Clinopodium polycephalum*（Vaniot）C. Y. Wu et Hsuan ex Hsu

635）火把花属　*Colquhounia* Wall.

（1891）藤状火把花　*Colquhounia sequinii* Vaniot

636）香薷属　*Elsholtzia* Willd.

（1892）香薷　*Elsholtzia ciliata*（Thunb.）Hyland.

（1893）野草香　*Elsholtzia cypriani*（Pavol.）C. Y. Wu et S. Chow

（1894）野苏子　*Elsholtzia flava*（Benth.）Benth.

（1895）穗状香薷　*Elsholtzia stachyodes*（Link）C. Y. Wu

（1896）紫花香薷　*Elsholtzia argyi* Levl.

637）鼬瓣花属　*Galeopsis* L.

（1897）鼬瓣花　*Galeopsis bifida* Boenn.

638）活血丹属　*Glechoma* L.

（1898）活血丹　*Glechoma longituba*（Nakai）Kupr.

（1899）狭萼白透骨消　*Glechoma biondiana*（Diels）C.Y.Wu var. angustituba C. Y. Wu
　　et C. Y.Wu et C.Chen

639）动蕊花属　*Kinostemon* Kudo

（1900）动蕊花　*Kinostemon ornatum*（Hemsl.）Kudo

（1901）镰叶动蕊花 *Kinostemon ornatum*（Hemsl.）Kudo f.*falcatum* C.Y.Wu et S.Chow

640）野芝麻属　*Lamium* L.

（1902）宝盖草　*Lamium amplexicaule* L.

（1903）野芝麻　*Lamium barbatum* S.et Z.

641）益母草属　*Leonurus* L.

（1904）益母草　*Leonurus artemisia*（Lour.）S. Y. Hu

642）绣球防风属　*Leucas* R.Br.

（1905）疏毛白绒草　*Leucas mollissima* Wall.var.*chinensis* Benth.

643）地笋属　*Lycopus* L.

（1906）地笋　*Lycopus lucidus* Turcz.

（1907）硬毛地笋　*Lycopus lucidus* Turcz. var. *hirtus* Regel

644）薄荷属　*Mentha* L.

（1908）薄荷　*Mentha haplocalyx* Briq.

（1909）粗壮冠唇草 *Mentha robusta* Hemsl.

645）蜜蜂花属　*Melissa* L.

（1910）蜜蜂花　*Melissa axillaris*（Benth.）Bakh. f.

646）石荠苎属　*Mosla* Buch. -Ham. ex Maxim.

（1911）石香薷　*Mosla chinensis* Maxim.

（1912）石荠苎 *Mosla scabra*（Thunb.）C. Y. Wu et H. W. Li

647）夏至草属　*Lagopsis* Bunge ex Benth.

（1913）夏至草　*Lagopsis supina*（Steph.）Ik.-Gal.

648）斜萼草属　*Loxocalyx* Hemsl.

（1914）斜萼草　*Loxocalyx urticifolius* Hemsl.

649）异野芝麻属　*Heterolamium* C.Y.Wu.

（1915）细齿异野芝麻 *Heterolamium debile*（Hemsl.）C.Y.Wu var.*cardiophyllum*（Hemsl.）. C. Y. Wu.

650）牛至属　*Origanum* L.

（1916）牛至　*Origanum vulgare* L.

651）紫苏属　*Perilla* L.

（1917）紫苏　*Perilla frutescens*（L.）Britt.

（1918）野生紫苏　*Perilla frutescens*（L.）Britt. var. *acuta*（Thunb.）Kudo

（1919）回回苏　*Perilla frutescens*（L.）Britt. var. *crispa*（Thunb.）H. -M.

652）糙苏属　*Phlomis* L.

（1920）糙苏　*Phlomis umbrosa* Turcz.

（1921）凹叶糙苏 *Phlomis umbrosa* Turcz.var.*emarginata* S.H.Fu et J.H.Zheng var.nov ined.

653）夏枯草属　*Prunella* L.

（1922）夏枯草　*Prunella vulgaris* L.

654）香茶菜属　*Rabdosia*（Bl.）Hassk.

（1923）细锥香茶菜　*Rabdosia coetsa*（Buch. -Ham. ex D. Don）Hara

（1924）拟缺香茶菜　*Rabdosia excisoides*（Sun ex C. H. Hu）C. Y. Wu et H. W. Li-63

（1925）显脉香茶菜　*Rabdosia nervosa*（Hemsl.）C. Y. Wuet H. W. Li

（1926）碎米桠　*Rabdosia rubescens*（Hemsl.）Hare

（1927）尾叶香茶菜　*Rabdosia excisa*（Maxim.）Hara

（1928）鄂西香茶菜　*Rabdosia henryi*（Hemsl.）Hara

（1929）总序香茶菜　*Rabdosia racemosa*（Hemsl.）Hara

655）鼠尾草属　*Salvia* L.

（1930）华鼠尾草　*Salvia chinensis* Benth.

（1931）贵州鼠尾草　*Salvia cavaleriei* Levl.

（1932）紫背鼠尾草　*Salvia cavaleriei* Levl. var. *erythrophylla*（Hemsl.）Stib.

（1933）血盆草　*Salvia cavaleriei* Levl.var.*simplicifolia* Stib.

（1934）鄂西鼠尾草　*Salvia maximowicziana* Hemsl.

（1935）南川鼠尾草　*Salvia nanchuanensis* Sun

（1936）犬形鼠尾草　*Salvia cynica* Dunn

（1937）长冠鼠尾草　*Salvia plectranthoides* Griff.

（1938）鼠尾草　*Salvia japonica* Thunb.

（1939）蔓茎鼠尾草　*Salvia substolonifera* Stib.

（1940）野丹参　*Salvia vasta* H. W. Li

（1941）齿唇野丹参　*Salvia vasta* H. W. Li var. *fimbriata* H. W. Li

（1942）紫花野丹参　*Salvia vasta* H. W. Li f. *purpurea* H. W. Li

656）黄芩属　*Scutellaria* L.

（1943）方枝黄芩草　*Scutellaria* Delavayi Levl.

（1944）岩藿香　*Scutellaria franchetiana* Levl.

657）筒冠花属　*Siphocranion* Kudo

（1945）光柄筒冠花　*Siphocranion nudipes*（Hemsl.）Kudo

658）水苏属　*Stachys* L.

（1946）针筒菜　*Stachys oblongifolia* Benth.

（1947）狭齿水苏　*Stachys pseudophlomis* C.Y.Wu.

（1948）近无毛甘露子　*Stachys sieboldii* var *glabrescens* C.Y.Wu.

659）香科科属　*Teucrium* L.

（1949）长毛香科科　*Teucrium pilosum*（Pamp.）C. Y. Wu et S. Chow

（1950）大叶长毛香科科　*Teucrium macrophyllum*（C.Y.）J.H.Z.

（1951）血见愁　*Teucrium viscidum*.Bl.

（1952）微毛血见愁　*Teucrium viscidum* Bl. var. *nepetoides*（Levl.）

660）龙头草属　*Meehania* Britt. ex Small et Vaill.

（1953）走茎华西龙头草　*Meehania fargesii*（Levl.）C. Y. Wu var. *radicans*（Vaniot）C. Y. Wu

661）冠唇花属　*Microtoena* Prain

（1954）麻叶冠唇花　*Microtoena urticifolia* Hemsl.

662）荆芥属　*Nepeta* Linn.

（1955）荆芥　*Nepeta cataria* L.

663）罗勒属　*Ocimum* Linn.

（1956）罗勒　*Ocmum basilicum* L.

664）裂叶荆芥属　*Schizonepeta* Briq.

（1957）裂叶荆芥　*Schizonepeta tenuifolia*（Benth.）Briq.

（二）单子叶植物纲　Monocotyledoneae

138. 鸭跖草科　Commelinaceae

665）鸭跖草属　*Commelina* L.

（1958）鸭跖草　*Commelina communis* L.

666）水竹叶属　*Murdannia* Royle

（1959）疣草　*Murdannia keisak*（Hassk.）H.-M.

667）竹叶子属　*Streptolirion* Edgew.

（1960）竹叶子　*Streptolirion volubile* Edgew.

668）杜若属　*Pollia* Thunb.

（1961）杜若　*Pollia japonica* Thunb.

139. 谷精草科　Eriocaulaceae

669）谷精草属　*Eriocaulon* L.

（1962）谷精草　*Eriocaulon buergerianum* Koern.

140. 姜科　Zingiberaceae

670）姜属　*Zingiber* Boehm.

（1963）蘘荷　*Zingiber mioga*（Thunb.）Rosc.　　　　　　　　●

141. 美人蕉科　Cannaceae

671）美人蕉属　*Canna* L.

（1964）蕉芋　*Canna edulis* Ker　　　　　　　　　　　　　●

142. 百合科　Liliaceae

672）粉条儿菜属　*Aletris* L.

（1965）无毛粉条儿菜　*Aletris glabra* Bur. et Franch.

（1966）粉条儿菜　*Aletris spicata*（Thunb.）Franch.

（1967）狭瓣粉条儿菜　*Aletris stenoloba* Franch.

673）葱属　*Allium* L.

（1968）野葱　*Allium chrysanthum* Regel

（1969）玉簪叶韭　*Allium funckiaefolium* H. -M.

（1970）疏花韭　*Allium henryi* C. H. Wright

（1971）薤白　*Allium macrostemon* Bge.

（1972）天蒜　*Allium paepalanthoides* Airy-Shaw

（1973）茖葱　*Allium victorialis* L.

（1974）卵叶韭　*Allium ovalifolium* Hand.-Mazz.

（1975）天蓝韭　*Allium cyaneum* Regel

（1976）太白韭　*Allium prattii* C. H. Wright

674）天门冬属　*Asparagus* L.

（1977）天门冬　*Asparagus cochinchinensis*（Lour.）Merr.

（1978）羊齿天门冬　*A. filicinus* Ham. ex D. Don

675）蜘蛛抱蛋属　*Aspidistra* Ker. -Gawl.

（1979）九龙盘　*Aspidistra lurida* Ker.-Gawl.

676）大百合属　*Cardiocrinum*（Endl.）Lindl.

（1980）荞麦叶大百合　*Cardiocrinum cathayanum*（Wils.）Stearn

（1981）大百合　*Cardiocrinum giganteum*（Wall.）Mak.

677）七筋姑属　*Clintonia* Raf.

（1982）七筋姑　*Clintonia udensis* Trautv. et Mey.

678）竹根七属　*Disporopsis* Hance

（1983）散斑竹根七　*Disporopsis aspera*（Hua）Engl. ex Krause

679）万寿竹属　*Disporum* Salisb.

（1984）长蕊万寿竹　*Disporum bodinieri*（Levl. et Vant.）Wang et Tang

（1985）万寿竹　*Disporum cantoniense*（Lour.）Merr.

（1986）大花万寿竹　*Disporum megalanthum* Wang et Tang

（1987）宝铎草　*Disporum sessile* D. Don

680）萱草属　*Hemerocallis* L.

（1988）黄花菜　*Hemerocallis citrina* Baroni

（1989）萱草　*Hemerocallis fulva*（L.）L.

（1990）小黄花菜　*Hemerocallis minor miu.*

（1991）北黄花菜　*Hemerocallis lilioasphodelus* L.

681）玉簪属　*Hosta* Tratt.

（1992）玉簪　*Hosta plantaginea*（Lam.）Aschers.　　　　　●

（1993）紫萼　*Hosta ventricosa*（Salisb.）Stearn

682）百合属　*Lilium* L.

（1994）野百合　*Lilium brownii* F. E. Brown ex Miellez

（1995）百合　*Lilium brownii* F. E. Brown ex Miellez var. *viridulum* Baker

（1996）绿花百合　*Lilium fargesii* Franch.

（1997）卷丹　*Lilium lancifolium* Thunb.

（1998）宜昌百合　*Lilium leucanthum*（Baker）Baker

（1999）药百合　*Lilium speciosum* Thunb. var. *gloriosodes* Baker　　●

（2000）渥丹　*Lilium concolor* Salisb.

（2001）南川百合　*Lilium rosthornii* Diels

683）山麦冬属　*Liriope* Lour.

（2002）禾叶山麦冬　*Liriope graminifolia*（L.）Baker

（2003）长梗山麦冬　*Liriope longipedicellata* Wang et Tang

（2004）阔叶山麦冬　*Liriope platyphylla* Wang et Tang

（2005）山麦冬　*Liriope spicata*（Thunb.）Lour.

684）舞鹤草属　*Maianthemum* Web.

（2006）舞鹤草　*Maianthemum bifolium*（L.）F. W. Schmidt

685）丫蕊花属 *Ypsilandra* Franch

（2007）丫蕊花 *Ypsilandra thibetica* Franch

686）沿阶草属 *Ophiopogon* Ker-Gawl.

（2008）短药沿阶草 *Ophiopogon angustifoliatus*（Wang et Tang）S. C. Chen

（2009）沿阶草 *Ophiopogon bodinieri* Levl.

（2010）麦冬 *Ophiopogon japonicus*（L. f.）Ker. -Gawl.

（2011）间型沿阶草 *Ophiopogon intermedius* D.Don

（2012）宽叶沿阶草 *Ophiopogon platyphyllus*

687）黄精属 *Polygonatum* Mill.

（2013）卷叶黄精 *Polygonatum cirrhifolium*（Wall.）Royle

（2014）多花黄精 *Polygonatum cyrtonema* Hua

（2015）距药黄精 *Polygonatum franchetii* Hua

（2016）节根黄精 *Polygonatum nodosum* Hua

（2017）玉竹 *Polygonatum odoratum*（Mill.）Druce

（2018）黄精 *Polygonatum sibiricum* Delar. ex Redoute

（2019）轮叶黄精 *Polygonatum verticillatum*（L.）All.

（2020）湖北黄精 *Polygonatum zanlanscianense* Pamp.

（2021）长梗黄精 *Polygonatum filipes* Merr.

688）吉祥草属 *Reineckia* Kunth

（2022）吉祥草 *Reineckia carnea*（Andr.）Kunth

689）万年青属 *Rohdea* Roth

（2023）万年青 *Rohdea japonica*（Thunb.）Roth

690）绵枣儿属 *Scilla* L.

（2024）绵枣儿 *Scilla scilloides*（Lindl.）Druce

691）鹿药属 *Smilacina* Desf.

（2025）鹿药 *Smilacina japonica* A. Gray

（2026）管花鹿药 *Smilacina henryi*（Baker）Wang

（2027）窄瓣鹿药 *Smilacina paniculata*（Baker ）Wang et Tang

692）岩菖蒲属 *Tofieldia* Huds.

（2028）岩菖蒲 *Tofieldia thibetica* Franch.

693）油点草属 *Tricyrtis* Wall.

（2029）黄花油点草 *Tricyrtis maculata*（D. Don）Machride

694）开口箭属 *Tupistra* Ker-Gawl.

（2030）开口箭 *Tupistra chinensis* Baker

（2031）筒花开口箭 *Tupistra delavayi* Franch.

695）藜芦属 *Veratrum* L.

（2032）毛叶藜芦 *Veratrum grandiflorum*（Maxim.）Loes. f.

（2033）藜芦 *Veratrum nigrum* L.

（2034）长梗藜芦 *Veratrum oblongum* Loes. f.

（2035）牯岭藜芦 *Veratrum schindleri* Loes. F.

696）贝母属 *Fritillaria* L.

（2036）太白贝母 *Fritillaria taipaiensis* P.Y.Li

697）洼瓣花属 *Lloydia* Salisb.

（2037）西藏尘瓣花 *Lloyclia tibetica* Baker ex Oliv.

698）棋盘花属 *Zigadenus* Michx.

（2038）棋盘花 *Zigadenus sibiricus*（L.）A. Gray

143. 延龄草科 Trilliaceae

699）重楼属 *Paris* L.

（2039）巴山重楼 *Paris bashanensis* Wang et Tang

（2040）球药隔重楼 *Paris fargesii* Franch.

（2041）具柄重楼 *Paris fargesii* Franch. var. *petiolata*（Baker ex C. H. Wright）Wang et Tang

（2042）七叶一枝花 *Paris polyphylla* Sm.

（2043）华重楼 *Paris polyphylla* Sm. var. *chinensis*（Franch.）Hara

（2044）长药隔重楼 *Paris polyphylla* Sm. var. *pseudothibetica* H. Li

（2045）狭叶重楼 *Paris polyphylla* Sm. var. *stenophylla* Franch.

（2046）短梗重楼 *Paris polyphylla* Sm.var.*appendiculata* Hara

（2047）西南重楼 *Paris polyphylla* Sm. var. *thibetica*（Franch.）Hara

（2048）宽瓣重楼 *Paris polyphylla* Sm. var. *yunnanensis*（Franch.）

（2049）金线重楼 *Paris delavayi* Franch.

（2050）北重楼 *Paris verticillata* M.-Bieb.

700）延龄草属 *Trillium* L.

（2051）延龄草 *Trillium tschonoskii* Maxim.

144. 菝葜科 Smilacaceae

701）肖菝葜属 *Heterosmilax* Kunth

（2052）短柱肖菝葜 *Heterosmilax yunnanensis* Gagnep.

（2053）肖菝葜 *Heterosmilax japonica* Kunth

702）菝葜属 *Smilax* L.

（2054）菝葜 *Smilax china* L.

（2055）柔毛菝葜 *Smilax chingii* Wang et Tang

（2056）小果菝葜 *Smilax davidiana* A. DC.

（2057）托柄菝葜 *Smilax discotis* Warb.

（2058）长托菝葜 *Smilax ferox* Wall. ex Kunth

（2059）土茯苓　*Smilax glabra* Roxb.

（2060）防己叶菝葜　*Smilax menispermoidea* A. DC.

（2061）小叶菝葜　*Smilax microphylla* C. H. Wright

（2062）黑叶菝葜　*Smilax nigrescens* Wang et Tang ex P. Y. Li

（2063）武当菝葜　*Smilax outanscianensis* Pamp.

（2064）牛尾菜　*Smilax riparia* A. DC.

（2065）短梗菝葜　*Smilax scobinicaulis* C. H. Wright

（2066）鞘柄菝葜　*Smilax stans* Maxim.

（2067）银叶菝葜　*smilax cocculoides* Warb.

（2068）黑果菝葜　*smilax glaucochina* Warb.

（2069）红果菝葜　*smilax polycolea* Warb.

（2070）尖叶牛尾菜　*smilax riparia* A.DC.var.acuminata

（2071）糙柄菝葜　*smilax trachypoda* Norton

145. 天南星科　Araceae

703）菖蒲属　*Acorus* L.

（2072）石菖蒲　*Acorus tatarinowii* Schott

（2073）金钱蒲　*Acorus gramineus soland.*

704）磨芋属　*Amorphophallus Bl. ex* Decne.

（2074）磨芋　*Amorphophallus rivieri* Durieu

705）天南星属　*Arisaema* Mart.

（2075）一把伞南星　*Arisaema erubescens*（Wall.）Schott

（2076）天南星　*Arisaema heterophyllum* Bl.

（2077）花南星　*Arisaema lobatum* Engl.

（2078）灯台莲　*Arisaema sikokianum* Franch. et Sav. var. *serratum*（Mak.）H. -M.

（2079）螃蟹七　*Arisaema fargesii* Buchet

706）半夏属　*Pinellia* Tenore

（2080）虎掌　*Pinellia pedatisecta* Schott

（2081）半夏　*Pinellia ternata*（Thunb.）Breit.

707）犁头尖属　*Typhonium* Schott

（2082）独角莲　*Typhonium giganteum* Engl.

708）雷公连属　*Amydrium* Schott

（2083）雷公连　*Amydrium sinense*（Engl.）H.Li

709）芋属　*Colocasia* Schott

（2084）野芋　*Colocasia antiquorum* Schott

146. 香蒲科　Typhaceae

710）香蒲属　*Typha* L.

（2085）水烛 *Typha angustifolia* L.

（2086）东方香蒲　*Typha orientalis* Presl

147. 石蒜科　Amaryllidaceae

711）石蒜属　*Lycoris* Herb.

（2087）忽地笑　*Lycoris aurea*（L'Her.）Herb.

（2088）石蒜　*Lycoris radiata*（L'Her.）Herb.

（2089）玫瑰石蒜　*Lycoris rosea* Traub et Moldenke

148. 鸢尾科　Iridaceae

712）射干属　*Belamcanda* Adans.

（2090）射干　*Belamcanda chinensis*（L.）Redouté

713）唐菖蒲属　*Gladiolus* L.

（2091）唐昌蒲　*Gladiolus gandavensis* Van Houtte.

714）鸢尾属　*Iris* L.

（2092）蝴蝶花　*Iris japonica* Thunb.

（2093）鸢尾　*Iris tectorum* Maxim.

（2094）黄花鸢尾　*Iris wilsonii* C.H.Wright

149. 百部科　Stemonaceae

715）百部属　*Stemona* Lour.

（2095）大百部　*Stemona tuberosa* Lour.

150. 薯蓣科　Dioscoreaceae

716）薯蓣属　*Dioscorea* L.

（2096）叉蕊薯蓣　*Dioscorea collettii* Hk. f.

（2097）粉背薯蓣　*Dioscorea collettii* Hk. f. var. *hypoglauca*（Palib.）Pei et C. T. Ting

（2098）纤细薯蓣　*Dioscorea gracillima* Miq.

（2099）日本薯蓣　*Dioscorea japonica* Thunb.

（2100）毛芋头薯蓣　*Dioscorea kamoonensis* Kunth

（2101）穿龙薯蓣　*Dioscorea nipponica* Mak.

（2102）柴黄姜　*Dioscorea nipponica* Mak. ssp. *rosthornii*（Prain. et Burk.）C. T. Ting

（2103）薯蓣　*Dioscorea opposita* Thunb.

（2104）山萆薢　*Dioscorea tokoro* Mak.

（2105）盾叶薯蓣　*Dioscorea zingiberensis* C. H. Wright

（2106）薯莨　*Dioscorea cirrhosa* Lour.

（2107）黄独　*Dioscorea bulbifera* L.

151. 棕榈科　Palmae

717）棕榈属　*Trachycarpus* H. Wendl.

（2108）棕榈　*Trachycarpus fortunei*（Hook. f.）H. Wendl.

152. 仙茅科　Hypoxidaceae

 718）仙茅属　*Curculigo* Gaertn.

  （2109）仙茅　*Curculigo orchioides* Gaertn.

153. 兰科　Orchidaceae

 719）白及属　*Bletilla* Richb. f.

  （2110）黄花白及　*Bletilla ochracea* Schltr.

  （2111）白及　*Bletilla striata*（Thunb.）Reichb. f.

 720）虾脊兰属　*Calanthe* R. Br.

  （2112）弧距虾脊兰　*Calanthe arcuata* Rolfe

  （2113）剑叶虾脊兰　*Calanthe davidii* Franch.

  （2114）虾脊兰　*Calanthe discolor* Lindl.

  （2115）流苏虾脊兰　*Calanthe fimbriata* Franch.

  （2116）钩距虾脊兰　*Calanthe hamata* H. -M.

  （2117）肾唇虾脊兰　*Calanthe brevicornu* Lindl.

  （2118）细花虾脊兰　*Calanthe graciliflora* Hay.

  （2119）疏花虾脊兰　*Calanthe henryi* Rolfe

  （2120）三棱虾脊兰　*Calanthe tricarinata* Lindl.

 721）头蕊兰属　*Cephalanthera* Rich.

  （2121）银兰　*Cephalanthera erecta*（Thunb.）Bl.

  （2122）金兰　*Cephylanthera falcata*（Thunb.）Bl.

 722）独花兰属　*Changnienia* Chien

  （2123）独花兰　*Changnienia amoena* S. S. Chien

 723）杜鹃兰属　*Cremastra* Lindl.

  （2124）杜鹃兰　*Cremastra appendiculata*（D. Don）Mak.

 724）兰属　*Cymbidium* Sw.

  （2125）蕙兰　*Cymbidium faberi* Rolfe

  （2126）春兰　*Cymbidium goeringii*（Reichb.f.）Reichb.f.

  （2127）寒兰　*Cymbidium kanran* Mak.

  （2128）兔耳兰　*Cymbidium lancifolium* Hook.

  （2129）多花兰　*Cymbidium floribundum* Lindl.

 725）杓兰属　*Cypripedium* L.

  （2130）对叶杓兰　*Cypripedium debile* Reichb. f.

  （2131）绿花杓兰　*Cypripedium henryi* Rolfe

  （2132）毛瓣杓兰　*Cypripedium fargesii*

  （2133）扇脉杓兰　*Cypripedium japonicum* Thunb.

  （2134）大叶杓兰　*Cypripedium fasciolatum* Franch.

（2135）毛杓兰　*Cypripedium franchetii* E. H. Wilson

（2136）斑叶杓兰　*Cypripedium margaritaceum*

726）石斛属　*Dendrobium* Sw.

（2137）细叶石斛　*Dendrobium hancockii* Rolfe

（2138）石斛　*Dendrobium nobile* Lindl.

（2139）细茎石斛　*Dendrobium moniliforme*（L.）Sw.

（2140）黄石斛　*Dendrobium tosaense* Mak.

727）火烧兰属　*Epipactis* Zinn.

（2141）大叶火烧兰　*Epipactis mairei* Schltr.

（2142）火烧兰　*Epipactis helleborine*（L.）Crantz.

728）山珊瑚属　*Galeola* Lour.

（2143）毛萼山珊瑚　*Galeola lindleyana*（Hk. f. et Thoms.）Reiichb. f.

729）天麻属　*Gastrodia* R. Br.

（2144）天麻　*Gastrodia elata* Bl.

（2145）黄天麻　*Gastrodia elata* Bl.f.*flavida* S. Chow

730）斑叶兰属　*Goodyera* R. Br.

（2146）大花斑叶兰　*Goodyera biflora*（Lindl.）Hk. f.

（2147）小斑叶兰　*Goodyera repens*（L.）R. Br.

（2148）光萼斑叶兰　*Goodyera henryi* Rolfe

（2149）绒叶斑叶兰　*Goodyer velutina* Maxim.

731）隔距兰属　*Cleisostoma* Bl.

（2150）蜈蚣兰　*Cleisostoma Scolopendrifolium*（makino）Caray

732）舌喙兰属　*Hemipilia* Lindl.

（2151）粗距舌喙兰　*Hemipilia crassicalcarata* Chien

（2152）扇唇舌喙兰　*Hemipilia flabellata* Bur. et. Franch.

（2153）裂唇舌喙兰　*Hemipilia henryi* Rolfe

733）角盘兰属　*Herminium* L.

（2154）叉唇角盘兰　*Herminium lanceum*（Thunb. ex Sw.）Vuijk

734）羊耳蒜属　*Liparis* L. C. Rich.

（2155）福建羊耳蒜　*Liparis dunnii* Rolfe

（2156）小羊耳蒜　*Liparis fargesii* Finet

（2157）羊耳蒜　*Liparis japonica*（Miq.）Maxim.

735）山兰属　*Oreorchis* Lindl.

（2158）长叶山兰　*Oreorchis fargesii* Finet

（2159）小山兰　*Oreorchis foliosa*（Lindl.）Lindl.

736）阔蕊兰属　*Peristylus* Bl.

（2160）小花阔蕊兰　*Peristylus affinis*（D.Don）Seidenf.

737）石仙桃属　*Pholidota* Lindl.

（2161）云南石仙桃　*Pholidota yunnanensis* Rolfe.

738）舌唇兰属　*Platanthera* L. C. Rich.

（2162）舌唇兰　*Platanthera japonica*（Thunb.）Lindl.

（2163）小舌唇兰　*Platanthera minor*（Miq.）Reichb. f.

739）独蒜兰属　*Pleione* D. Don

（2164）独蒜兰　*Pleione bulbocodioides*（Franch.）Rolfe

740）绶草属　*Spiranthes* L. C. Rich.

（2165）绶草　*Spiranthes sinensis*（Pers.）Ames

741）瘦房兰属　*Ischnogyne* Schltr.

（2166）瘦房兰　*Ischnogyne mandarinorum*（Kraenzl.）schltr

742）石豆兰属　*Bulbophyllum* Thou.

（2167）黄花石豆兰　*Bulbophyllum flaviflorum*（Liu et Su）Seidenf.

（2168）麦斛　*Bulbophyllum inconspicuum* Maxim.

（2169）毛药卷瓣兰　*Bulbophyllum omerandrum* Hay.

743）毛兰属　*Eria* Lindl.

（2170）马齿毛兰　*Eria szetschuanica* Schltr.

744）对叶兰属　*Listera* R. Br.

（2171）大花对叶兰　*Listera grandiflora* Rolfe

745）朱兰属　*Pogonia* Juss.

（2172）朱兰　*Pogonia japonica* Rchb.f.

746）蜻蜓兰属　*Tulotis* Rafin.

（2173）小花蜻蜓兰　*Tulotis ussuriensis*（Regel et Maack）H. Hara

747）玉凤花属　*Habenaria* Willd.

（2174）毛葶玉凤花　*Habenaria ciliolaris* Kraenzl.

154. 灯心草科　Juncaceae

748）灯心草属　*Juncus* L.

（2175）翅茎灯心草　*Juncus alatus* Franch. et Sav.

（2176）小灯心草　*Juncus bufonius* L.

（2177）多花灯心草　*Juncus modicus* N. E. Br.

（2178）野灯心草　*Juncus setchuensis* Buchen.

749）地杨梅属　*Luzula* DC.

（2179　散序地杨梅　*Luzula effusa* Buchen.

155. 莎草科　Cyperaceae

750）球柱草属　*Bulbostylis* C. B. Clarke

（2180）丝叶球柱草 *Bulbostylis densa*（Wall.）H. -M.

751）薹草属 *Carex* L.

（2181）褐果薹草 *Carex brunnea* Thunb.

（2182）中华薹草 *Carex chinensis* Retz.

（2183）十字薹草 *Carex cruciata* Wahlenb.

（2184）二形鳞薹草 *Carex dimorpholepis* Steud.

（2185）签草 *Carex doniana* Spreng.

（2186）穹隆薹草 *Carex gibba* Wahlenb.

（2187）亨氏薹草 *Carex henryi* C. B. Clarke

（2188）舌叶薹草 *Carex ligulata* Nees ex Wight

（2189）套鞘薹草 *Carex maubertiana* Boott

（2190）峨眉薹草 *Carex omeiensis* Tang et Wang

（2191）多束薹草 *Carex omeiensis* Tang et Wang var. *multifascula* Q.S. Wang

（2192）宽叶薹草 *Carex siderosticta* Hance

（2193）相仿薹草 *Carex simulans* C. B. Clarke

（2194）柄果薹草 *Carex stipitinux* C. B. Clarke

（2195）长柱头薹草 *Carex teinogyna* Boott

（2196）大舌薹草 *Carex grandiligulata* Kukenth

（2197）披针薹草 *Carex lancifolia* C.B. Clarke

（2198）云雾薹草 *Carex nubigena* D. Don

（2199）藏薹草 *Carex thibetica* Franch

752）莎草属 *Cyperus* L.

（2200）阿穆尔莎草 *Cyperus amuricus* Maxim.

（2201）扁穗莎草 *Cyperus compressus* L.

（2202）碎米莎草 *Cyperus iria* L.

（2203）具芒碎米莎草 *Cyperus microiria* steud.

（2204）三轮草 *Cyperus orthostachyus* Franch. et Sav.

（2205）毛轴莎草 *Cyperus pilosus* Vahl

（2206）香附子 *Cyperus rotundus* L.

753）荸荠属 *Heleocharis* R. Br.

（2207）羽毛荸荠 *Heleocharis wichurai* Bocklr.

754）羊胡子草属 *Eriophorum* L.

（2208）丛毛羊胡子草 *Eriophorum comosum* Nees

755）飘拂草属 *Fimbristylis* Vahl

（2209）复序飘拂草 *Fimbristylis bisumbellata*（Forsk.）Bubani

（2210）两歧飘拂草 *Fimbristylis dichotoma*（L.）Vahl

（2211）宜昌飘拂草　*Fimbristylis henryi* C. B. Clarke

756）水蜈蚣属　*Kyllinga* Rottb.

（2212）短叶水蜈蚣　*Kyllinga brevifolia* Rottb.

757）砖子苗属　*Mariscus* Gaertn.

（2213）砖子苗　*Mariscus umbellatus* Vahl.

758）扁莎属　*Pycreus* P. Beauv.

（2214）球穗扁莎　*Pycreus globosus*（All.）Reichb.

（2215）直球穗扁莎　*Pycreus globosus* var. *stricta*（Roxb.）Clarke

（2216）红鳞扁莎　*Pycreus sanguinolentus*（Vahl）Nees

759）藨草属　*Scirpus* L.

（2217）庐山藨草　*Scirpus lushanensis* Ohwi

（2218）类头状花序藨草　*Scirpus subcapitatus* Thw.

（2219）藨草　*Scirpus triqueter* L.

156. 禾本科　Gramineae（Poaceae）

a. 竹亚科　Bambusoideae Nees

760）寒竹属　*Chimonobambusa* Mak.

（2220）狭叶方竹　*Chimonobambusa angustifolia* C. D. Chu et C. S. Chao

（2221）刺竹子　*Chimonobambusa pachystachys* Hsueh et Yi

（2222）刺黑竹　*Chimonobambusa neopurpurea* Yi

761）箬竹属　*Indocalamus* Nakai

（2223）阔叶箬竹　*Indocalamus latifolius*（Keng）McClure

（2224）箬叶竹　*Indocalamus longiauritus* H. -M.

（2225）箬竹　*Indocalamus tessellatus*（Munro）Keng f.

762）箭竹属　*Fargesia* Franch.

（2226）箭竹　*Fargesia spathacea* Franch.

（2227）鄂西拐棍竹　*Fargesia confusa*（McClure）Z.Y.Li et D.Z.Fu

763）刚竹属　*Phyllostachys* S. et Z.

（2228）水竹　*Phyllostachys heteroclada* Oliv.

（2229）刚竹　*Phyllostachys sulphurea*

（2230）毛金竹　*Phyllostachys nigra*（Lodd. ex Lindl.）*henonis*（Mitf.）Stapf. ex Rendle

764）箭竹属　*Fargesia* Nakai

（2231）箭竹　*Fargesia spathacea* Franch.

（2232）兴山箭竹　*Sinarundinaria sparisiflora*（Rendle）Keng f.

b. 禾亚科　Agrostidoideae

765）芨芨草属　*Achnatherum* Beauv.

（2233）京芒草　*Achnatherum pekinense*（Hance）Ohwi

766）剪股颖属 *Agrostis* L.

（2234）小糠草 *Agrostis alba* L.

（2235）巨穗剪股颖 *Agrostis gigantea* Roth

767）看麦娘属 *Alopecurus* L.

（2236）看麦娘 *Alopecurus aequalis* Sobol.

768）荩草属 *Arthraxon* Beauv.

（2237）荩草 *Arthraxon hispidus*（Thunb.）Mak.

（2238）匿芒荩草 *Arthraxon hispidus*（Thunb.）Mak. var. *cryptatherus*（Hack.）Honda

（2239）矛叶荩草 *Arthraxon lanceolatus*（Roxb.）Hochst

769）野古草属 *Arundinella* Raddi.

（2240）野古草 *Arundinella hirta*（Thunb.）Tanaka

770）雀麦属 *Bromus* L.

（2241）雀麦 *Bromus japonicus* Thunb. ex. Murr.

（2242）疏花雀麦 *Bromus remotiflorus*（Steud.）Ohwi

771）拂子茅属 *Calamagrostis* Adans.

（2243）拂子茅 *Calamagrostis epigeios*（L.）Roth

772）细柄草属 *Capillipedium* Stapf

（2244）细柄草 *Capillipedium parviflorum*（R. Br.）Stapf

773）隐子草属 *Cleistogenes* Keng

（2245）朝阳隐子草 *Cleistogenes hackeli*（Honda）Honda

774）薏苡属 *Coix* L.

（2246）薏苡 *Coxi lacryma-jobi* L.

775）狗牙根属 *Cynodon* Rich.

（2247）狗牙根 *Cynodon dactylon*（L.）Pers.

776）鸭茅属 *Dactylis* L.

（2248）鸭茅 *Dactylis glomerata* L.

777）野青茅属 *Deyeuxia* Clarion ex Beauv.

（2249）房县野青茅 *Deyeuxia henryi* Rendle

（2250）湖北野青茅 *Deyeuxia hupehensis* Rendle

（2251）大叶章 *Deyeuxia langsdorffii*（Link）Kunth

（2252）糙野青茅 *Deyeuxia scabrescens*（Griseb.）Munro ex Duthie

778）马唐属 *Digitaria* Hall.

（2253）十字马唐 *Digitaria cruciata*（Nees）A. Camus

（2254）止血马唐 *Digitaria ischaemum*（Schreb.）Schreb.

（2255）马唐 *Digitaria sanguinalis*（L.）Scop.

（2256）紫马唐 *Digitaria violascens* Link

（2257）毛马唐　*Digitaria ciliaris*（Retz.）Koel

779）油芒属　*Eccoilopus* Steud.

（2258）油芒　*Eccoilopus cotulifer*（Thunb）A. Camus.

780）稗属　*Echinochloa* Beauv.

（2259）光头稗　*Echinochloa colonum*（L.）Link

（2260）稗　*Echinochloa crusgalli*（L.）Beauv. var. *hispidula*（Retz.）Honda

（2261）无芒稗　*Echinochloa crusgalli*（L.）Beauv. var. *mitis*（Pursh）Peterm

（2262）西来稗　*Echinochloa crusgalli*（L.）Beauv. var. *zelayensis*（H. B. K.）Hitchc.

781）穇属　*Eleusine* Gaertn.

（2263）牛筋草　*Eleusine indica*（L.）Gaertn.

782）披碱草属　*Elymus* L.

（2264）麦薲草　*Elymus tangutorum*（Nevski）H. -M.

783）画眉草属　*Eragrostis* Wolf.

（2265）大画眉草　*Eragrostis cilianensis*（All.）Vignolo-Lutati

（2266）知风草　*Eragrostis ferruginea*（Thunb.）Beauv.

（2267）画眉草　*Eragrostis pilosa*（L.）Beauv.

784）蜈蚣草属　*Eremochloa* Buse

（2268）假俭草　*Eremochloa ophiuroides*（Munro）Hack.

785）蔗茅属　*Erianthus* Michaux.

（2269）蔗茅　*Erianthus rufipilus*（Steud.）Griseb.

786）羊茅属　*Festuca* L.

（2270）羊茅　*Festuca Ovina* L.

（2271）小颖羊茅　*Festuca parvigluma* Steud.

（2272）日本羊茅　*Festuca japonica* Mak

787）黄茅属　*Heteropogon* Pers.

（2273）黄茅　*Heteropogon contortus*（L.）Beau

788）白茅属　*Imperata* Cyr.

（2274）白茅　*Imperata cylindrica*（L.）Beauv.

789）千金子属　*Leptochloa* Beauv.

（2275）千金子　*Leptochloa chinensis*（L.）Nees

790）淡竹叶属　*Lophatherum* Brongn.

（2276）淡竹叶　*Lophatherum gracile* Brongn.

791）臭草属　*Melica* L.

（2277）臭草　*Melica scabrosa* Trin.

（2278）广序臭草　*Melica onoei* Franch. et Sav.

（2279）甘肃臭草　*Melica przewalskyi* Roshev

792）荩竹属 *Microstegium* Nees

（2280）柔枝荩竹 *Microstegium vimineum*（Trin.）A. Camus

793）芒属 *Miscanthus* Anderss.

（2281）五节芒 *Miscanthus floridulus*（Labill.）Warb.

（2282）荻 *Miscanthus sacchariflorus*（Maxim.）Benth. et Hook. f.

（2283）芒 *Miscanthus sinensis* Anderss.

794）乱子草属 *Muhlenbergia* Schreb.

（2284）日本乱子草 *Muhlenbergia japonica* Steud.

（2285）乱子草 *Muhlenbergia hugelii* Trin.

795）类芦属 *Neyraudia* Hk. f.

（2286）类芦 *Neyraudia reynaudiana*（Kunth）Keng

796）求米草属 *Oplismenus* Beauv.

（2287）求米草 *Oplismenus undulatifolius*（Arduino）Beauv.

797）落芒草属 *Oryzopsis* Michx.

（2288）湖北落芒草 *Oryzopsis henryi*（Rendle）Keng ex P. C. Kuo

（2289）钝颖落芒草 *Oryzopsis obtusa* Stapf

798）黍属 *Panicum* L.

（2290）糠稷 *Panicum bisulcatum* Thunb.

（2291）稷 *Panicum miliaceum* L.

799）雀稗属 *Paspalum* L.

（2292）雀稗 *Paspalum thunbergii* Kunth ex Steud.

800）狼尾草属 *Pennisetum* Rich.

（2293）狼尾草 *Pennisetum alopecuroides*（L.）Spreng.

（2294）白草 *Pennisetum Centrasiaticum* Tzvel.

801）显子草属 *Phaenosperma* Munro ex Benth. ex Hook. f.

（2295）显子草 *Phaenosperma globosa* Munro ex Benth.

802）鹬草属 *Phalaris* L.

（2296）鹬草 *Phalaris arundinacea* L.

803）早熟禾属 *Poa* L.

（2297）早熟禾 *Poa annua* L.

（2298）林地早熟禾 *Poa nemoralis* L.

（2299）细长早熟禾 *Poa prolixior* Rendle

804）棒头草属 *Polypogon* Desf.

（2300）棒头草 *Polypogon fugax* Nees ex Steud.

805）鹅观草属 *Roegneria* C. Koch

（2301）纤毛鹅观草 *Roegneria ciliaris*（Trin.）Nevski

（2302）竖立鹅观草　*Roegneria japonensis*（Honda）Keng

（2303）鹅观草　*Roegneria kamoji* Ohwi

806）狗尾草属　*Setaria* Beauv.

（2304）大狗尾草　*Setaria faberii* Herrm.

（2305）西南莩草　*Setaria forbesiana*（Nees）Hk. f.

（2306）金色狗尾草　*Setaria glauca*（L.）Beauv.

（2307）皱叶狗尾草　*Setaria plicata*（Lam.）T. Cooke

（2308）狗尾草　*Setaria viridis*（L.）Beauv.

（2309）莩草　*Setaria chondrachne*（Steud.）Honda

807）高粱属　*Sorghum* Moench

（2310）光高粱　*Sorghum nitidum*（Vahl）Pers.

808）大油芒属　*Spodiopogon* Trin.

（2311）大油芒　*Spodiopogon sibiricus* Trin.

809）鼠尾粟属　*Sporobolus* R. Br.

（2312）鼠尾粟　*Sporobolus indicus*（L.）R. Br. var. *purpurea-suffusum*（Ohwi）T. Koyama

810）草沙蚕属　*Tripogon* Roem. et Schult.

（2313）线形草沙蚕　*Tripogon filiformis* Nees ex Steud.

811）三毛草属　*Trisetum* Pers.

（2314）三毛草　*Trisetum bifidum*（Thunb.）Ohwi

（2315）湖北三毛草　*Trisetum henryi* Rendle

812）菅属　*Themeda* Forssk.

（2316）黄背草　*Themeda japonica*（Willd.）Tanaka

813）裂稃草属　*Schizachyrium* Nees.

（2317）裂稃草　*Schizachyrium brevifolium*（Sw.）Nees ex Buse

814）孔颖草属　*Bothriochloa* Kuntze

（2318）白羊草　*Bothriochloa ischaemum*（L.）Keng

815）臂形草属　*Brachiaria* Griseb.

（2319）毛臂形草　*Brachiaria villosa*（lam.）A.Camus

816）双花草属　*Dichanthium* Willemet

（2320）双花草　*Dichanthium annulatum*（Forssk.）Stapf

817）莠竹属　*Microstegium* Nees

（2321）竹叶茅　*Microstegium nudum*（Trin.）A. Camus

818）金发草属　*Pogonatherum* Beauv.

（2322）金丝草　*Pogonatherum crinitum*（Thunb.）Kunth

（2323）金发草　*Pogonatherum paniceum*（Lam.）Hack

注：●表示该物种为栽培种